資訊系統
安全技術管理策略
資訊安全經濟學

趙柳榕 編著

財經錢線

前　言

　　隨著互聯網的普及和資訊化建設的不斷推進，資訊系統已經成為組織賴以生存的重要資源，資訊系統安全問題是關係到企業持續穩健發展、社會長治久安的重大戰略問題。與此同時，各類接入互聯網的資訊系統受到的安全威脅越來越大，駭客攻擊水準越來越高，資訊安全問題給各行業組織造成了聲譽和財務上的巨大損失。面對日趨嚴峻的資訊安全形勢，很多企業組合運用防火牆、入侵檢測（IDS）、漏洞掃描、防病毒軟件、蜜罐技術、虛擬專用網（VPN）等多種安全防禦技術和安全檢測技術提升資訊系統安全水準。然而，現行有關資訊安全問題的研究主要側重於安全技術算法的開發和優化，而較少考慮系統安全性、經濟性和保障系統正常運行之間的平衡，這就給傳統的資訊安全研究提出了挑戰。為此，資訊系統管理專業出現了一個新的研究領域——資訊安全經濟學，主要研究資訊安全的投資—效益形式和條件、駭客攻擊行為對企業或社會經濟產生影響的規律、資訊安全技術的效果和效益等問題。本書基於資訊安全經濟學視角，綜合應用博弈論、決策理論和概率論等多種理論和方法，對企業資訊系統安全技術運用策略和管理的相關問題進行了研究。

　　首先，本書介紹了資訊系統安全技術的研究背景和意義，梳理了近年來的全球資訊安全大事件。通過分析資訊系統安全需求的演變過程，我們發現影響資訊系統安全的不只是技術問題，人的決策因素也影響著整個資訊系統的安全性。

技術開發和經濟管理理論相結合進行研究已成為資訊系統安全領域中的關鍵任務，應用嚴謹的理論方法體系科學地解決資訊系統安全問題已迫在眉睫。同時本書還闡明了合理制定資訊系統安全技術組合策略的理論意義和實踐意義。

其次，為了更好地理解並應用資訊安全經濟學理論，本書基於著名的 WEIS 會議上相關學者的成果，分析資訊安全經濟學的發展脈絡和熱點問題，總結了目前該領域重點關注和亟需解決的相關問題，包括資訊系統安全市場與環境問題、資訊系統安全風險問題、資訊系統安全技術投資問題等，特別是資訊系統安全技術管理的相關研究。接下來，基於已有的文獻和權威組織機構的定義定義了資訊系統安全技術和縱深防禦的相關概念，總結了資訊安全技術及其組合的原理和特點，梳理了資訊系統安全策略的制定過程，探討了制定安全策略需要考慮的主要因素。這兩部分內容從理論和應用角度總結了相關問題和研究方法，是本書後續內容的分析基礎。

再次，由於網絡攻擊的種類繁多且情況複雜程度越來越高，沒有一種資訊安全技術可以完全應對資訊系統的內外部威脅，因此組合運用多種安全技術保護資訊系統已成為各企業資訊系統安全技術管理策略的首選方案。本書基於博弈論、決策理論等相關知識，研究了兩種主流資訊安全技術組合的最優配置策略，分別建立了蜜罐和入侵檢測系統（IDS）、虛擬專用網和入侵檢測系統的數學模型，將企業、駭客、資訊安全技術的影響參數和決策變量納入模型，定量刻畫並分析了企業兩種資訊系統安全技術組合的管理模型。本書還分析了配置一種資訊安全技術和同時配置兩種技術組合的納什均衡混合策略，研究了兩種資訊安全技術組合的技術參數對駭客最優入侵策略的影響。研究結果表明，兩種資訊安全技術組合併不一定總是最優配置策略。當企業的安全目標是使駭客入侵概率降低到一定值時，我們可以通過定量計算得到配置蜜罐和 IDS 技術組合的預算範圍；配置虛擬專用網與降低入侵檢測系統的誤報率並不總是正相關的。

進一步地，本書研究了三種資訊安全技術組合最優配置策略，並對其技術交互進行了經濟學分析。在複雜的網絡環境和嚴格的安全需求下，保證資訊系統的動態安全往往需要配置兩種以上的資訊安全技術。例如，企

業面臨基於攻擊檢測的綜合聯動控制問題時，往往需要通過採用配置防火牆、IDS和漏洞掃描的技術組合方案來解決。本書從技術原理角度定性分析了這三種技術組合的資訊安全模型，通過引入企業、駭客、資訊安全技術的影響參數和決策變量對三種技術組合的資訊安全模型進行定量刻畫，同時，通過分別求解企業只配置IDS和漏洞掃描技術以及配置防火牆、IDS和漏洞掃描技術的納什均衡解和均衡條件來分析了三種資訊安全技術組合的最優配置策略。結合「資訊安全金三角模型」，我們從經濟學角度定義了不同資訊安全技術存在互補或衝突。研究結果表明，被修復的漏洞並非越多越好，只有在特定情況下，配置漏洞掃描技術才會對系統帶來正的效應，得到三種技術衝突與互補的條件。

另外，人的行為特徵也是影響資訊系統安全技術管理決策的重要因素。無論是企業還是駭客，其行為都要承擔相應的風險，我們認為，博弈過程中利益相關者的風險偏好屬性值得深入探究。因此，本書以主流的資訊安全技術組合為例，研究了基於風險偏好的防火牆和入侵檢測的最優配置策略。除了企業、駭客、資訊安全技術的參數和決策變量外，在博弈模型中還引入了包含利益相關者風險偏好的參數，分別分析了在只配置IDS、只配置防火牆以及同時配置IDS和防火牆三種配置策略下，駭客的最優入侵策略和企業風險偏好之間的關係、企業的人工調查策略和駭客風險偏好之間的關係。我們定量研究了資訊安全技術對資訊系統的防禦和檢測的經濟效用，討論了已配置了IDS或防火牆的企業需要增加配置防火牆或IDS技術的條件，以及當企業的預算只能支持一種安全技術時應如何決策。研究結果表明，當企業的期望成本較低時，風險中立型企業更易被入侵；當企業的期望成本較高時，風險厭惡型企業更易被入侵。當駭客的期望收益較低時，風險厭惡型駭客被檢測的概率最大；當駭客的期望收益較高時，風險追求型駭客被檢測的概率最大。

最後，資訊系統安全管理人員和駭客在博弈時無法做到完全理性，也很難完全正確預測對方的行為，因此有必要分析有限理性的利益相關者決策。本書基於演化博弈理論研究了防火牆和入侵檢測系統的配置策略。為了和前面的研究內容進行比較，同樣研究了只配置IDS、只配置防火牆以

及同時配置 IDS 和防火牆三種資訊安全技術組合配置策略。通過分析利益相關者的演化博弈收益矩陣，求解複製動態的穩定狀態，討論了穩定狀態的鄰域穩定性，分析了影響雙方演化穩定策略的條件，以及影響各個模型的演化穩定策略閾值的因素。結果表明，當企業只配置入侵檢測系統且 IDS 報警時，較高的入侵檢測概率使駭客入侵概率大大降低，較低的入侵概率使企業採用人工調查的概率大大降低。當企業只配置防火牆且報警時，系統的演化穩定狀態為駭客不入侵系統、企業不採取人工調查；當防火牆不報警時，較高的防火牆檢測概率降低人工調查概率的程度大於較高的 IDS 檢測概率降低人工調查概率的程度；較低的防火牆檢測概率降低入侵概率的程度大於較低的 IDS 檢測概率降低入侵概率的程度。當企業配置這兩種技術組合且聯動檢測概率大於 IDS 入侵檢測概率時，系統的演化穩定狀態為企業配置兩種資訊安全聯動技術、駭客不入侵系統；否則，系統的演化穩定狀態則為企業應只配置 IDS 技術、駭客入侵系統。

趙柳榕

目　錄

1　緒論 / 1
　　1.1　資訊系統安全技術研究背景和意義 / 2
　　　　1.1.1　資訊系統安全技術研究背景 / 2
　　　　1.1.2　資訊系統安全技術研究趨勢 / 6
　　　　1.1.3　研究的目的和意義 / 10
　　　　1.1.4　本書的創新之處 / 11
　　1.2　國內外研究現狀 / 12
　　　　1.2.1　資訊安全經濟學研究綜述 / 14
　　　　1.2.2　資訊系統安全市場與環境文獻綜述 / 19
　　　　1.2.3　資訊系統安全風險文獻綜述 / 25
　　　　1.2.4　資訊系統安全投資文獻綜述 / 30
　　　　1.2.5　資訊系統安全技術文獻綜述 / 36
　　　　1.2.6　研究評述 / 43
　　1.3　主要內容 / 44
2　資訊系統安全技術的理論及其運用策略的制定 / 46
　　2.1　資訊系統安全技術 / 46
　　　　2.1.1　資訊系統安全技術的概念 / 47
　　　　2.1.2　資訊系統安全技術的原理及特點 / 51
　　2.2　資訊系統安全技術組合 / 62
　　　　2.2.1　縱深防禦系統 / 62

2.2.2　資訊系統安全技術組合的原理及特點 / 65
2.3　資訊系統安全策略及其管理過程 / 68
2.3.1　資訊系統安全策略的概念 / 68
2.3.2　資訊系統安全管理過程 / 69
2.4　本章小結 / 85

3　兩種資訊安全技術組合的最優配置策略分析 / 86
3.1　問題的提出 / 86
3.2　蜜罐和入侵檢測系統的最優配置策略分析 / 88
3.2.1　模型描述 / 88
3.2.2　只配置入侵檢測系統的博弈分析 / 91
3.2.3　同時配置蜜罐和入侵檢測系統的博弈分析 / 92
3.2.4　算例分析 / 98
3.3　虛擬專用網和入侵檢測系統的最優配置策略分析 / 101
3.3.1　模型描述 / 101
3.3.2　只配置入侵檢測系統的博弈分析 / 104
3.3.3　同時配置虛擬專用網和入侵檢測系統的博弈分析 / 106
3.3.4　算例分析 / 110
3.4　本章小結 / 114

4　三種資訊安全技術組合的最優配置策略及交互分析 / 117
4.1　問題的提出 / 117
4.2　防火牆、入侵檢測和漏洞掃描技術組合的模型與基本假設 / 119
4.2.1　防火牆、入侵檢測和漏洞掃描技術組合的模型 / 119
4.2.2　防火牆、入侵檢測和漏洞掃描技術組合的基本假設 / 120
4.3　防火牆、入侵檢測和漏洞掃描技術組合的最優配置策略分析 / 123
4.3.1　企業只配置 IDS 和漏洞掃描技術 / 123
4.3.2　企業同時配置防火牆、IDS 和漏洞掃描技術 / 127
4.4　防火牆、入侵檢測和漏洞掃描技術交互的經濟學分析 / 133
4.4.1　資訊安全金三角模型 / 133
4.4.2　模型的參數與假設 / 134

4.4.3　三種資訊安全技術組合交互的經濟學分析 / 139
4.5　算例分析 / 142
　　4.5.1　數值模擬 / 142
　　4.5.2　案例分析 / 146
4.6　本章小結 / 147

5　基於風險偏好的防火牆和入侵檢測的最優配置策略 / 149
5.1　問題的提出 / 149
5.2　模型描述 / 151
5.3　模型分析 / 153
　　5.3.1　同時配置防火牆和入侵檢測系統的博弈分析 / 153
　　5.3.2　配置IDS後增加配置防火牆的策略分析 / 157
　　5.3.3　配置防火牆後增加配置IDS的策略分析 / 158
　　5.3.4　只配置一種資訊系統安全技術的最優策略 / 160
5.4　算例分析 / 161
5.5　本章小結 / 167

6　基於演化博弈的防火牆和入侵檢測配置策略分析 / 168
6.1　問題的提出 / 168
6.2　模型描述 / 170
6.3　模型分析 / 172
　　6.3.1　只配置入侵檢測系統的演化博弈模型 / 172
　　6.3.2　只配置防火牆的演化博弈模型 / 181
　　6.3.3　配置防火牆和入侵檢測技術組合的演化博弈模型 / 186
6.4　本章小結 / 196

7　結論 / 198
7.1　研究結論 / 198
7.2　研究展望 / 201

參考文獻 / 203

資訊系統安全技術管理策略：資訊安全經濟學

1 緒論

　　隨著「互聯網+」戰略的積極推進，資訊化大潮洶湧而至，無論是互聯網企業還是傳統企業都越來越依賴網絡方式獲得資訊和交流資訊，資訊系統對企業的日常運行和管理、提高生產營運效率等都起著至關重要的作用。然而，企業在享受資訊技術帶來的便利和效益同時，其網絡環境和技術的複雜性也使得保護資訊資產和資訊系統面臨前所未有的挑戰。

　　目前，各類接入互聯網的資訊系統受到的安全威脅越來越大，駭客攻擊水準越來越高，資訊安全問題日益突出，給各行業組織帶來聲譽和財務上巨大的損失。例如，2017年5月永恆之藍勒索病毒波及150個國家的高校、政府機構、國有企業等，造成的損失超80億美元。根據世界經濟論壇發布的《2017年全球風險報告》，大規模網絡安全破壞位居當今世界面臨的五大最嚴重風險之列。在中國，網絡安全問題已經上升到了國家安全層面，企業對資訊安全的重視也達到了前所未有的高度，並通過購買最新的資訊安全技術、引進資訊安全人才積極來應對各類威脅。然而，安全技術雖然可以在一定程度上保障資訊系統，但其技術本身也存在著潛在的漏洞和風險。駭客不僅利用技術弱點攻擊單個計算機系統，還利用網絡連接的特性攻擊和它相連的電腦。一些實證和理論研究表明，越來越多的駭客入侵是有目的的，但他們做出攻擊的決策也取決於系統的安全性。面對嚴峻的資訊系統安全形勢，組合運用防火牆、入侵檢測（IDS）、防病毒、安全日誌、人工調查、加密、數據備份等多種安全技術提升資訊系統安全水準，已經成為資訊系統應用中的關鍵問題之一。此外，企業的資訊安全預

算已經成為其資本結構的重要組成部分，如何在有限的資金條件下達到最優的資訊系統安全技術管理水準也是企業和學術界關注的熱點問題。

1.1 資訊系統安全技術研究背景和意義

1.1.1 資訊系統安全技術研究背景

資訊技術的進步引發了經濟社會的深刻變革，社會正在被「再結構」，人類正在邁入一個全新的時代。各種技術風起雲湧，終端設備在進化、數據中心在進化、數字威脅也在進化中，如果資訊系統打開了「漏洞」的缺口，則一切的資產、核心競爭力、信譽等支撐組織運行的重要因素將消失瓦解。資訊系統的安全已成為影響經濟社會發展和穩定的重要因素之一。早在 2014 年中國就成立了中央網絡安全和資訊化領導小組，由習近平總書記擔任組長，李克強總理和劉雲山擔任副組長，其功能為統籌協調各個領域的網絡安全和資訊化的重大問題，制定和實施國家網絡安全和資訊化發展戰略、宏觀規劃和重大政策，不斷增強安全保障能力。在第一次會議上，習近平總書記就指出，網絡安全和資訊化對一個國家很多領域都是牽一髮而動全身，需要推進國家網絡安全戰略，加強網絡安全能力建設。近年來，全球發生的重大資訊安全事件風險成因複雜，既有外部攻擊，也有內部洩露，既有技術漏洞，也有管理缺陷；既有新技術新模式觸發的新風險，也有傳統安全問題的持續觸發。一旦發生資訊安全事故，其影響都將超越技術範疇和組織邊界，對經濟、政治和社會等領域產生影響，包括產生重大財產損失、威脅生命安全和改變政治進程。

2013 年 6 月爆發的「棱鏡門」事件引起了軒然大波，凸顯了全球網絡安全的重要性。斯諾登爆料：美國國家安全局曾入侵中國移動公司以獲取手機的短信資訊，並持續攻擊清華大學的主幹網絡以及電信企業 Pacnet 香港總部的計算機。也就是說，美國國家安全局可以侵入眾多國家的網絡終

端領域進行大規模的竊聽和監視全球所有人的個人隱私，從而掌握重要的一線情報資料。

2014 年 2 月，全球最大的比特幣交易平臺 Mt. Gox 由於交易系統出現漏洞，75 萬個比特幣以及 Mt. Gox 自身帳號中約 10 萬個比特幣被竊，損失估計達到 4.67 億美元，被迫宣布破產。同年 4 月出現的 Heartbleed 漏洞是近年來涉及各大網銀、門戶網站等影響範圍最廣的高危漏洞。該漏洞可被用於竊取服務器敏感資訊，即時抓取用戶的帳號和密碼。預計即使是在今後十年中，仍會在成千上萬臺服務器上發現這一漏洞，甚至包括一些非常重要的服務器。

2015 年 2 月，由於沒有設置額外的認證機制，美國第二大醫療保險公司 Anthem 被駭客入侵並盜走 8,000 萬份個人資訊，醫療機構成為資訊洩露的重災區。駭客可以成功入侵系統的原因不僅是缺少數據加密，還有不正確的訪問控制機制。這些都是基於業務和營運需要所做的系統及訪問控制，需要重點考慮安全策略問題。2015 年 8 月，英國電信營運商 Carphone Warehouse 約 240 萬在線用戶的個人資訊遭到駭客入侵，其中包括姓名、地址、出生日期和銀行卡資訊等，多達 9 萬名客戶的加密信用卡數據可能也遭到了駭客的入侵。由於未恰當使用和配置數據庫防火牆系統對外部駭客攻擊進行防禦，這些數據的批量洩漏會導致一系列電信詐騙的發生並致使電信營運商信譽受損。

2016 年 9 月，雅虎先後證實共超過 15 億用戶資訊遭竊，其被認為是互聯網史上最大規模的資訊安全洩露事件。洩露原因是近年來雅虎只偏重業務發展而忽視了安全問題，此次事故對 Verizon 公司收購雅虎的交易產生了重大影響。

2017 年 5 月，勒索病毒 WannaCry 在全球範圍內爆發，這場全球最大範圍的網絡攻擊已經造成至少 150 個國家的 20 萬臺電腦受到感染，受害者包括中國、英國、俄羅斯、德國和西班牙等國的醫院、大學、製造商和政府機構。同年 11 月，美國五角大樓意外暴露了美國國防部的分類數據庫，其中包含美國當局在全球社交媒體平臺中收集到的 18 億用戶的個人資訊。此次洩露的數據來源於架在亞馬遜 S3 雲存儲上的數據庫。由於配置錯誤導

致三臺 S3 服務器「可公開下載」，其中一臺服務器數據庫中包含了近 18 億條來自社交媒體和論壇的帖子。

2018 年 7 月 20 日，新加坡保健集團（新保集團）遭到網絡攻擊，約 1/4 的新加坡公民個人資訊被非法獲取，其中包括時任總理李顯龍的個人資訊及門診配藥記錄，這起網絡事件也被當地媒體稱為「新加坡遭遇的最大規模資訊安全攻擊」。駭客先侵入新加坡新保集團的電腦，植入惡意軟件後有目的地攻擊資訊系統數據庫中的具體個人資料，反復嘗試盜取和複製時任總理李顯龍的個人醫療記錄並順利得逞。相關分析人士表示，一國在職領導人的醫療數據被駭客拿到，是此前聞所未聞之事。目前，大多數社交網站為強制實名制，因此使得此類用戶的隱私資訊更容易暴露在其他用戶面前，如果駭客惡意利用此類資訊那麼後果將難以想像。可見，資訊系統安全問題一旦暴露，將會對國家、企業或個人造成無法挽回的損失。近年來的重大資訊安全事件，見圖 1.1。

圖 1.1　近年來的重大資訊安全事件

　　網絡資訊系統的脆弱性影響系統的安全性。在網絡系統中，脆弱性的分佈和程度隨網絡結構組件的變化而變化，隨著操作系統到各種應用軟件的升級換代發生變化，攻擊技術和方法也會發生變化。單純的安全保護技術已不足以解決資訊系統的安全問題，資訊安全技術的先進性並不能保證國家、組織和個人資訊系統的安全性。首先，資訊系統安全技術自身存在可能被駭客利用的弱點或漏洞。例如，TCP/IP 協議集就存在著基本的安全缺點，如大多數低層協議為廣播方式，網上的任何機器均有可能竊聽到情報，較易推測出系統中所使用的序號，從而較容易從系統的後門進入系統等。由於每一層數據存在的方式和遵守的協議各不相同，而這些協議在開

始制定時就沒有考慮通信路徑的安全性，從而導致了安全漏洞的出現。其次，傳統的安全威脅開始混合，網絡襲擊導致的大規模、長時間的網絡故障和資訊系統安全問題使人們遭受了越來越嚴重的損失。根據賽門鐵克發布的 2018 資訊系統安全威脅趨勢，駭客會利用人工智能和機器學習等新興技術，來對抗同樣利用這兩種技術進行安全保護的企業，這些攻擊未來將會變得更加先進。再次，人們需要防範的已遠不只是病毒而已，社會工程學已經被網絡犯罪分子使用得得心應手，所以在使用第三方軟件時也需要更加提高警惕。根據國家計算機病毒應急處理中心病毒樣本庫的統計，2016 年中國計算機病毒感染率為 57.88%，與 2015 年 63.89% 的感染率相比，下降 6 個百分點，其下降得益於廣大計算機用戶安全意識的提升、安全產品的普及和多級防護體系的建立。電子郵件是駭客利用社會工程學進行攻擊的主要途徑之一，駭客通常會發送一封看似正常的郵件，例如將發件人偽造成 IT 管理部門、收件人的領導或下屬，來獲取收件人信任，然後通過收件人下載或點擊附件中的病毒、木馬達到攻擊目的。目前，社會工程學郵件攻擊是網絡釣魚、勒索軟件、APT 攻擊最主要的攻擊途徑。最後，駭客的攻擊和企業的防守呈現不對稱博弈的形勢，包括工作量不對稱、資訊不對稱和後果不對稱。RSA 執行主席 Art Coviello 引用了美國業內人士的話：「安全是永遠不可能成熟的一個技術領域，因為它的成熟並不取決於客戶或者企業的要求，而是取決於那些犯罪分子的做法。」在暗處的駭客不知何時會突然發起攻擊，就連 Google 這樣的巨頭都不能幸免。因此除了對已知威脅加強防範，對於未知威脅，企業需要進行即時監控和行為分析以進行檢測。資訊不對稱表現為駭客可以通過網絡掃描、探測、踩點對攻擊目標進行全面瞭解，而企業對攻擊方往往一無所知。駭客在攻擊失敗後極少受到損失，而企業安全策略被破壞後卻利益受損嚴重。

綜上所述，資訊系統安全研究在技術、行為、管理、哲學、解決保護資訊資產並減少威脅的組織方法等領域都有著深遠的影響。將技術開發和管理理論相結合進行研究逐步成為資訊系統安全領域中一個極為關鍵的任務，也是現代資訊網絡中重要的問題之一。科學地制定資訊系統安全技術策略抵禦複雜網絡環境中的威脅以保護資訊系統的安全性，已成為當前的重要任務。

1.1.2 資訊系統安全技術研究趨勢

隨著資訊系統安全事件的頻繁發生，人們對資訊系統的安全需求也逐漸增加（見圖1.2），相應地，對資訊系統安全技術管理策略的要求也發生了巨大的變化。目前，解決資訊系統安全問題有兩個非常顯著的發展趨勢：一是從傳統的主要依靠安全技術向越來越強調將運用安全技術和加強安全管理緊密結合轉變；二是從傳統的主要運用單一技術向越來越強調組合運用多種安全技術轉變。出現這樣的研究趨勢是有多方面原因的，主要包括以下幾點。

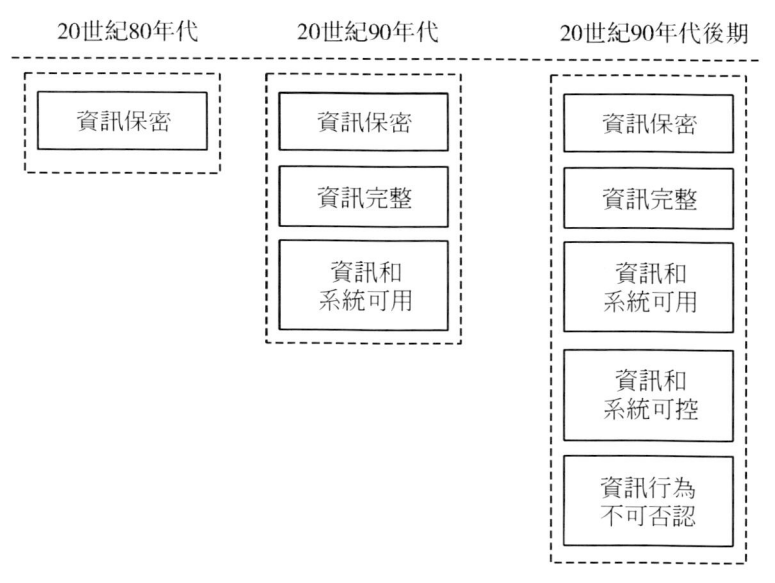

圖1.2 資訊系統安全需求的演變

第一，大量的調查發現，絕大多數資訊系統安全問題是人為因素造成的，要有效解決資訊系統安全問題，必須將技術、管理和法律法規等有效結合起來。當前一些企業對安全問題的認識還是停留在技術層面上，雖然投入了很多資金升級資訊系統安全技術，卻不知道資訊系統安全狀況如何、存在哪些問題。事實上，內部員工既可以是資訊系統最可靠的安全防線，也可以是潛在的最大威脅。例如，一高管人員要求單獨使用打印機，

並且要求與内部網和萬維網相連，以便可隨時用任何聯網的電腦打印文件。於是，這臺打印機有内存、中央處理器，並與網絡相連，卻在系統的防火牆之外，駭客便可通過這臺打印機侵入内部系統。社會工程學也顯現了資訊系統安全中與人的行為相關的管理因素的重要性。早在20世紀90年代，著名駭客Kevin Mitnick使得「駭客社會工程學」這個術語流行起來。社會工程是指資訊安全中操縱人的行為或洩露機密資訊的手段，通過資訊收集達到詐騙的目的或獲得計算機系統的訪問權限。例如，駭客可能誘騙用戶相信來電者或來訪者的虛假身分，獲得企業職員認為無關緊要的資訊（實際上它是有用的）。他們可能首先假冒服務中心，稱出現網絡問題，並套取到計算機端口號，然後冒充企業職員請求技術支持封掉端口號。被封掉端口號的企業職員請求幫助，駭客趁機介入，結果企業職員運行了駭客的木馬程序。所以，凡是有可能接觸到敏感、有價值或重要數據的人員，都必須時刻保持警惕性，在各自的領域發揮作用。可見，營造良好的組織文化、加強資訊系統安全管理至關重要。資訊系統安全不僅是技術層面需要關注的問題，而且是由於人的安全意識淡薄和管理不善而影響了整個資訊系統的安全性。

　　第二，因為目前的網絡環境下存在太多的潛在攻擊者和眾多的網絡攻擊手段，沒有一種安全技術可以讓資訊系統完全應對來自系統内部和外部的各種攻擊手段，組合運用多種安全技術保護資訊系統可以增加攻擊者實施攻擊的成本。典型的攻擊手段包含拒絕服務攻擊、非法接入、IP欺騙、網絡嗅探、中間人攻擊、木馬攻擊以及資訊垃圾等。隨著攻擊技術的發展，主要攻擊手段由原來單一的攻擊手段向多種攻擊手段結合的綜合性攻擊發展，例如木馬、網絡嗅探、防拒絕服務等多種攻擊手段的結合帶來的危害將遠遠大於單一手法的攻擊，且更難控制。為了保證資訊網絡的安全性，降低資訊網絡所面臨的安全風險，單一的安全技術是不夠的，應有相應的不同網絡安全防護方法。例如，基於主動防禦的邊界安全控制、基於攻擊檢測的綜合聯動控制、基於源頭控制的統一接入管理、基於安全融合的綜合威脅管理和基於資產保護的閉環策略管理。攻擊者的成本主要包括漏洞發現的成本、漏洞利用實現的成本、漏洞實施的成本、獲取的資訊資

產轉化為實際收益的損耗成本、新漏洞/利用技術被洩露的風險成本和攻擊被發現的風險成本。例如，配置漏洞掃描技術可以使系統定期修復已發現的漏洞，增加駭客的漏洞發現成本；配置漏洞掃描和 IDS 技術組合可以使漏洞的可利用性降低，增加漏洞利用實現的成本；配置蜜罐技術誘惑駭客攻擊虛假目標、收集無價值的資訊，增加漏洞實施的成本；新漏洞/利用技術越來越成為稀缺資源，大範圍的使用會讓廠商及時發現並迅速修補而失去價值，讓攻擊者在這方面的成本增高。因此，組合運用多種資訊系統安全技術是應對當前複雜網絡環境和進攻資訊系統混合威脅的重要方法。

　　第三，因為任何資訊系統的安全性都是相對的，需要在安全性和經濟性之間進行平衡，這也需要運用經濟學和管理學的理論和方法幫助企業設計資訊系統安全策略，科學確定安全投資水準。在實踐中，大多數企業的資訊安全投資決策都是管理者們根據以往的經驗和自己的主觀臆斷做出的，投資多少主要視企業內部的財務狀況而定，沒有充分衡量系統安全性和經濟效用之間的關係，缺乏足夠的科學性。2009 年 3 月，IT Policy Compliance Group 發布的《加強管理資訊安全與審計可改善業績》的基準研究報告表明，68%的企業在資訊安全方面投入明顯不足。若在資訊安全與審計管理實踐方面持續增加投入可使其獲得超過 200%的經濟回報。然而，在資訊系統上面投入的資金越多，其安全程度就越高嗎？企業的資金都是稀缺資源，任何一筆投入都希望能獲得最大的效益，資訊安全投資也不例外。對於企業而言，同樣的投資成本在面臨駭客和商業間諜等的不同攻擊手段、攻擊程度、攻擊規模，會有不同的資訊安全投資收益。例如，如果企業的資訊安全技術投資預算是一定的，企業管理者既可以考慮購買防火牆和入侵檢測技術組合來抵禦和檢測入侵，又可以購買蜜罐系統和入侵檢測技術來捕捉駭客的入侵行徑、檢測駭客的入侵行為，最終訴諸法律獲得賠償，還可以布置防病毒軟件和漏洞掃描系統定期查殺系統的病毒，為安全軟件升級，減少系統漏洞，從而增加駭客的入侵成本。因此，企業的安全目標不同，所布置的資訊系統安全技術組合也不相同。另外，如果企業希望購買防火牆和入侵檢測技術組合以保障資訊系統的安全，那麼企業應

將對資訊安全方面的投資在資訊系統安全技術和資訊安全人員中進行有效分配。企業既可以將資金分配給軟件安全供應商，使之維護軟件的正常運行，升級並配置軟件參數；還可以將資金用於入侵檢測系統的人工調查費用中，即時監測入侵行為，進行人工修復；此外，企業還可以將部分資金用於宣傳所配置的資訊系統安全技術的「威力」，使得部分入侵的駭客望而生畏，從而達到威懾駭客的作用。

此外，雖然目前越來越多的資訊系統中組合運用了多種安全技術，但組合運用是否就一定能提升資訊系統安全水準，在學術界還存在很大的爭議。首先，有專家強調：分析組合運用多種安全技術的有效性，一方面要考慮其能否提升資訊系統安全性，另一方面還要考慮其對系統經濟性和正常運行的影響。組合運用多種安全技術雖增加了資訊系統的安全性，但也會增加投資，還會增加資訊系統的資源消耗，降低資訊系統與外部資訊交流的通暢性，安全技術運用不當還會顯著影響系統的正常運行。因此，要實現組合運用安全技術的有效性，應在系統安全性、經濟性和保障正常運行之間進行平衡。其次，還有研究發現：如果安全技術選擇和組合運用不當，駭客反而可以利用所安裝軟件中的薄弱環節實施攻擊，因此增加運用安全技術不一定就能提升系統的安全性。Gartner 發布的研究報告也認為，IDS 在運用過程中經常會出現比較多的誤報警事件，多數是由於安全技術組合不當造成的。最後，對目前常見的資訊系統安全技術組合，即防火牆與 IDS 結合在一起運用的有效性也存在比較大的爭議，有專家通過實際觀察研究認為其不一定能顯著提升系統的安全性。顯然，多方面的研究結果表明，安全技術組合運用不一定能提升資訊系統的安全性。

2017 年 6 月 1 日，《中華人民共和國網絡安全法》（以下簡稱《網絡安全法》）正式實施，這對於企業來說既是堅實的保障又像是一次大考。從遵從性的角度看是前所未有的壓力和挑戰；從改善內部網絡安全治理、更好地維護和保障業務運行的角度來看，這又是一個有力的政策抓手和發展契機。《網絡安全法》界定了企業網站類、平臺類、生產業務類的 CII 認定標準，描述了網絡安全事件的潛在影響；要求加強政策監管，對企業的人員背調、安全評估、應急預案、應急演練和安全培訓等安全運維工作有明

確的規定；明確相關利益者的法律責任，並對網絡營運者、網絡產品或者服務提供者、關鍵資訊基礎設置營運者，以及網信、公安等眾多責任主體的處罰與懲治標準做了詳細規定。可以說，無論是基於企業的需求還是國家的強制要求，將技術開發和經濟管理理論相結合進行研究已成為資訊系統安全領域中一個極為關鍵的任務，應用嚴謹的理論方法體系科學地解決資訊系統安全問題已迫在眉睫。

總之，面對越來越嚴峻的資訊系統安全形勢，越來越需要組合運用多種安全技術，但如果多種安全技術組合運用不當不僅不能提升系統的安全性，還可能帶來負面影響。因此，科學運用安全技術組合提升資訊系統的安全性成為一個非常複雜、需要深入研究的問題。它需要在審視資訊系統面臨的安全形勢和威脅、分析資訊系統的安全性和經濟性要求、在充分考慮資訊系統運用特點和要求的基礎上，科學制定資訊系統的安全策略，審慎地在多種安全技術中進行選擇和優化組合，並將所運用的各種安全技術參數進行科學配置，以實現多種安全技術的優勢互補，提升資訊系統的安全水準。顯然，這是一個既要分析入侵者行為又要考慮安全管理行為的複雜問題，是一個既要考慮組合優化又要考慮參數優化的複雜問題，是一個既有重要理論意義又有重要現實意義的問題。

1.1.3 研究的目的和意義

本書從資訊安全的經濟學理論出發，結合相關決策技術和優化工具，探求了資訊系統安全技術組合的管理對策模型和最優配置方法。資訊系統安全問題的根本解決是未來資訊社會的運行和發展的前提，而目前尚無該領域的系統性研究，缺乏行之有效的對策方法。具體而言，本書研究的目的在於：

（1）綜合考慮資訊系統的運用特點和要求、資訊系統的安全形勢和威脅、資訊系統的安全性和經濟性，確定資訊系統安全策略的內容及其制定方法；

（2）基於資訊系統安全策略構建資訊系統安全技術組合運用優化模型，例如防火牆和入侵檢測技術組合模型、蜜罐和入侵檢測技術組合模

型、虛擬專用網和入侵檢測技術組合模型以及防火牆、入侵檢測系統和漏洞掃描技術組合模型，並提出優化和分析方法。

（3）基於資訊系統安全策略和安全技術組合方案構建多種安全技術參數優化配置的模型，並提出優化和分析方法。

（4）運用理論研究成果幫助企業制定資訊系統安全策略，協助企業進行安全技術選擇，優化配置各種安全技術參數。

對資訊系統安全技術組合的運用策略和優化方法問題進行深入的科學研究，能夠減少組織在資訊系統安全技術配置中的盲目性，提高資訊系統安全技術管理的科學性與合理性。本書以企業資訊系統的安全問題為背景，從實現資訊系統安全策略、安全技術優化組合和參數優化配置相協調和配套的要求出發，一方面可以極大地豐富資訊安全經濟學的理論和方法，另一方面可以為企業乃至政府部門和事業單位制定資訊系統安全策略和選擇運用安全技術方案提供指導，為加快提升中國資訊系統安全水準提供積極支持。

1.1.4 本書的創新之處

本書的創新之處主要包括以下內容：

（1）已有的關於多種安全技術的組合運用的研究，是在既定的安全技術組合下研究參數的優化配置問題，而對如何選擇安全技術組合的研究還比較少。本書提出根據企業資訊系統安全策略研究資訊系統安全技術組合優化模型和方法，建立了蜜罐和入侵檢測系統、虛擬專用網和入侵檢測系統、防火牆和入侵檢測系統、防火牆、IDS和漏洞掃描技術的博弈模型，分別比較了選擇只配置一種技術、同時兩種技術和同時三種技術時的條件。

（2）已有研究關於在既定的安全技術組合下的多種安全技術的參數優化配置問題，假設條件大多是在特徵匹配攻擊已知的情況下，較少考慮技術交互對入侵概率、誤報概率的影響，且參與人的風險偏好為風險中立型。本書討論了在未知攻擊情況下配置蜜罐與入侵檢測系統、虛擬專用網與入侵檢測系統、以及防火牆、IDS和漏洞掃描的交互作用及其最優配置

策略的博弈模型，拓展研究比較了參與人在不同風險偏好下的安全技術參數優化配置問題，分析了企業和駭客博弈的納什均衡混合策略，得到了風險偏好參數與企業人工調查最優策略和駭客入侵最優策略的關係。

（3）已有研究關於資訊安全技術組合的配置策略的問題大多從技術開發的角度分析，而較少考慮資訊系統的經濟屬性。本書應用資訊安全經濟學，同時考慮資訊系統的安全性和經濟性，將駭客攻擊成功的收益、駭客攻擊被檢測的懲罰、企業的人工調查成本、企業遭受攻擊後的損失等參數反應到資訊系統安全技術組合的博弈模型中，分析了在保障資訊系統安全性和經濟性的條件下資訊系統安全技術組合的最優配置策略。

（4）已有資訊系統安全技術組合策略的研究大多是定性的概念或框架式研究，或應用最優化理論對企業單方面的決策進行研究，而較少考慮駭客的攻擊決策對資訊安全技術組合配製策略的影響。本書應用傳統博弈理論研究了企業和駭客的納什均衡混合策略，應用演化博弈理論研究了企業和駭客長期博弈的配製策略的動態變化趨勢，更貼近現實。

（5）已有關於資訊系統安全策略制定的研究大多為流程圖描述說明或建立簡單的數學模型證明其結論，考慮的安全技術組合參數非常簡單。本書研究了在比較複雜的安全技術組合下的安全技術參數優化配置問題，並用 MATLAB 等工具進行數值模擬來分析驗證我們的結論。

1.2　國內外研究現狀

當代社會被定義為資訊社會，基於網絡的資訊消費成為拉動 GDP 的主力，資訊傳遞成為主流的溝通方式，資訊犯罪也成為最大的安全威脅之一。資訊系統安全問題引起了政府、企業、學術界專家的強烈關注。資訊系統安全管理涉及多方面的因素，是一個複雜的社會技術問題。與資訊系統安全相關的研究問題主要包括五個方面，見圖 1.3。

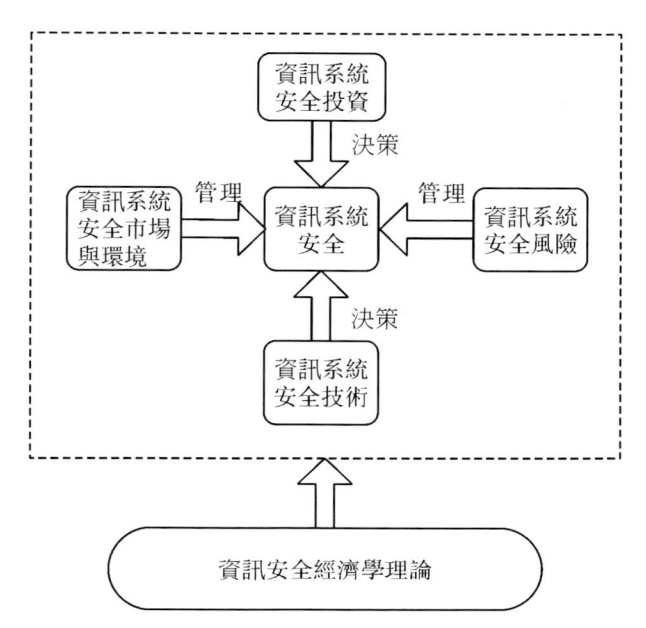

図1.3 資訊系統安全問題分類總結

1. 資訊安全經濟學

其主要研究內容包括：資訊安全的經濟（收益、投資、效益）形式和條件、入侵事件對社會或組織經濟的影響規律、資訊安全技術的效果規律、資訊安全技術的效益規律，以及資訊安全經濟的科學管理問題。劍橋大學的 Ross Anderson 及其他著名學者舉辦的第一屆資訊安全經濟學大會推廣了資訊安全經濟學在資訊系統安全管理中的理論應用。

2. 資訊系統安全市場與環境問題

其主要研究內容包括：資訊技術壟斷引發的資訊安全問題、價格歧視、資訊安全市場的外部性、網絡外部性與技術鎖定，以及資訊安全市場中的資訊不對稱問題。哈佛大學政府學院與經濟系提出了安全市場的概念，其中的漏洞被定義為交易的外部性。

3. 資訊系統安全風險問題

其主要研究內容包括：資訊安全投資風險評估、資訊安全威脅風險評估，以及資訊安全脆弱性風險評估。卡內基梅隆大學的 CERT（computer emergency response team）首先提出了風險評估機制，HHM（hierarchical holographic modeling）成為用風險科學來多層次地評估安全投資的工具。

4. 資訊系統安全技術管理問題

其主要研究內容包括：資訊系統安全技術的交互、安全技術在資訊系統安全架構中的價值、資訊系統安全技術的效果、資訊系統安全技術的配置策略，以及選擇科學的方法論來制訂資訊系統安全技術管理策略（如分別應用博弈論和決策理論得到管理策略，對比並分析結果）。德克薩斯大學達拉斯分校的 Cavusoglu Huseyin（2004）等學者解釋了博弈論在資訊安全技術配置中的應用，需要在技術設計中注意安全性和經濟性的平衡。

5. 資訊系統安全投資問題

其主要研究內容包括：資訊系統安全投資模型、資訊資產的脆弱性與資訊系統安全投資策略的關係、資訊系統安全投資對組織的作用、風險偏好與資訊系統安全投資策略的關係、網絡外部性與資訊系統安全投資策略的關係、資訊安全保險問題，以及基於資訊共享的資訊系統安全投資問題。馬里蘭大學的 Lawrence A. Gordon 和 Martin Loeb（2002）用傳統的經濟學方法檢驗了安全資訊策略；另外，Dan Geer（2006）通過系統的安全投資分析收益來研究安全投資。

1.2.1 資訊安全經濟學研究綜述

當前的計算機安全理論和方法正在經歷一個重大的變革。由於傳統的計算機安全理論不能適應動態變化的、多維互聯的網絡環境，技術、經濟、管理的三維體系逐漸形成。為此，國際上近幾年在資訊系統管理專業出現了一個新的研究領域——資訊安全經濟學（Economics of information security），該領域已經產生了一系列的研究成果，近幾年來每年國際上都會召開高層次學術會議進行交流。

要瞭解資訊安全經濟學的概念，先需要明確資訊安全的含義並瞭解配置資訊系統安全技術的目標和意義。目前，國內外對資訊安全的含義還沒有形成統一的定義。下面將分別介紹國際標準化委員會、美國的相關組織、歐洲的相關組織以及中國對「資訊安全」的定義。

1. 國際標準化委員會定義

資訊安全主要是指為數據處理系統而採取的技術的和管理的安全保

護。保護計算機硬件、軟件、數據不因偶然的或惡意的原因而遭到破壞（可用性）、更改（完整性）、洩露（機密性）。

2. 美國的相關組織對資訊安全的定義

美國國防部 1983 年公布的著名橘皮書 TCSEC 對資訊安全的定義是：「計算機系統有能力控制給定的主體對給定的客體的存取訪問，根據不同的安全應用需求，確定相應強度的控制水準，即不同的安全等級。」這是在單機環境中，從操作系統安全的角度給出的定義。

就技術性而言，多將資訊安全歸結為資訊和資訊系統的保密性、完整性和可用性需求。例如，美國在 2002 年《聯邦資訊安全管理法案》（FISMA）中提出：「『資訊安全』指保護資訊和資訊系統的安全，防止未經授權的訪問、使用、洩露、中斷、修改或破壞，保護其：①完整性，防止對資訊進行不適當的修改或破壞，包括確保資訊的不可否認性和真實性；②保密性，資訊的訪問和披露要經過授權，包括保護個人隱私和專有資訊的手段；③可用性，確保可以及時可靠地訪問和使用資訊。」

美國國家安全局資訊保障主任給出的定義：「『資訊安全』一直僅表示資訊的機密性，在國防部我們用『資訊保障』來描述資訊安全，也叫『IA』。它包含 5 種安全服務，包括機密性、完整性、可用性、真實性和不可抵賴性。」

美國國家安全電信和資訊系統安全委員會（NSTISSC）給出的定義：「對資訊、系統以及使用、存儲和傳輸資訊的硬件的保護，是所採取的相關政策、認識、培訓和教育以及技術等必要的手段。」

3. 歐洲的相關組織對資訊安全的定義

歐共體對資訊安全的定義：「網絡與資訊安全可被理解為在既定的密級條件下，網絡與資訊系統抵禦意外事件或惡意行為的能力。這些事件和行為將危及所存儲或傳輸的數據以及經由這些網絡和系統所提供的服務的可用性、真實性、完整性和秘密性。」

英國 BS7799 資訊安全管理標準給出的定義：「資訊安全是使資訊避免一系列威脅，保障商務的連續性，最大限度地減少商務的損失，最大限度地獲取投資和商務的回報，涉及的是機密性、完整性、可用性。」

4.組織對資訊安全的定義

《中華人民共和國計算機資訊系統安全保護條例》給出的定義:「保障計算機及其相關的和配套的設備、設施(網絡)的安全,運行環境的安全,保障資訊安全,保障計算機功能的正常發揮,以維護計算機資訊系統的安全。」

從作用點的角度來看,國標《計算機資訊系統安全保護等級劃分準則》定義資訊安全為:計算機資訊人機系統安全的目標是著力實體安全、運行安全、資訊安全和人員安全的維護。安全保護的直接對象是計算機資訊系統,實現安全保護的關鍵因素是人。部標《計算機資訊系統安全專用產品分類原則》定義:本標準適用於保護計算機資訊系統安全專用產品,涉及實體安全、運行安全和資訊安全三個方面。

國家資訊安全重點實驗室給出的定義:「資訊安全涉及資訊的機密性、完整性、可用性、可控性。綜合起來說,就是要保障電子資訊的有效性。」資訊安全經濟學的分層體系結構見表1.1。

表1.1 資訊安全經濟學的分層體系結構

資訊安全經濟學的工程技術	資訊安全的經濟管理 資訊安全的成本核算 資訊安全的優化投資 資訊安全的事故損失計算 資訊安全的效益評估 資訊安全的風險管理
資訊安全經濟學的技術科學	資訊安全的價值工程及非價值量的價值化技術 資訊安全的經濟評價 資訊安全的經濟分析 資訊安全的經濟原理
資訊安全經濟學的基礎科學	資訊科學 安全科學 經濟科學 數學科學
資訊安全經濟學的哲學	資訊安全經濟的認識論和方法論 資訊安全的經濟觀

從上述定義可知，資訊安全的內容包括了資訊內容的安全、資訊系統的安全和人的行為的安全。資訊安全經濟學是研究和解決資訊安全中的經濟問題，集成了經濟學、管理學、資訊論、安全學、計算機科學、人工智能等交叉科學，是經濟學的基本理論和方法在資訊安全活動中的具體應用。表 1.1 整理歸類了資訊安全經濟學的分層體系結構。資訊安全經濟學在指導資訊安全技術運用策略中也起著重要的作用。資訊系統安全技術的保護目標是資訊內容，功能特性是保障資訊系統安全，由 IT 職員操縱和管理來抵禦駭客的入侵行為。資訊安全經濟學在解決資訊安全問題時，為確定資訊內容價值、資訊系統的經濟效益、企業職員的激勵作用、駭客的潛在收益和損失等方面提供了經濟理論依據，是資訊安全管理行為指南。

英國劍橋大學的 Ross Anderson 教授是最早應用資訊安全經濟學研究資訊安全問題的學者之一。他於 20 世紀 90 年代初提出了經濟學、管理學在資訊安全領域中應用的重要性，並於 2001 年正式提出了資訊安全經濟學的概念。他認為許多資訊安全的實際問題可以用微觀經濟學的語言解釋，如網絡外部性、不對稱資訊、道德風險、逆向選擇、責任推卸和公地悲劇等。2002 年 Anderson 教授及其他著名學者舉辦了「第一屆資訊安全經濟學大會」（Workshop on the Economics of Information Security，WEIS），會議在美國伯克利大學舉行，此後 WEIS 每年會在不同的國家和高校邀請業內專家參與，迄今已經成功舉辦了 17 次，這標誌著資訊安全問題作為一個「經濟學研究對象」進入了一個高層次的學科體系建設和發展的新階段。

在 WEIS（2002）上，Anderson 教授將環境經濟學中人們對降低支付意向和減少污染的網絡環境中運行具有漏洞的系統呈現負的外部性作對比，用經濟分析的方法解釋了很多之前安全專家難以利用技術解決的問題：為什麼安全機制難以管理，為什麼隱含安全問題的 IT 產品會將一流的安全產品驅逐出市場，以及為什麼政府頒布的安全技術評估標準不能真正解決資訊安全市場和產品的問題。2006 年 Anderson 和 Moore 在 *Science* 上發表了 *Economics of information Security* 一文，提出了博弈論和微觀經濟學理論對安全工程而言同密碼學一樣重要；研究了非對稱資訊在資訊安全問題中所起重要的作用，網絡外部性對技術接受的影響以及網絡效用對最初配置的資

訊安全技術的影響；比較了三種策略的演變：檢測、基於用戶自身歷史的交互資訊的回報和基於用戶共享歷史的交互資訊的回報。Anderson 教授（2009）的研究集中於歐盟項目的網絡犯罪的安全經濟學和英國國防部的網絡犯罪成本問題。學者 Roy（2010）調查了將博弈論方法用於解決增強網絡的安全問題，並將所提出的解決方案進行了歸類。這個歸類可以使讀者更好地理解博弈論解決多種網絡安全問題。其研究表明，傳統的網絡安全解決方案的缺點是缺乏定量的決策框架。為此，一些研究人員開始提倡應用博弈論的方法解決問題。Roy（2010）指出了此研究的局限性，包括：目前文獻中的隨機博弈模型僅考慮了完美資訊的情況，假設防禦者總是能檢測入侵者；隨機博弈模型假設在博弈開始之前狀態轉換概率是固定的，這些概率能通過域知識和過去的統計計算得到；博弈模型假設參與者行為是同步的，而這並不總符合現實；大多數模型所考慮系統的大小和複雜度不可擴展。Manshaei 等（2012）將現有的研究分為六類，即物理和 MAC 層的安全性、自組織網絡的安全性、入侵檢測系統、匿名和隱私、網絡安全經濟學和密碼學，總結了所歸類文獻的主要結果，如均衡分析和安全機制的設計，討論了用博弈論研究計算機和通信網絡的安全和隱私問題的優點和不足，並用博弈分析得到的結果幫助理解現在和即將出現的資訊安全問題。Klempt 等（2007）認為由於經濟增長對資訊、潛在資訊和通信技術的高度依賴，資訊安全管理已經成為首要考慮的問題。Klempt 等提出了一個分層模型，引入一個以商業和資訊安全為目標的綜合概念研究資訊安全管理問題。Liang 等（2013）將網絡安全中的應用場景分為攻擊防禦分析和安全措施兩類。總結了以往文獻中解決策略的博弈模型——合作博弈模型和非合作博弈模型，提出了研究的局限性和未來的研究方向。

中國學者對資訊安全經濟學的研究也緊跟著國際步伐。何德全院士提出解決資訊安全問題要引入「經濟學角度」的觀點，主張以此為基礎解決好技術與管理兩方面的問題。季紹波等（2006）指出從 20 世紀 80 年代開始，資訊系統研究的總體趨勢是從技術性問題向組織和管理性問題轉移。張維迎教授（2004）出版的《博弈論與資訊經濟學》奠定了有關資訊與經濟科學的理論研究基礎。姜彥福等（2000）基於國家對經濟安全中資訊安

全的定義，從法律政策、管理和技術三方面分析了影響資訊安全的主要因素，總結出導致資訊虛假、滯後、非完備、壟斷的主要原因是組織定位、主體利益和約束與激勵。姚春序等（2002）認為在推進資訊化的過程中，各級政府採用了大量的優惠政策扶持資訊技術研究開發、資訊產業以及資訊技術業務應用；但與此同時，國家又從資訊安全的角度對資訊技術的業務應用施加了非常嚴格的管制。這兩類政策存在嚴重的衝突，並且都可能誘發競爭性尋租行為。但由於有關資訊安全的討論是在政治化的氛圍中展開的，這兩類政策之間的矛盾幾乎無法化解。姚春序等指出了圍繞資訊安全的討論泛政治化的根本原因是背後經濟利益的驅動。要擺脫這種泛政治化困境，必須求助於經濟學研究工具。文章討論利益與資訊安全投資的關係、科斯命題與安全責任的配置和網絡效應與安全投資風險。魏忠等（2002）從資訊安全技術的發展及管理方面出現的新方法、新趨勢出發，提出運用系統工程原理、風險代價原理、木桶原理、互補增值原理和動態性原理論述資訊安全管理思想與方法的框架體系。湯俊（2004）採用經濟學理論對資訊安全的等級、效益和成本進行了分析，結合與成本和收益有關的經濟學理論，圍繞在資訊安全項目實施過程中建立最優模型和淨現值模型的過程進行研究，以分析組織機構的安全策略。他還對相關變量的取樣方法進行了討論，指出了經濟學理論在資訊安全領域的進一步研究方向。

通過以上文獻綜述得出，資訊安全經濟學在資訊安全保險、漏洞市場的最優建設、網絡提供商和社交網絡中的安全與信任問題、數字版權管理經濟學、保密經濟學、個人激勵作用、企業安全的策略、駭客行為、無線網絡和傳感器網絡、安全投資等問題的分析中得到了廣泛的應用，與資訊安全技術研發理論相得益彰，為資訊安全工作人員提供了科學的指導。

1.2.2 資訊系統安全市場與環境文獻綜述

近幾年來，漏洞和攻擊工具被網絡犯罪組織商品化，這些組織大量進行地下交易以牟取暴利，使網絡威脅的範圍加速擴大。政府和企業紛紛制定相應的法律和制度應對資訊系統安全事件。資訊系統安全產業在政府引

導、企業參與和用戶認可的良性循環中穩步發展。政府、電信、銀行、能源、軍隊等是資訊系統安全企業關注的重點行業；證券、交通、教育、製造等對資訊系統安全的需求強勁；此外，資訊系統安全企業在中小型企業及二、三級城市市場都呈現出蓬勃的生命力。各個廠商都在積極調整自身的市場策略，以便更好地應對異常激烈的市場競爭。

結合現實中存在的問題，學術界關於資訊系統安全市場與環境主要的研究成果集中在資訊系統安全的制度與法律、資訊系統安全市場機制、資訊系統安全市場關係和關於駭客的研究問題上（見圖1.4）。

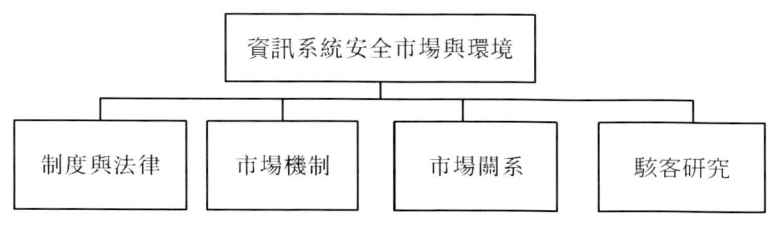

圖1.4 資訊系統安全市場與環境的主要研究問題

1. 資訊系統安全制度與法律的研究現狀

關於資訊系統安全的制度與法律問題的研究，Romanosky 等（2014）通過收集的一些法律相關數據庫，分析了 2000—2010 年聯邦法的 230 多個破壞案例，調查研究了兩個問題——哪些數據破壞可以提出訴訟以及哪些數據破壞訴訟可以得到解決。在第九屆 WEIS 上，Romanosky 等（2010）的報告指出，為了減少因消費者數據盜用而帶來的損失，美國許多州制定法律要求當保存的私人資訊洩露時廠商要及時通知消費者。然而，這一制度並沒有嚴格地實施，有言論稱這一制度只是加重了廠商和消費者的負擔。通過一個簡單的模型指出法規可使廠商和消費者都能更加積極地關注這些數據資訊，從而降低了社會成本。Adjerid 等（2011）解決了隱私法——特別是對立法限制公開健康紀錄的問題——如何影響健康資訊交易的應用進而促進健康資訊的分享（HIEs）；橫向研究了州層面的健康隱私立法，檢驗了美國在 HIEs 過程中隱私和保密性法變量的影響。Hua 等（2007）基於某跨國企業的案例分析，使用新制度學理論方法研究了組織

內外部影響因素是如何影響企業資訊系統安全方面的投資和操作行為的。內部因素包括工作機動性制度化和期望工作效率制度化。制度自上而下和自下而上的影響相互交叉，加強了甚至是重構了資訊系統安全制度，說明了企業高層管理者只有充分注重資訊系統安全才能獲得成功，及企業所有員工之間傳播資訊安全的重要性。Wondracekl 等（2010）通過實證分析得出數據保護制度對企業資訊分享能力有一定影響。中國學者在中國的資訊系統安全的制度與法律方面也做出了大量的研究。馬民虎等（2005）從憲政基礎、權利平衡理念、社會連帶責任思想等理論基礎出發，通過對網絡資訊安全應急機制的價值目標的研究，結合國外有關經驗，指出應建立適合中國國情的網絡資訊安全應急管理體系，建立準確、快速的預警檢測、通報機制，明確在應急過程中的行政緊急權力的限制與建立法律救濟機制。戴天岫等（2006）指出了中國的資訊系統安全服務法應遵循的原則。蔣蘋等（2003）介紹了計算機資訊系統安全體系研究的現狀與發展趨勢；然後論述了計算機資訊系統縱深防禦與保障體系的體系結構，並對組成該體系的各子系統的功能與組成進行了闡述；最後提出了安全體系的設計方案。任慧（2010）針對計算機網絡安全的現狀，結合在鐵路行業的實際工作經驗，從網絡安全技術、安全管理的角度提出應在鐵路計算機網路內建立安全防護體系。

2. 資訊系統安全市場機制的研究現狀

關於資訊系統安全市場機制的研究，Zhao 等（2008）利用博弈論提出了一種使服務供應商維護互聯網、保護客戶的激勵措施的認證機制，分析了機制的有效性。該機制保證供應商承諾客戶對從他們的網絡惡意流量造成損害的財務承擔責任。Zhao 等（2010）用博弈論的方法提出了一個基於控制和激勵的資訊系統管理的框架，通過員工源自自我興趣的行為優化對企業資訊的使用。該框架顯示，基於激勵的機制可使得資訊獲取權不會被過分使用或限制使用，並使其保持了動態商業環境所需的靈活性。Tyler Moore（2010）研究了不正當激勵、資訊不對稱和外部效應，認為消除這些障礙的方法為：事前制訂安全規則、事後責任承擔、資訊披露以及間接

的仲介責任追究。其提出提高網絡安全水準的措施主要有：通過服務提供商對其進行補貼、減少惡意軟件侵擾、強制披露資訊系統安全事件及其帶來的損失、強制披露控制系統事件與入侵、集中有關網絡間諜的報告並將其提交給世界貿易組織。Dohertya 等（2009）採用實證方法對資訊系統安全策略的結構與內容進行研究，使其更具有邏輯性和實證性。如一般文獻只是回答資訊系統安全策略應該包含什麼內容，該研究回答的則是為什麼應該包含這些內容。其總結了相關文獻中涉及的資訊系統安全策略的結構和特徵，從而分析了每一種策略自身的應用背景。Workman 等（2008）認為資訊系統安全違反行為的主要原因是對資訊系統安全評估的忽視，粗心大意和沒有資訊威脅預警機制均會造成重大的損失。解釋說明性理論雖然可以回答如何處理這種事故，但是卻缺乏實證檢驗。由保護動機理論對威脅控制模型進行實證檢驗，從而證實知與行之間的差距，指導企業制訂有效的干預政策。Herath 等（2009）基於 77 家單位 312 位員工的調查提出並檢驗了一個理論模型，該模型主要圍繞對員工行為的懲罰、壓力、感知效力的激勵效應，使企業管理人員能夠加強對員工服從企業資訊系統安全政策情況的認知度。研究發現，資訊系統安全行為同時受內外部動因的影響，主要體現在外部壓力和內部動機這兩個方面。

3. 資訊系統安全市場關係的研究現狀

關於資訊系統安全市場關係的研究，Varian（2000）在對反病毒軟件市場進行調查時發現，普通消費者不會在保護他人計算機上進行應有的投資。例如，拒絕服務攻擊主要是利用家庭或學校的聯網計算機對大型網站進行病毒性攻擊，但一般不會破壞個體的計算機。儘管一個理性的個體消費者可以花費金錢來安裝防病毒軟件來阻止病毒破壞自己的計算機，但往往不會花費金錢來保護其他人的網站和計算機。正因為大量的個體在線計算機用戶「事不關己，高高掛起」，才導致了拒絕服務攻擊的發生。Kolfal 等（2013）研究由於兩個競爭企業為爭奪消費者，資訊系統安全事件會產生消費者轉移。運用連續時間馬爾可夫過程建模的結果表明：企業的安全投資費用以及與競爭者合作的意願都強烈地依賴於消費者對安全時間的反

應，尤其依賴於消費者轉移的程度。Narasimhan 等（2010）分析了為防止駭客攻擊幾個企業合作條件的博弈模型，指出企業合作概率依賴於駭客的攻擊類型和防禦者的態度。Roberds 等（2009）研究了支付網絡對個人識別資訊收集的影響和身分盜用事件及其產生損失的數據安全問題。為了促進交易的達成，代理商加入了編譯和保護數據安全的網絡。與有效分配相比，非合作性網絡的均衡顯示了過多的數據收集和過少的數據保護。他們提出的解決該問題的方法是重新分配數據洩露所造成的損失，強制提高安全等級和強制限制數據收集的數量。Lelarge（2009）研究了相互關聯的代理商網絡，每個代理商都可以決定是否投資於自我保護或實施相關可減少被病毒傳染概率的安全措施。Lelarge 利用隨機圖理論計算出滿足期望的均衡，得到網絡外部性是病毒傳染參數的函數，其中包含公共部分和私有部分。根據公私部分的劃分，發現了一些非常規現象，如有時投資自我保護可使得參與這部分投資的代理商數量增加。當自我保護能力很強且被保護的代理商不會受到其他代理商決策的負面影響時，便會出現類似於「搭便車」的現象；而當自我保護能力較弱時，網絡便會出現臨界狀態。其研究還發現，當安全由第三方提供且該第三方處於壟斷地位，則其會通過提供低質量的保護來對正的網絡外部性加以利用。August 等（2011）比較了三種軟件責任政策，即供應商對損失的責任、供應商對補丁成本的責任、政府強制制定的安全標準。若 0 天攻擊概率足夠低，政府對軟件安全投資的強制標準對供應商補丁和損失責任都是較優的；但若 0 天攻擊概率是普通水準且補丁成本不高時，採用部分補丁是最有效的策略。

4. 關於駭客的研究現狀

關於駭客的研究，Franklin 等（2007）認為自從駭客的入侵行為越來越趨於理性化後，經濟學作為安全分析的工具便得到了足夠的重視。Segura 等（2010）研究指出許多網絡安全事件是由經濟刺激引起的，以此為背景，通過經濟學原理建立了駭客激勵模型。Lesson 等（2005）考慮了各種類型的計算機駭客，特別關注「名譽驅使」和「利潤驅使」的駭客，用簡單的經濟分析檢驗這些駭客市場是如何運作的。作者將駭客群體按動

機分為三類。第一類為「好」駭客。他們雖是非法進入計算機系統的，但自願分享安全弱點給該管理系統的人。第二類駭客是「名譽驅使」的，這類人擁有不道德入侵的危險亞文化群，其中的成員尋求臭名遠揚和其支持者的讚美，他們會破壞弱勢群體的電子儲存資訊並造成嚴重破壞。第三類駭客是「貪婪」的，他們考慮的不是名聲而是利潤。受利潤驅使的這類駭客的好壞，取決於哪種行為會給他們帶來最大的現金收益。Liu 等（2005）總結了入侵者三個方面的特徵。第一是攻擊的目的性，即典型的攻擊不是隨機的，而是基於某些意圖或目標安排的，利用經濟學理論定義入侵驅動為金錢、情緒獎勵和名譽。第二是策略相互依賴性，即攻擊或防禦姿態的能力應該用相對的方法衡量。第三是不確定性，即攻擊者對系統常常擁有不完全資訊或知識，反之亦然。入侵者在入侵之前，通過分析防禦系統和他的入侵策略來知道自己的入侵狀態，而防禦者通常不能。由於入侵檢測的延時，系統可能對入侵的狀態的判斷有一定的延時。由於誤報警，系統可能會對現在的入侵狀態進行錯誤的判斷。Mookerjee 等（2011）提出了駭客可以通過通話進行合作。Zhuge 等（2009）以中國互聯網的數據為實證數據來源，研究了萬維網上惡意行為活動的若干方面，主要是對駭客行為的研究，如他們是如何進行虛擬交易的、他們的據點在哪裡等。此研究還結合高低蜜罐技術分析了某網站是否存在惡意內容。Ransbotham 等（2013）提出了兩個假設：攻擊延遲和第一個攻擊的風險、攻擊滲透和攻擊量。他們用 IDS 數據和 NVD 漏洞數據來進行研究，建立了攻擊擴散模型並分析了上述兩個假設。結果表明，直接披露資訊的脆弱性會減少攻擊擴散過程的延遲，但會輕微增加目標系統中的攻擊滲透和攻擊量。Li 等（2009）研究建立了一個與僵屍網絡犯罪相關的經濟模型，從建立僵屍網絡的駭客和出租僵屍網絡的租金的角度出發將決策收益最大化。由於使用虛擬蜜罐，使得僵屍網絡工具水準處於不確定狀態，該不確定性對僵屍網絡市場利潤具有較大的影響。除非由於一些根本原因使其非攻擊不可，否則僵屍網絡駭客很有可能會因利潤的減少而降低攻擊的可能性。

1.2.3 資訊系統安全風險文獻綜述

《國家資訊化領導小組關於加強資訊安全保障工作的意見》明確提出，要重視資訊安全風險評估工作，對網絡與資訊系統安全的潛在威脅、脆弱環節、防護措施等進行分析評估，綜合考慮網絡與資訊系統的重要性、涉密程度和面臨的資訊安全風險等因素，進行相應等級的安全建設和管理。資訊系統安全風險管理主要內容包括風險評估、威脅管理和脆弱性管理（見圖1.5）。

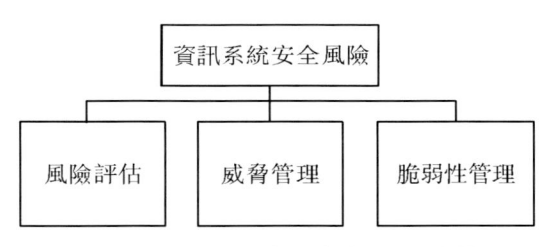

圖 1.5 資訊系統安全風險的主要研究問題

其中風險評估就是從風險管理角度出發，運用科學的方法和手段系統地分析網絡與資訊系統所面臨的威脅及其存在的脆弱性，評估安全事件一旦發生可能造成的危害程度，提出有針對性的抵禦威脅的防護對策和整改措施。風險評估工作貫穿資訊系統整個生命週期，包括規劃階段、設計階段、實施階段、運行階段、廢棄階段等。威脅管理即分析資產所面臨的每種威脅發生的頻率，威脅包括環境因素和人為因素。脆弱性管理需要從管理和技術兩個方面發現和識別脆弱性，根據被威脅利用時對資產造成的損害進行賦值。Fung 等（2003）強調資訊系統安全風險會讓企業損失資金、產品性能、信譽等，影響企業正常運行。因此，風險問題是資訊系統安全領域研究的主要問題之一。

1. 資訊系統風險評估的研究現狀

關於風險評估的研究，早在 20 世紀 80 年代，美國國家標準局和國家計算機安全中心（NCSC）就聯合提出了著名的資訊系統安全風險管理通用框架 RMCF。美國卡耐基·梅隆大學提出了系統安全工程能力成熟度模

型 SSE-CMM；其他國際組織和國家也紛紛推出了自己的資訊系統安全管理標準，如國際標準化組織的 CC/ISO 15408 標準和 ISO 13335 標準，英國的 BS 7799 標準，加拿大的 IRMF 管理框架，澳大利亞的 AS/NZS4360 標準以及中國的 GB/T 22080-2008 標準，這些都為資訊系統安全管理提供了框架指南。目前，資訊系統安全風險評估主要從定性和定量兩個方面進行。定性評估主要是對風險事件的損失和發生頻率進行定性評價，確定資訊系統安全風險等級，常用方法有：QRA（Qualitative Risk Analysis）方法、VA（Vulnerability Analysis）方法、TA（Threat Analysis）方法、SLA（Single-time Loss Algorithm）方法以及 FRAP（Facilitated Risk Analysis Process）方法等。Salmela（2008）在總結已有方法的基礎上，基於企業業務流程分析了資訊系統風險可能帶來的商業損失，提出了損失評估方法。李鶴田等（2005）提出針對資訊系統設計階段的風險評估方法，從系統複雜度和系統功能故障產生後果的嚴重程度兩個方面定義了資訊系統的風險評估指標，提出可以利用馬可模型定量計算並分析資訊系統在不同情形下的風險。Fua 等（2011）認為資訊系統安全風險評估涉及財產、威脅、脆弱性、風險與安全控制措施和其他一些基礎因素，並從這些基礎因素出發，系統分析了資訊安全風險評估的流程和方法。Longstaff 等（2000）指出量化風險評估要基於概率論，HHM 模型是傳統的解決模型，並將風險和不確定性分為兩種類型：外生的和內生的。Ryana 等（2006）認為定量分析方法的決策考慮是以新的或附加的流程和技術投資加強資訊系統安全。他們將資訊安全逆向看作是風險，計算的期望損失用於衡量資訊系統風險減少，從而確定資訊系統安全的效果，並對風險管理提出一種新的數學方法，此方法是基於概率分佈的。Tsiakis 等（2005）對一種資訊系統安全框架的經濟性評估提出質疑，認為應當有實現資訊安全漏洞的安全投資經濟性為目標的評估方法。其研究證明了資訊系統安全計劃中應當包含資訊系統安全解決方案所需的相關選項，並且還提出與資訊系統安全可接受水準相關的衡量方式。Trcek 等（2007）建立了一個模型支持資訊系統的風險管理，側重於分析人的因素。該模型基於企業動態學，提出瞭解決以上問題的定性和定量的方法。國內學者劉偉、張玉清、馮登國等（2005）提出風險週期

模型，旨在從風險時間變化的宏觀角度描述資訊系統安全風險的管理。

2. 資訊系統威脅管理的研究現狀

關於威脅管理的研究，由於資訊系統安全威脅數量眾多且層出不窮，為了能更好理解遍及資訊世界的各種資訊系統安全威脅，Whitman 等（2005）把資訊系統安全威脅分為 12 大類（見表 1.2）。

表 1.2 常見的資訊系統安全威脅及其所屬類別

類別	資訊系統安全威脅
1. 人為過失或失敗行為	• 用戶意外操作失誤
2. 對知識產權的侵犯	• 盜版軟件
3. 間諜或蓄意入侵行為	• 駭客
	• 口令攻擊
	• 資訊竊聽
	• 用戶網上行為被記錄
4. 蓄意資訊敲詐行為	• 數據勒索
5. 蓄意破壞行為	• 拒絕服務攻擊
6. 蓄意竊取行為	• 計算機被盜
	• 網絡釣魚
7. 蓄意軟件攻擊	• 計算機病毒
	• 蠕蟲
	• 木馬程序
	• 僵屍電腦
	• 流氓軟件
	• 垃圾軟件
8. 自然災害	• 自然災害
9. 服務質量差	• 網絡服務質量不穩
10. 技術硬件故障或錯誤	• 硬件故障
11. 技術軟件故障或錯誤	• 後門程序
12. 技術淘汰	• 軟件錯誤

雖然這些資訊系統安全威脅的原理、表現和特點都各不相同，可是它們都能危害到資訊系統安全的一個或若干個屬性。Farn 等（2004）分析要求審核認證程序的知識評價和技能，並具體研究了資訊安全管理系統（ISMS）的三個要素：資產、威脅和脆弱性。劉東蘇等（2001）對網絡遭受攻擊的原因以及網絡安全威脅的種類進行了分析，認為網絡的安全威脅主要來自兩個層次，一是 TCP/IP 協議中存在的安全威脅，二是標準 TCP/IP 服務的安全威脅，並給出了相應的安全對策。彭俊（2011）從校園網存在的安全威脅著手，介紹了校園網中存在的 3 類安全威脅，並針對這些威脅提出了校園網安全管理的防護策略。Kumar 等（2008）結合了風險分析和災難恢復建立整合的資訊系統安全措施模擬模型，模型包括了資訊系統的威脅特性和經濟環境特性、攻擊類型、攻擊頻率和可能的損失，以及破壞恢復的程度和時間。模擬表明，資訊系統安全措施資產組合的交互和經濟、威脅環境特性決定資產組合的價值。陳秀真等（2006）提出採用自下而上、先局部後整體評估策略的層次化安全威脅態勢量化評估模型及其相應的計算方法。該方法在報警發生頻率、報警嚴重性及其網絡帶寬耗用率的統計基礎上，對服務、主機本身的重要性因子進行加權，計算服務、主機以及整個網絡系統的威脅指數，進而評估分析安全威脅態勢。實驗表明，該系統減輕了管理員繁重的報警數據分析任務，能夠提供服務、主機和網絡系統三個層次的直觀安全威脅態勢，使其對系統的安全威脅狀況有宏觀的瞭解，並且可以從安全態勢曲線中發現安全規律，以便調整系統安全策略，更好地提高系統安全性能，為指導安全工程實踐、設計相應資訊系統安全風險評估和管理工具提供了有價值的模型和算法。Qi 等（2007）通過集成協議處理（IPP）的思想，從算法和框架角度提出了一個優化統一威脅管理性能的通用框架。其所提出的算法整體上提高了協議處理 ACL 和 IDS 的複雜性。英特爾 IXP2850 網絡處理器的實驗表明此方法優於現有的解決方案，吞吐量增加了 30%。此外，Willison（2006）指出一些 IS 安全學者也已經開始注意研究「內在」的威脅管理問題。

3. 資訊系統脆弱性管理的研究現狀

關於脆弱性管理的研究，CERT/CC 將脆弱性管理工作分為兩類，一是在軟件配置前發現並減少新漏洞數量；二是修復已經部署的軟件中存在的漏洞。Gerace 等（2009）認為大多安全事件是由軟件中的缺陷引起的，將這些缺陷定義為資訊系統的脆弱性。Tanaka 等（2005）以檢驗脆弱性與資訊安全投資之間的關係為目標，基於實證研究，認為一個經濟實體的資訊安全投資決策取決於脆弱性。基於定量的方法，Foss 和 Barbosa（1995）提出了 SVI（System Vulnerability Index）方法，該方法對資訊系統中的每個脆弱環節用 [0, 1] 中的數來表示，表明每個脆弱環節對資訊系統安全的影響程度，即脆弱性嚴重系數，將系統中所有脆弱環節的脆弱性嚴重系數相加，即可得到整個系統的脆弱性系數，該系數越大，表示系統的安全風險級別越高。美國 George Mason 大學的 Noel 於 2003 年和 2004 年分別提出的利用關聯圖方法開發出了一種拓撲脆弱性分析（Topological Vulnerability Analysis，TVA）工具來實施網絡安全分析。TVA 體系結構包括：描述各種脆弱性的數據庫；當前網絡配置情況的描述，其中的數據和資訊是通過一些開放的工具，對特定攻擊情景的規範說明，主要包括初始條件、攻擊目標以及網絡配置變化三種資訊。TVA 最終可生成表示與特定攻擊目標相關的所有攻擊路徑的利用關聯圖（exploit dependency graph），並給出了根據利用關聯圖求解使得潛在的攻擊者不能按照特定攻擊路徑實現攻擊目標所需的安全措施組合的算法。Phillips（1998）提出了一個基於攻擊圖的網絡脆弱性分析方法，依據網絡節點的狀況和攻擊模板中的條件進行匹配，建立攻擊圖，在攻擊圖的基礎上利用最短路徑等圖論方法分析圖中的威脅路徑和關鍵節點，依此對網絡的脆弱性進行評估。Patel 等（2008）提出一種新的方法用以評估組織對資訊安全漏洞的脆弱性，該方法可量化資訊安全風險，以幫助企業衡量資訊系統的網絡安全水準，其中包含兩個集合——威脅影響指標集和網絡脆弱性指標集。在加強日常資訊安全的過程中，經理人員通過計算和比較上述兩個集合，來選擇最好的資訊系統安全策略。國內學者夏陽等（2007）提出了一種網絡脆弱性的量化評估方法，並在該

評估方法的基礎上開發出了相應的評估系統。系統通過對主機漏洞存在可能性以及漏洞利用的可能性進行量化評估，得到目標主機的脆弱性度量值；在此基礎上，結合網絡拓撲結構，利用優化的最短路徑算法，分析網絡中存在的危險路徑和關鍵結點，從而可以有針對性地進行網絡脆弱性修補，增強網絡的總體安全性能。為了系統研究計算機脆弱性管理的方法，夏陽等（2007）還提出了計算機網絡脆弱性評估的研究目標，指出了在研究過程中存在的若干問題。他們還從總體上分析了近年來針對計算機網絡脆弱性評估的若干研究方法和技術，包括從網絡連通性進行網絡評估、基於入侵路徑的網絡安全性評估、基於圖的網絡脆弱性分析、網絡脆弱性分析工具、基於 Agent 的網絡脆弱性分析、運用層次分析法的網絡脆弱性評估以及基於漏洞依賴關係圖的網絡脆弱性評估等，同時指出了每種方法的可取之處及存在的問題。邢栩嘉等（2004）指出對計算機系統進行脆弱性評估十分重要，其最終目的就是要指導系統管理員在「提供服務」和「保證安全」這兩者之間找到平衡。闡述了脆弱性評估所要解決的問題，介紹了目前在計算機系統脆弱性評估領域的主要方法以及今後的發展方向。

1.2.4 資訊系統安全投資文獻綜述

面臨諸多資訊系統安全問題，企業的人力、物力和財力的投入不可能是毫無限制的，資訊系統安全投資是否物有所值是 CIO 主要關注的問題之一。企業可以選擇將資訊系統安全項目外包給安全技術企業定期維護，也可以選擇交給安全審計企業評估資訊系統的風險和漏洞，還可以購買資訊安全保險賠償遭受入侵後的損失，或者選擇加入資訊安全共享平臺提升資訊系統的安全性。國家資訊安全漏洞共享平臺（China National Vulnerability Database，簡稱 CNVD）是由國家計算機網絡應急技術處理協調中心聯合國內重要的資訊系統單位、基礎電信營運商、網絡安全廠商、軟件廠商和互聯網企業建立的資訊安全漏洞資訊共享知識庫。搭建 CVND 的目標是與國家政府部門、重要資訊系統用戶、營運商、主要安全廠商、軟件廠商、科研機構、公共互聯網用戶等共同建立軟件安全漏洞統一收集驗證、預警發

布及應急處置體系，切實提升中國在安全漏洞方面的整體研究水準和及時預防能力，進而提高中國資訊系統及國產軟件的安全性，帶動國內相關安全產品的發展。企業考慮是否需要加入類似 CVND 的資訊共享平臺、共享多少份額的資訊也是資訊系統安全投資中研究的主要問題之一。按照投資方式的維度分類，資訊系統安全投資問題主要包括資訊系統安全外包、單企業投資決策、資訊共享和複雜情形投資決策（見圖 1.6）。

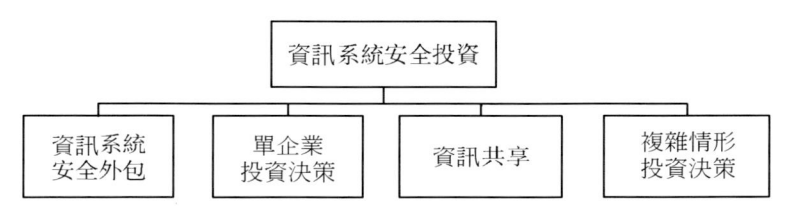

圖 1.6 資訊系統安全投資的主要研究問題

1. 資訊系統安全外包的研究現狀

關於資訊系統安全外包的研究，由於資訊系統安全外包可以籠統地理解為企業將資訊安全業務外包給第三方，因此部分學者對企業和第三方（外包）企業之間的關係或機制等進行了研究。Cezar 等（2010）通過建模得出，將防禦和檢測任務分給兩家外包企業要比給一家好。Kunreuther 和 Heal（2003）運用博弈論研究有相互依存關係的不同企業之間安全投資上的納什均衡，分析了保險、責任、罰款和補貼、第三方檢查、規章和協調等外部機制對安全投資的影響。Chen 等（2012）考慮通過第三方調查來解決點擊欺騙的問題。通過三階段的過程建立點擊欺騙模型，考慮第三方調查成本的兩種支付機制、sp 支付機制和廣告支付機制。當第三方掌握了調查可疑點擊時，誰更有動機支付（例如金融第三方的）調查成本。在資訊系統安全外包中，以保險企業作為第三方研究的文獻較多。Fisk（2002）通過論述分析得出計算機安全性能沒有提高的原因除了技術限制之外，還有社會對網絡風險的接受程度。他進一步指出只有通過法律和保險才能解決這一問題。Innerhofer-Oberperfler 等（2010）為可以計算出潛在的資訊系統安全保險費用評價的變量開展探索性的定量研究。研究對一個由某地區 36 位專家組成的樣本進行半結構化的定量採訪，對採訪結果進行處理後

得到了一些評價指標，並將這些指標反饋給36位專家，由其對指標進行等級評定。Bolot 等（2009）考慮組織為了保護網絡和用戶是否應該購買保險。如果購買保險需明確的保險收益並制定合適的保險策略。其利用風險理論和網絡模型進行研究後，認為購買保險將提高網絡安全性。Zhao 等（2009）指出當資訊系統安全投資呈現正的外部性時，兩個組織都會購買安全保險。Shetty 等（2010）研究了競爭性的保險企業是如何影響網絡安全和資訊安全社會福利的。用戶因受到攻擊而產生損失主要取決於其自身的安全和網絡安全兩部分。模型還假設資訊安全保險者不能觀察到個人用戶安全，該資訊不對稱將導致道德風險，在這種情況下不存在均衡，即保險市場消失，存在均衡，保險合同也只能挽回一小部分損失。而保險企業若對個人用戶安全具有完全資訊，保險合同將規定用戶安全，此時得出的均衡將能夠挽回用戶的全部損失。Schwartz 等（2010）解釋了為什麼只包含企業的一般特徵（例如員工數目、銷售額等）的保險合同不能反應其實際的安全狀況。他們以風險厭惡型企業為背景，指出企業被駭客攻擊的概率不僅僅取決於企業自身的安全水準，還與整個網絡的安全水準相關，即安全風險不是獨立存在的，而是相互關聯的。其進一步假設了兩類用戶：正常用戶和惡意用戶，指出即使惡意用戶的比例很小，也不存在保障用戶安全特徵的保險合約。

2. 資訊共享的研究現狀

關於資訊安全共享的研究，有學者將這一因素加入資訊系統安全投資決策問題中進行研究。Gordon 和 Loeb（2003）通過建模和分析發現：如果沒有資訊共享，則每個企業會根據邊際收益等於邊際成本的原則確定其在安全方面的投入。Ghose（2005）運用博弈論分析安全技術投資和資訊共享之間的關係，發現當企業間產品的替代性越強時，安全資訊共享越有價值，也就是競爭越激烈的行業建立共享聯盟後越能受益。同時，資訊共享的收益隨企業規模的增長而提高。Ghose（2006）隨後利用古諾模型分析了政府管制下建立資訊共享聯盟的安全投資情況，指出相應的最優生產產量將隨著市場競爭和社會福利的減少而減少，並得出小企業受到的影響更為顯著，且這種管制過程可能對雙方的資本運作和市場結構產生嚴重的影

響。Hausken（2006）指出資訊分享和安全投資是通過資訊系統的互聯相聯繫的，兩者隨著的攻擊程度呈倒 U 形。對於給定的資訊系統安全投資，社會福利隨著資訊也呈倒 U 形。由於企業在做安全投資決策時會存在「搭便車」的現象，需要一個統一的社會組織者控制資訊分享和安全投資。他指出被尊重的社會組織者通常在企業博弈中先採取行動，同時在博弈時社會組織者會強加過高的資訊分享率，而當企業的防禦效率較高時，最好的控制場景是社會組織者先行動的兩階段博弈。Shafran（2010）通過實證的方式證明在策略互補的資訊安全共享中，儘管所有的企業都選擇合作是最有效的均衡策略，但是實際的結果是所有企業都不願意合作，這也再次證明了資訊共享中存在「搭便車」的現象。Liu 等（2011）研究了兩類相似企業與知識共享和資訊系統安全投資相關的決策之間的關係，分析顯示兩家企業所擁有的資訊資產性質不是互補關係就是替代關係，這在決策中起著重要的作用。互補類型的企業自然而然地偏好共享安全知識，並且不需要外部影響因素的刺激，但是此時選擇的基於均衡的投資水準低於最優水準，偶然的投資失利可通過合作機制修正。替代類型的企業則容易陷入囚徒困境，因為他們往往不願意共享資訊安全知識，即使這樣做可以達到雙方共贏。此時受益的社會第三方將勸說企業共享安全知識，即使企業依照第三方建議共享了安全知識，其投資水準也是次優的。Tucker（2011）首次研究了網站用戶管理個人資訊分享及如何影響廣告收入的案例，並且研究了社交網絡中資訊分享和隱私的問題。

3. 單企業投資決策的研究現狀

關於單企業投資決策的研究，Gordon 和 Loeb（2002）較早應用經濟學模型從單一企業的視角研究了資訊系統安全投資決策問題。其通過對資訊資產的脆弱性以及被入侵後的潛在損失進行研究，認為在給定的潛在損失水準下企業沒有必要將安全投入放在脆弱性最差的資訊資產上，因為此類資產保護的成本較高，而應投入到脆弱性中等的資訊資產上，這樣會取得更好的經濟回報。Gordon 和 Loeb（2005）還運用層次分析法對資訊系統安全投資效果進行了評價，其評價指標是機密性、完整性和可用性等三個一

級指標，每個一級指標下又再定義了若干個二級指標，並對各級指標進行評價打分，從而得出對資訊系統安全投資效益的評價結果。Gordon 和 Loeb（2006）又進一步調查了企業的資訊系統安全投資預算方法，發現越來越多的企業都傾向於運用更精確的經濟分析和預算方法。Willemson（2010）對 Gordon-Loeb 的安全投資模型進行了推廣，並對 Gordon-Loeb 模型的推斷進行了討論，指出可能存在其他的入侵概率函數，使得最優安全投資的上限達到其初始風險損失的 50%。他進一步指出，只要稍微放鬆 Gordon-Loeb 模型的假設，這個比例甚至可以達到 100%。Ken（2010）通過拓展 Gordon-Loeb（2002）模型的研究成果動態分析了資訊系統安全投資。該研究回答了企業該如何對眼前的和遠程的威脅加以反應。其結果表明威脅的正漂移導致了較高的相對延遲投資支出，負漂移將導致較低的投資支出。Harea 等（2009）基於風險規避型決策者的角度對資訊系統安全投資開展了分析。他們的研究表明：使用期望效用理論後，最大化的安全投資隨著安全漏洞的潛在損失而增加，但不會超過其最小潛在損失，若低於該值，則最優投資為零。另外模型顯示，資訊系統安全投資不一定會隨著決策者風險規避水準的提高而提高。其研究檢驗論證了脆弱性與投資有效性之間的關係和兩類安全漏洞的概率函數，結果可以指導風險規避型企業針對某種具體類型的安全威脅選擇最優安全投資水準。Ioannidis 等（2009）提出了資訊系統安全投資的動態模型，其中的管理員和用戶都對資訊安全的保密性和可獲得性進行了折中（通常這兩種特性是矛盾的）。他們利用模型中的參數就不同類型的組織的反應做出分類和對比，得出了一個系統穩定性的條件。Bohme 等（2010）研究提出了一個用於安全投資的模型，該模型反應了防禦者和攻擊者之間的動態交互。他們利用該模型比較多階段的最優安全投資策略，發現主動和被動安全投資之間的微妙平衡。模型還解釋了為什麼有時候應減少投資才是理性的。

4. 複雜情形投資決策的研究現狀

關於複雜情形投資決策的研究，其中一個重要方向是運用博弈論研究在不同企業資訊系統安全投資相互影響的情況下的投資策略。Varian

(2003)從系統可靠性角度研究了資訊系統安全博弈問題，該研究從總體效用、弱連結和最佳結點三個方面研究納什均衡，研究思路從二人逐步拓展為多人，探討了資訊系統安全中的「搭便車」問題。Cavusoglu 等（2008）對比了決策論和博弈論對資訊系統安全投資的影響，指出如果企業先採取行動，那麼企業可以獲取最大的收益。當企業和駭客同時行動時，企業能夠得到高於決策論所得到的收益。其研究進一步指出，如果企業能夠通過駭客過去的攻擊來預測其將來的行動，那麼由決策論得到的企業最大收益將趨向於根據博弈論得到的企業最大收益。孫薇等（2008）用演化博弈論分析企業組織的資訊系統安全投資問題，並根據得益矩陣建立資訊系統安全投資的演化博弈模型，利用複製動態分析了三種情況下的進化穩定策略。分析結果顯示出投資成本是組織策略選擇的關鍵，並預測了資訊系統安全投資的長期穩定趨勢，從而為組織的資訊系統安全投資提供了有益的指導。Jiang 等（2008）針對非合作博弈情況，探討了 Effective-investment 模型和 Bad-traffic 模型下的網絡安全情況，在重複博弈情形下探討了社會最優產出，分析了個人投資對網絡整體安全性的影響。此外，還有些學者運用實證研究方法研究資訊系統安全投資問題；Kankanhalli 等（2003）通過運用實證分析方法研究發現，企業規模、高層支持、行業性質等對企業安全投入規模和類型等都有顯著影響。Grossklags 等（2008）將個體效益與整體效益轉化為風險和資訊系統安全技術投資的關係研究，通過網絡範圍、攻擊類型、損失可能性和技術成本等要素探討了個體組織與資訊系統安全技術投資之間的關係。Huang 等（2006）分別研究了分佈式攻擊和定向攻擊下企業的最優投資策略，指出具有較少安全投資預算的企業將在其中一類攻擊中獲取更大的收益。當定向攻擊所造成的潛在損失較大且系統較脆弱時，企業應將其大部分安全投資預算投入到抵制入侵中。之後，Huang 等（2008）實證分析了風險厭惡型決策者在進行資訊系統安全投資時的決策過程，其在運用期望效用理論研究後發現，風險厭惡型投資者的安全投入隨安全漏洞潛在損失的增長而增長，但是不會超出預期的潛在損失，當潛在損失低於安全閾值時安全投入為零。其研究還發

現，安全投入與決策者的風險厭惡程度不一定呈正相關關係。Chai 等（2011）使用事件分析方法，基於股票市場投資者面對企業資訊系統安全投資公告而產生的投資行為來測量資訊技術安全價值。Chai 等的研究同樣使用定量數據分析的方法，結合樣本統計方法，以 1997 年至 2006 年之間美國股票市場的 101 份參與公共交易的企業投資公告作為研究樣本，研究結果對資訊系統安全投資將導致企業產生異常報酬的假設給予了有力支持。Shim（2010）研究了分佈式攻擊和定向攻擊對資訊共享的影響，指出兩種攻擊分別會產生正外部性和負外部性。對於分佈式攻擊，企業的安全技術投資和保險投入總是不足；而對於定向攻擊，企業的安全技術投資和保險投入則總是過剩。Rok 等（2008）的研究分析了若干種可用於評估資訊技術安全投資必要性的方法，提出了一個適合當代企業和組織開展資訊系統安全風險管理的經濟模型。該模型試圖解決企業資訊系統安全投資問題，其相關內容主要包括介紹資訊通信技術（Information Communication Technology，簡稱 ICT）系統所面臨的有利條件、威脅及其脆弱性的識別方法，以及提出一個基於 ICT 系統價值的最優資訊系統安全投資水準的選擇程序。其研究的突出之處在於：提出企業資訊系統安全的策略選擇是多樣的，主要包括消除安全威脅的根源；利用資訊技術等工具實施防火牆、資訊檢測系統等措施以減少安全威脅；通過外包或購買保險等方式降低資訊安全威脅，即減小其發生的可能性；將資訊安全投資納入成本核算等，當然上述策略不是永遠可行，企業應重點考慮如何組合運用這些策略。

1.2.5 資訊系統安全技術文獻綜述

資訊系統安全技術研究主要涉及資訊系統安全技術設計和資訊系統安全技術配置的問題（見圖 1.7）。在充分考慮資訊系統安全市場的需求、外界環境（包括資訊安全企業之間的競爭合作關係和駭客入侵等）和市場機制的基礎上，瞭解資訊系統安全的風險，合理制定資訊系統安全技術配置策略以保障資訊系統安全，優化資訊系統投資。

```
                    資訊系統安全技術
                    ┌──────┴──────┐
                 技術設計        技術配置
```

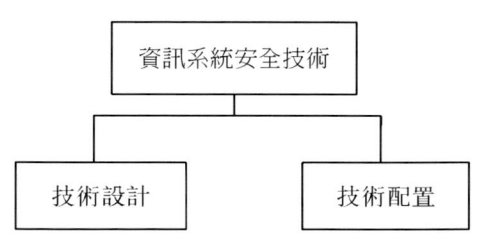

圖 1.7　資訊系統安全技術的主要研究問題

1. 資訊系統安全技術設計的研究現狀

關於資訊系統安全技術設計的研究，一種是對資訊系統安全技術的算法開發進行研究，如 Holden（2004）、Gouda 等（2004）分別對如何設計防火牆提出了相應的方法，Neumann 和 Porras（1999）、Zamboni 和 Spafford（1999）分別提出了基於異常檢測的 IDS 算法。另一種是結合資訊系統安全框架設計對資訊系統安全技術的設計進行研究。Härtig 等（2010）認為開放源代碼雖然方便工程師發現漏洞並提出建設性意見，卻不可避免地讓一些駭客通過發現漏洞入侵系統。他們通過一個簡單模型得出結論，後者的不良影響似乎比較重要。Sowa 等（2009）提出了一個框架，該框架不僅具有所有的資訊系統安全功能，還特別強調了經濟方面的問題，即同時實現經濟和資訊系統安全兩方面的目標。其研究方法顯示出可靠、用戶友好、連續和精確的良好特徵。Villarroel 等（2005）提到資訊系統安全方案主要聚焦於資訊系統安全保護，保護手段主要包括防火牆、路由器、配置服務器、密碼和數據加密等。其研究對 11 種安全系統設計方法進行比較分析後，得到的這些方法並未完全滿足標準要求，尤其是在某些方面存在不足，致使該方法不能普遍適用。同時每一種方法也有其特別的安全優勢，研究認為這是構建新的安全方法不可多得的基礎和工具。Asanka 等（2013）建立一個博弈設計框架，通過激勵機制來鼓勵用戶進行自我規避，從而保護用戶不受網絡釣魚攻擊。Xia 等（2006）建立了一個蠕蟲檢測框架來監測惡意蠕蟲的行為，提出了檢測機制，並用多重參數指標的綜合方法來監測蠕蟲事件。其所提的技術方法可以區分蠕蟲的攻擊是分佈式拒絕服務攻擊還是良性掃描。Mukul 等（2006）主要研究了企業如何應用遺傳

算法選擇成本最小、檢測漏洞最大的資訊安全技術組合。Levitin 等（2009）分析配置虛假目標效率作為防禦策略的問題。假設防禦者有一個目標能被攻擊者破壞，他會對配置虛假目標和保護目標受外部攻擊的資源進行分配。攻擊者不能區分虛假目標和防禦目標，且不會攻擊每一個目標系統。應用非合作博弈分析防禦者決定要配置多少虛假目標，攻擊者決定需要攻擊多少目標。

2. 資訊系統安全技術配置策略的研究現狀

現有的關於資訊系統安全技術配置策略的研究，對單一的資訊系統安全技術的配置策略研究較多，其中主要集中在對入侵檢測系統的研究上，對兩種或兩種以上的技術組合配置策略的研究較少。

（1）單一的資訊系統安全技術的配置策略的研究

雖然學術界對入侵檢測技術的研究歷史比較長，但是目前關於入侵檢測系統的效率、效益、易用性、交互性等還沒有得出非常明確和一致的結論。近幾年來國內外的學者仍然非常重視這方面的研究，所用的方法大多以博弈論或實證為基礎。Xia（2003）應用靜態模型分析了攻擊者和防禦者的行為，指出這種非合作的博弈行為存在納什均衡。Alpcan 等於（2003）和（2004）分別研究了網絡入侵檢測和訪問控制系統中的 IDS 配置，建立了入侵者和 IDS 的互動模型，並應用兩人非零和、非合作動態博弈模型，分析了駭客入侵時 IDS 檢測過程中的博弈行為。Iheagwara、Blyth 和 Singhal（2004）應用實證分析方法研究了 IDS 應用的經濟效益，通過構建安全技術方案和商業需求之間的關係，得出為了取得較高的投資回報率，企業在應用 IDS 進行安全防禦時選擇技術方案的方法。Ulvila 等（2004）結合了接收者操作特徵（receiver operating characteristic，ROC）和成本分析法給出了期望成本的度量方法，並用決策分析方法評估 IDS。

得克薩斯大學的 Cavusoglu Huseyin 教授對資訊系統安全技術配置的研究做出了重要的貢獻。Cavusoglu 等（2004）運用動態博弈理論建立模型以分析企業和入侵者之間的博弈關係，研究了企業是否該採用 IDS 以及如何對它進行科學設置。研究的結果表明，只要企業根據其外部攻擊環境優化 IDS 的設置，就可以得到嚴格的非負收益，而且 IDS 更多的價值來自其威

懾效應。Cavusoglu 等（2005）評估企業資訊技術安全結構中 IDS 的價值發現 IDS 正報率、誤報率的配置決定著企業是否能從 IDS 獲得正價值或負價值。結果發現，當檢測概率高於一個臨界值時，企業會從 IDS 得到正價值，其中臨界值是由駭客的利潤和成本參數決定的。IDS 的正價值不是由於提高了每秒的檢測次數，而是通過提高檢測次數來增強威懾能力。如果企業基於駭客的環境配置 IDS，企業將會得到非負收益。Ogut 和 Cavusoglu 等（2008）的研究指出，由於系統用戶中只有很少的駭客，由此嚴重削弱了 IDS 的作用，為此他們提出等待時間策略，分析如何處理 IDS 警報信號。接著，Ogut（2013）拓展了 Ogut（2008）的文章，考慮了同時配置已選擇的技術和等待時間策略。建立了動態程序模型，闡述了最優策略下的等待時間和配置策略的解決過程。Ryu 等（2008）通過擴展 Cavusoglu 的基於成本分析的入侵檢測技術模型提出了入侵防禦系統模型，認為入侵防禦技術可以有效提供即時保護措施，但仍然存在兩個缺陷，即關於系統敏感性與特異性之間的平衡問題和系統精確性和效率之間的平衡問題，通過數值模擬提出並驗證了最優配置策略。

香港城市大學的 Yue WeiThoo 等人對 IDS 的技術配置策略進行了深入的研究。Yue 和 Çakanyildirim（2007）建模解決了入侵防禦過程中兩個重要的管理決策：檢測技術的配置和反應技術的回應，分析了 IDS 的參數設置和回應對策。他們的研究發現前攝行為和後攝行為最優混合策略的選擇依賴於調查成本和調查比率。其進一步研究了在面對不同警報類型時，由於其發生的概率、破壞性和調查成本不同，如何進行入侵檢測決策的問題。其通過建立三階段最優化模型並分析發現，為使得由忽視警報帶來的損失、調查成本和漏報成本等構成的安全成本最小化，忽略非關鍵性警報而將調查主要投入到更關鍵的警報中去才是理想的選擇。Yue 和 Çakanyildirim（2009）用多階段最優模型研究了入侵檢測的三個基本問題：不同階段、不同報警類型分配調查預算；對給定 IDS 選擇誤報率來配置 IDS；在更換投資機會時分配正確的投資預算。最小化安全成本，包括忽略報警的損失、調查成本和為檢測入侵的成本。接著，Yue 和 Çakanyildirim（2010）研究了在主動和被動回應下 IDS 配置和報警調查能力的聯合決策，

得到了最優調查能力的閉合算式，結果表明主動回應下的最優配置小於被動回應下的最優配置。其還給出了不同配置、能力和回應下評估安全成本和利潤的表達式。

很多學者對 IDS 運用策略的其他方面也進行了研究。Chen 等（2009）建立了「單個」和「多個」入侵者－防禦者的非合作博弈模型，為 IDS 的設計和評估提供了指導。Lee 等（2002）檢驗了相關的成本因素、成本模型和 IDS 相關的成本度量，並將現階段結果延伸至數據挖掘框架來建立入侵檢測的成本敏感度模型。其提出了用成本敏感度知識自動建立檢測模型最優整體的成本度量而不僅僅是用統計精確度。Otrok 等（2008）用非合作博弈論研究檢測了入侵的問題，其中參與人包括聰明的入侵者或合作的入侵者。博弈理論框架可以瞭解入侵者的入侵策略，用 IDS 的最優抽樣策略來檢測惡意數據包。Ioanna 等（2010）建模描述了 IDS 和入侵者的重複博弈，討論了擴展式博弈中的內部入侵者與企業安全機制的交互問題。該研究通過定量化第一個特定的參與人參數設置，用馮諾依曼－摩根斯特恩效用函數賦值反應這些參數設置的值，對內部入侵者行為進行了建模分析，求解了博弈的納什均衡。國內學者郭淵博（2005）建立了一個簡單的入侵與檢測回應靜態博弈模型，通過對參與人的成本－收益進行分析，獲得了博弈雙方的最優混合策略，並給出了相應的物理解釋，得到了系統在各種入侵情況下的報警率、回應率、懲罰尺度等因素之間的函數關係。王衛平等（2006）基於風險決策的思想提出了一種全新的入侵檢測模型，在不完全資訊動態博弈分析的基礎上研究了入侵檢測和入侵回應。李天目等（2007）通過對網絡入侵檢測與即時回應的序貫博弈分析，發現提高 IDS 檢測的準確性和減少清除入侵時間，對於減少駭客入侵和安全損失作用很大。

除了 IDS 技術，還有很多學者對其他技術，如防火牆、補丁管理、漏洞管理、蜜罐等技術進行了研究。Nanda 等（2008）用技術接受模型研究了個人電腦應如何對安全技術進行配置，特別是對防火牆軟件的配置管理。Cavusoglu 等（2008）運用博弈論分析了軟件賣方和使用企業之間如何就補丁管理的收益和成本進行平衡，並設計了補丁管理的成本和責任分擔

的協調機制。他們通過建立資訊安全技術開發商和企業之間對於平衡補丁管理的成本—收益策略互動的博弈模型，發現在補丁發布和更新週期同步的情況下損失最小。August 等（2006）研究了用戶動機對軟件補丁安全的影響，分析了補貼、稅收、修補費用、風險等對漏洞修補的影響。Zhang 等（2003）認為如果沒有駭客攻擊蜜罐，蜜罐系統將是個浪費。所以，其認為如何配置蜜罐系統很關鍵，並給出了配置蜜罐系統的相應策略。

（2）兩種資訊系統安全技術組合的配置策略的研究

防火牆和入侵檢測系統是常見的資訊系統安全技術組合。Cavusoglu 等（2009）認為各種安全技術之間操作互相依賴，因此影響了彼此對系統的貢獻，因此他們研究了防火牆和 IDS 的配置與交互問題。其結果表明，配置一項技術，無論是防火牆還是 IDS，如果配置對企業環境而言不是最優的，都將會對企業造成損失。當企業可以從分別配置一種技術中獲益時，次優配置兩種技術會導致更嚴重的結果，此時次優配置兩種技術的企業會受到損失。Yin 和 Xia（2009）用演化博弈論分析了防火牆和 IDS 的交互問題。Akbas 等（2011）設定了兩種情形：企業選擇只配置入侵檢測系統，以及企業選擇同時配置防火牆和入侵檢測系統。結果表明，同時配置兩種資訊系統安全技術時，會阻止非授權的用戶訪問系統，但也會導致網絡流量降低 20%。

蜜罐和入侵檢測系統的技術組合經常被用於「引敵入甕」的安全事件中。汪潔等（2012）應用感知器學習方法構建 FDM 檢測模型和 SDM 檢測模型來對入侵行為進行檢測。其中，FDM 檢測模型用於劃分正常類和攻擊類，SDM 檢測模型則在此基礎上對一些具體的攻擊類型進行識別。實驗結果表明，Honeypot-IDS 對監控網絡中的入侵行為具有較好的檢測率和較低的誤報率。夏春和等（2004）認為由於對攻擊行為的認識、證據來源、攻擊知識的獲取與轉換等方面的不確定性，會導致入侵檢測系統誤檢與漏檢，這些錯誤限制了基於入侵檢測系統所構造的 PPDR（Policy/Protect/Detect/Response）和 PDRR（Protect/Detect/React/Restore）模型防禦未知網絡攻擊的能力。Honeypot 重點在於欺騙和吸引攻擊者，而不是捕獲入侵者，通過監視攻擊過程、分析攻擊方法、找出攻擊特點和特徵來防禦未知

攻擊，提高運行系統的動態防禦能力。利用 Honeypot 系統還能從該系統收集到入侵者進行攻擊的法律依據。Artail 等（2006）提出了基於蜜罐系統提高保護網絡入侵的 IDS 配置。通過配置低交互的蜜罐系統充當模擬的服務器和操作系統，將惡意流量引導至高交互的蜜罐系統。蜜罐系統的設置用以記錄和分析入侵者的行為，分析結果用來指導管理措施、保護網絡。交互性能越大，駭客可以操作的權限就越大，也越能瞭解駭客的行為，但同時系統的危險也越大。Boulaiche 等（2012）提出了定量研究入侵檢測和防禦的方法。其通過由蜜罐系統收集的網絡流量建立定量的馬爾可夫模型，模型可以在一定程度上預測入侵。其提出了蜜罐—入侵檢測系統的合作結構，並用軟件原型證明本書 3.2 小節的方法。Huang 等（2009）設計並實現了一個分佈的提前報警系統，系統包括 IDS 和蜜罐技術，可以大量收集網絡攻擊行為，為中央服務器反饋這些攻擊行為，給網絡管理員提供警報資訊。王霄等（2007）從博弈論角度對引入蜜罐技術的入侵檢測系統進行了架構分析和模塊分析，對一般入侵和入侵檢測行為進行了描述，提出了入侵檢測中的博弈過程模型。

（3）三種資訊系統安全技術組合的配置策略的研究

目前，對三種或三種以上的資訊系統安全技術組合的配置策略研究還較少。瞻博網絡提出了一個主流的資訊系統安全技術組合，即由防火牆、虛擬專用網和入侵防禦技術組成的系統。Rhodri 等（2002）說明了配置越來越多的技術已成為一種普遍現象，但將這些技術組合在一起並不一定會為企業提供真正的優勢，分析了三種技術的優缺點和各自的屬性，以及他們的協同效應，整合了防火牆、入侵檢測系統和漏洞評估三種技術，分析了它們的優勢，最後說明三種技術整合在一起是否具有優勢、可能有什麼優勢，從而為實踐中的資訊系統安全技術配置給予建議。朱建明和 Raghunathan（2009）提出了防火牆、入侵檢測系統與容忍入侵技術構成的三層安全體系結構博弈模型，分析了防火牆、入侵檢測與容忍入侵的相互影響和關係，發現入侵檢測的檢測率、誤報率與防火牆性能有密切關係，資訊系統安全機制的優化配置對資訊系統安全的效果具有重要影響。

1.2.6 研究評述

雖然資訊安全經濟學是一個非常新的研究領域，但是由於資訊系統安全問題的極端重要性，以及綜合運用技術和管理等多種策略加強資訊系統安全的極端必要性，故近幾年來國外的相關研究成果大量湧現。已有研究成果主要解決了資訊系統安全市場機制有效性的問題、資訊系統管理激勵機制的問題、基於「成本—收益」法分析駭客攻擊行為的問題、資訊系統風險評估的方法、資訊系統脆弱性評估的方法、資訊系統安全保險購買策略的問題、資訊系統安全投資與資訊共享的關係、資訊系統安全投資的預算方法、資訊系統安全技術算法開發的問題、基於「成本—收益」法分析入侵檢測系統配置策略的問題、防火牆和入侵檢測系統的配置與交互問題、三種資訊安全技術優化配置的效果問題等。不過，筆者深入分析已有的成果後發現，目前的研究還存在諸多的問題。

一是雖然目前學術界普遍認識到加強資訊系統安全必須將技術和管理相結合，但是在目前的研究成果中，能真正將這兩者有機結合起來進行定量研究的還極少。如目前有關資訊系統風險評估和資訊系統安全投資決策等問題的研究，很少與企業選擇和運用什麼樣的安全技術相聯繫，因此很難對企業有效運用安全技術提供實質性的指導和幫助。

二是研究多種安全技術組合運用的問題，需要在分析資訊系統運用特點和要求、面臨的安全形勢和威脅、資訊系統安全性和經濟性等的基礎上，選擇多種安全技術組合運用的方案，然後才能研究幾種技術之間如何有效組合，即參數如何優化設計。然而，目前在研究多種安全技術的組合運用方案時還很少能考慮這些因素，更多的是只就技術進行分析。

三是對既定安全技術組合下多種安全技術參數優化配置問題的研究才剛剛開始，考慮的安全技術組合還非常簡單，研究很不深入。

另外，目前國內資訊安全經濟學領域的研究還很少，只是在資訊系統風險評估、安全投資和單一安全技術優化運用等領域有零星研究，與國際水準的差距比較大。

1.3　主要內容

　　本書綜合運用資訊系統管理、資訊系統安全、博弈論和仿真優化等理論和方法，以企業資訊系統的安全問題為背景，從實現資訊系統安全策略、安全技術優化組合和參數優化配置相協調和配套的要求出發，首先在充分考慮資訊系統運用特點和要求、面臨的安全形勢和威脅以及安全性和經濟性要求等因素的基礎上，資訊系統安全策略的內容和制定方法，然後從實現資訊系統安全策略的要求出發，研究多種安全技術組合運用的優化模型和方法，最後研究基於資訊系統安全策略和安全技術組合方案進行多種安全技術參數優化配置的模型和方法，在此基礎上進行應用研究。

　　本書結構和各部分內容之間的關係如圖1.8所示。

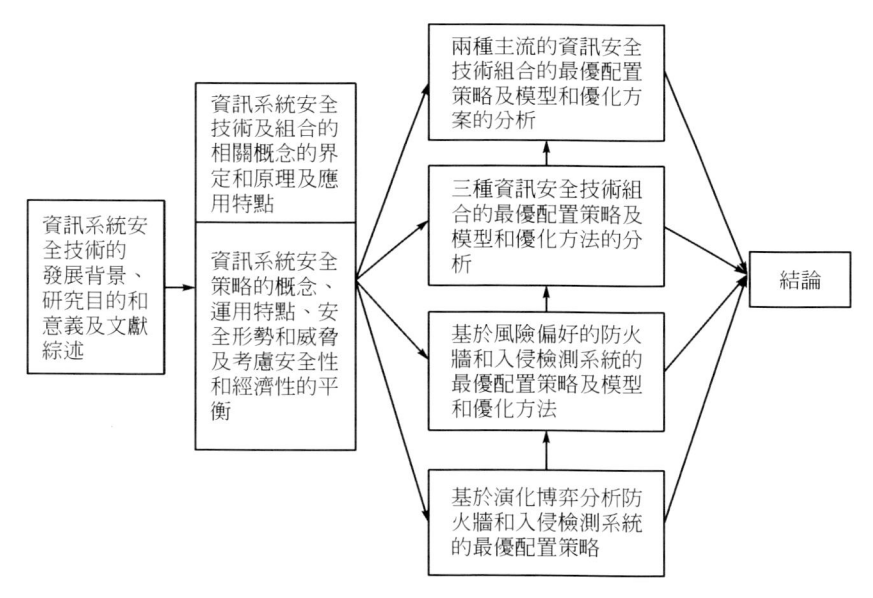

圖1.8　本書的研究路徑和結構

　　根據上述研究思路，本書各章內容安排如下：

　　第一章為緒論部分，介紹了本書的研究主題和背景。首先指出了資訊

系統安全技術的研究背景，討論了資訊系統安全技術的研究趨勢，說明了本書的研究目的和意義；然後對本書主要的理論方法資訊安全經濟學進行了介紹，並對其研究文獻進行了總結；接著對國內外資訊系統安全的相關研究文獻進行了綜述，總結和分析了相關研究的進展與存在的不足；最後介紹了本書的研究問題及研究的主要內容。

第二章定義了資訊系統安全技術和縱深防禦的相關概念，在此基礎上，探討了資訊系統安全技術和資訊系統安全技術組合的原理及特點，剖析了在資訊系統安全策略的制定過程中所需要考慮的主要因素。

第三章研究了兩種主流的資訊系統安全技術組合的最優配置策略，分別分析了蜜罐和入侵檢測系統技術組合、VPN 和入侵檢測系統技術組合的特點及應用背景，建立了相關的博弈模型，討論了只配置 IDS 和同時配置兩種資訊系統安全技術組合的情形，並用數值模擬證明了相關結論。

第四章研究了三種主流的資訊系統安全技術組合的最優配置策略。首先分析了基於攻擊檢測的綜合聯動控制問題；然後建立了包括防火牆、入侵檢測系統和漏洞掃描技術的三種技術組合博弈模型，分析了只配置入侵檢測和漏洞掃描技術以及同時配置三種技術組合的情形；接著，對三種資訊系統安全技術組合的交互進行經濟學分析，根據金三角模型建立了博弈模型，並用算例證明了相關結論。

第五章研究了基於風險偏好的防火牆和入侵檢測系統組合的最優配置策略。分析了影響資訊系統安全策略的三個主要因素：駭客行為、資訊系統安全等級和參與人的風險偏好；然後提出了包含風險偏好因子的防火牆和入侵檢測系統博弈模型，分析了同時配置防火牆和入侵檢測系統、已經配置一種技術是否需要增加配置另一種技術和只能配置一種技術的最優策略。

第六章研究了防火牆和入侵檢測系統的演化博弈模型，介紹了演化博弈方法與傳統博弈方法的區別，比較了只配置 IDS、只配置防火牆、配置防火牆和 IDS 聯動系統的演化博弈策略，討論了穩定狀態領域的穩定性；分析了影響雙方演化穩定策略的條件，以及影響各個模型的演化穩定策略閾值的因素。

第七章概括了本書的主要創新點，並對進一步的研究方向進行了展望。

2 資訊系統安全技術的理論及其運用策略的制定

隨著資訊系統的廣泛深入應用，資訊系統安全問題已成為個人和各類社會組織都會面臨的問題，各類組織和個人須根據系統的特點和安全性要求制定資訊系統安全策略。本章首先介紹了資訊系統安全技術的相關理論，包括資訊系統安全技術的發展、概念、原理和特點；接著界定了縱深防禦的概念，說明了資訊系統安全技術組合的原理和特點；最後明確了資訊系統安全策略的內容，結合資訊系統的運用特點和要求，考慮資訊系統的安全形勢和威脅，保障資訊系統的安全性和經濟性，從而科學地制定資訊系統安全策略。

2.1 資訊系統安全技術

隨著資訊化在全球的快速進展，資訊技術已成為支撐當今經濟活動和社會生活的基石。然而科學技術是一把「雙刃劍」，在全社會普及資訊技術的情況下，資訊系統安全問題呈現出多元化的趨勢：駭客的泛濫、保密問題、計算機網絡犯罪活動、信任危機、出於各種目的的系統入侵等。考慮到今天的高威脅網絡環境，企業需要配置合理的資訊安全技術來保護有價值的資訊。無效的資訊技術安全管理會給企業造成重大的財務、聲譽損

失，嚴重影響企業的業績和市場價值。據普華永道的調查報告顯示，2015年和 2016 年，中國內地及中國香港企業檢測到的資訊安全事件平均數量高達 2,577 起，與 2014 年相比上升了 969%。奇虎 360（北京奇虎科技有限公司）、阿里巴巴網絡技術有限公司、騰訊計算機系統有限公司等互聯網企業以及公安部、工信部下屬機構的監測數據表明，2016 年監測到的企業資訊安全事件數量已超過萬起，較 2014 年增長了近十倍，且這些安全事件均給企業帶來了不同程度的經濟損失。

從技術的角度來說，資訊系統安全是一個綜合利用數學、物理、通信、計算機和網絡等諸多學科的綜合、交叉性學科，已經發展為「攻（攻擊）、防（防禦）、測（檢測）、控（控制）、管（管理）、評（評估）」等多方面的基礎理論和實施技術。同時，資訊系統安全的特點、規律和造成的影響也隨著資訊化發展的不同階段而有所不同。總的趨勢是：資訊化進程加快，資訊化覆蓋面擴大，資訊安全問題也就會隨之日益增多並變得複雜，其造成的影響和後果也會不斷擴大和日趨嚴重。近年來，日新月異的資訊系統安全技術呈現出新的發展趨勢，各類資訊系統安全技術加快了相互融合和滲透的步伐，資訊系統安全技術與其他技術的結合也更加緊密。因此，面對越來越嚴峻的資訊系統安全形勢，組合運用多種資訊系統安全技術勢在必行。

2.1.1 資訊系統安全技術的概念

資訊系統安全技術經歷了三個重要發展時期。一是 20 世紀 80 年代的專用網時期[1]。由於專用網是封閉網，因此以等級劃分、強制保護為主要策略。計算機網的特點是通過節點打通了各終端，第一次實現了計算機終端之間的交換。這個時期的主要政策以美國國防部的橘皮書為代表，其在交換網絡中將人員劃分為授權等級、將數據劃分為秘密等級、將傳統的單級管理模式發展為新型的多級控制的管理模式。二是 20 世紀 90 年代的互聯網時期。互聯網是開放網，打通了網間關係，也打通了各用戶之間的關

---

[1] 專用網又稱為計算機網。

係，第一次實現了用戶到用戶的個人化通信。這個時期的主要政策以1997年的美國總統令為代表，其提出以脆弱性分析為主，依靠全體網民的安全意識，實行自我把握的assurance策略——「深層次防禦戰略」。該策略打破了過去的強制性保障策略，提出了自主性保障策略，以適應互聯互通的個體化通信體制，這是觀念上的一次歷史性進步。但是美國國防部卻發表了《資訊自主保障技術框架》一書，提出了「邊界保護」和「資訊孤島」的思想，把開放的互聯網重新拉回到封閉的專用網，嚴重偏離了總統令的中心思想。三是21世紀由資訊安全到網際安全的轉變時期。資訊系統已不是單純的資訊系統或網絡系統，它與周圍的社會結合起來構成了新的空間，這就是網際空間（cyber space）。2005年美國總統資訊技術顧問委員會（PITAC）發布的《網際安全——優先項目危機》報告提出，網際安全的主要任務是在危險的世界構建可信系統（trusting system），為公眾提供可信服務。資訊安全的空間發生了變化，要達到的主要目標也發生了變化，因此，2005年標誌著資訊安全過渡到了網際安全。通過總結我們發現，各時期都有明確的特點和與之相適應的技術路線及策略，見表2.1。

資訊系統安全技術不同於其他技術，其獨特屬性在於「安全」，目前對此尚未有統一的定義。在維基MBA智庫百科中，資訊系統安全技術是指保證己方正常獲取、傳遞、處理和利用資訊，而不被無權享用的他方獲取和利用己方資訊的一系列技術的統稱。

表2.1 基於安全屬性的資訊系統安全技術總結

安全活動的類型	保密性	完整性	可用性
物理安全	通過不同通道分離不同級別的數據 設備和電纜的屏蔽 控制設備的物理訪問 遠程設備定位識別	——	專用的HVAC UPS 自然災害保護 鏡像盤 離線存儲
通信保密	加密 帶寬管理 安全切換隔離	錯誤檢測與糾錯算法 正確性的形式化證明	通信設備冗餘 可換的通信通道

表2.1(續)

安全活動的類型	保密性	完整性	可用性
計算機安全	訪問控制 鑑別 審計跟蹤 處理隔離 標示	分區 資訊隱藏	可信恢復
資訊安全	加密 帶寬管理 安全切換隔離 訪問控制 鑑別 審計跟蹤 處理隔離 標示 防止偶然和惡意的行為	錯誤檢測/糾錯算法 正確性的形式化證明 分區 資訊隱藏 防止偶然和惡意的行為 EAL	通信設備冗餘 可換的通信通道 可信恢復
運行安全	人員操作 數據操作 管理操作	數據操作 管理操作	數據操作 管理操作
系統安全	訪問控制	錯誤檢測/糾錯算法 仿真檢查 防禦性編程 危害分析 正確性的形式化證明 分區 資訊隱藏 SIL	深度防禦 塊恢復 失效恢復與失效處理
系統可靠性	—	錯誤檢測/糾錯算法 容錯 FTA/FMECA 可靠性分配	可靠性的直方圖 可靠性評估和預測 塊恢復 降格操作模式

　　黃偉波等(2001)認為資訊系統安全技術是指防止資訊洩露、防止系統內容受到非法攻擊、破壞等的技術手段，包括硬件安全技術和軟件安全技術。其中，硬件安全技術是指由於計算機硬件設備存在一定的電磁輻射，需要安裝屏蔽設備或相關干擾源，防止被他人利用技術設備還原輻射

信號，維護資訊的安全技術；軟件安全技術存在的隱患是指用戶利用計算機語言所編的程序，對資訊系統資源進行非法進入、拷貝、破壞、攻擊，使合法用戶的權益受到侵犯。軟件安全技術就是防止系統發生上述的隱患以保證系統安全運行，從而保護系統資源合法用戶的利益的技術手段。陳志雨（2005）指出資訊系統安全技術是針對資訊在應用環境下的安全保護而提出的，是資訊系統安全基礎理論的具體應用。它包括兩部分內容：維護資訊系統安全的技術和保障資訊系統平臺的安全。其中，安全技術是對資訊系統進行安全檢查和防護的技術，包括防火牆技術、漏洞掃描技術、入侵檢測技術、防病毒技術等；平臺安全包括物理安全、網絡安全、系統安全、數據安全、用戶安全、邊界安全。王斌君等（2009）遵照複雜巨系統的一般原理以及資訊系統安全的安全隔離、動態保護、深度保護等原則，吸收了美國資訊安全保障框架、公安部制定的資訊安全等級保護和公認的資訊安全保障階段的 PDR 模型等資訊安全研究的最新成果，提出了資訊系統安全技術體系結構，分為層次維、空間維、等級維和時間維，見圖 2.1。

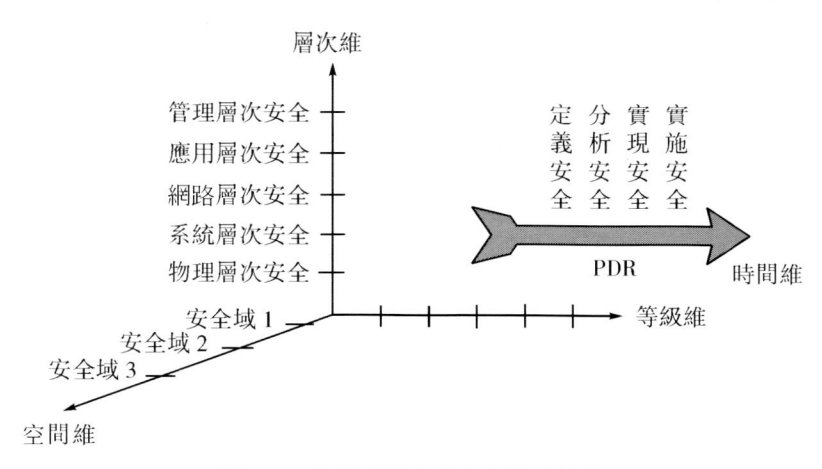

圖 2.1　資訊系統安全技術體系結構

綜上所述，結合計算機網絡的發展和保障資訊活動的要求以及資訊的安全屬性，本書將資訊系統安全技術定義為保障資訊系統資訊的保密性、完整性、可用性、可控性、真實性和不可否認性的一系列技術手段。

2.1.2 資訊系統安全技術的原理及特點

隨著網絡發展和網上業務的擴充，資訊系統安全技術的內容也隨之發生了巨大的變化，從保護數據安全到保障網絡安全，再到如今的交易安全（見圖 2.2）。由於計算機技術的不斷革新發展，資訊系統安全技術也在不斷完善，從傳統的殺毒軟件、入侵檢測、防火牆、訪問控制、漏洞掃描、VPN 技術、密碼技術、UTM（綜合安全網關）等技術向可信計算技術、雲安全技術、深度包檢測（DPI）、終端安全監控以及 Web 安全技術等新型資訊系統安全技術發展。

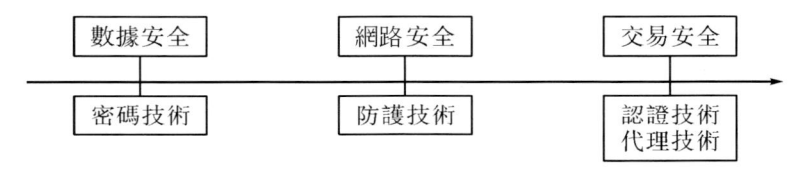

圖 2.2 網絡業務與資訊系統安全技術發展的對應關係

Stamp（2006）將資訊系統安全技術大致分為兩類：密碼技術（Cryptography）和訪問控制（Access Control）。密碼技術的作用是把資訊轉換成一種隱蔽的方式並阻止其他人得到此資訊，以實現資訊的保密性、完整性、可控性和不可否認性。密碼算法分為兩類：對稱密碼算法和非對稱密碼算法。其中，數字簽名技術是不對稱加密算法的典型應用，其能保證資訊傳輸的完整性、發送者的身分認證並防止交易中的抵賴發生。訪問控制是網絡安全防範和保護的核心策略，包含兩個主要部分：第一部分是認證，即決定誰能夠訪問系統。用戶可以基於以下任何一點被資訊系統所認證：用戶所知的如口令，用戶所擁有的如智能卡，用戶本身的特徵如指紋或虹膜。第二部分是授權，即決定訪問者能訪問系統的何種資源以及如何使用這些資源。授權包括防火牆、入侵檢測、安全掃描等，可以保證資訊系統不被非法使用和訪問。國內學者王昭順（2006）將資訊系統安全技術分為資訊防護的安全技術和資訊系統檢測、反應和恢復的安全技術。其中，資訊防護的安全技術包括密碼技術、身分認證、訪問控制、防火牆技

術等。資訊系統檢測、反應和恢復的安全技術包括入侵監測技術、計算機病毒防治以及系統備份和故障恢復等技術。

在接下來的內容裡將詳細介紹主流傳統資訊系統安全技術與新興的資訊系統安全技術，包括防火牆、入侵檢測系統、漏洞掃描技術、虛擬專用網技術、病毒防範技術、入侵防禦技術、蜜罐技術、訪問控制技術和可信計算等技術的特徵、原理和存在的優缺點。

（1）防火牆技術最初是針對網絡不安全因素所採取的一種保護措施，是一種將內部網和公眾網分開的方法。它能限制被保護的網絡與其他網絡之間進行的資訊存取、傳遞操作，在兩個網絡通信時執行一種訪問控制尺度，可以允許「自己人」和數據進入被保護的系統，也會將「黑名單」中的人和數據拒之門外，最大限度地阻止網絡中的駭客對資訊系統的訪問。所以，防火牆的作用是定義了一個必經之點，擋住未經授權的訪問流量，禁止具有脆弱性的服務，避免各種 IP 欺騙和路由器攻擊；提供了一個監視各種安全事件的位置，可以在防火牆上實現審計和報警；對有些網絡功能，防火牆可以是一個理想的平臺，比如地址轉換、網絡日誌、審計、計費功能等；防火牆也可以作為 IPSec 的實現平臺。

防火牆有軟、硬件之分，實現防火牆功能的軟件，稱為軟件防火牆。軟件防火牆運行於特定的計算機上，它需要計算機操作系統的支持，這類防火牆成本較低，但處理速度慢。基於專用的硬件平臺的防火牆系統，稱為硬件防火牆。它們也是基於 PC 架構，運行一些經過裁剪和簡化的操作系統，承載防火牆軟件，這類防火牆成本高，處理速度高。典型的防火牆技術的配置方案包括雙宿主主機方案、單宿主堡壘主機、雙宿主堡壘主機和屏蔽子網方案。其中，雙宿主主機方案的核心是由具有雙宿主功能的主機充當路由器，所有的流量都通過主機，不允許兩網之間的直接發送功能，僅僅能通過代理，或讓用戶直接登錄到雙宿主主機來提供服務。它的優點是簡單，缺點是用戶帳號本身會帶來明顯的安全問題，通過登陸來使用因特網太麻煩。單宿主堡壘主機的屏蔽主機的方案是只允許堡壘主機與外界直接通信。其優點是具有兩層保護，靈活配置。缺點是一旦包過濾路由器被攻破，內部網絡則會被暴露。雙宿主堡壘主機的屏蔽主機方案是從

物理上把內部網絡和因特網隔開，必須通過兩層屏障。其優點是兩層保護，靈活配置；缺點是如果路由器被破壞，則整個網絡對侵襲者是開放的。屏蔽子網方案的優點是添加額外的周邊網，將內部網與因特網進一步隔開。三層防護，用來阻止入侵者。

防火牆作為阻塞點能極大地提高一個內部網絡的安全性，能夠提供安全決策的集中控制點，使所有進出網絡的資訊都通過這個檢查點，形成資訊進出網絡的一道關口；針對不同用戶的不同需求，強制實施安全策略，起到「交通警察」的作用；對用戶的操作和資訊進行記錄和審計，分析網絡侵襲和攻擊；防止機密資訊的擴散（功能有限如防內部撥號）；限制內部用戶訪問特殊站點；屏蔽內部網的結構。但防火牆也有其局限性。首先，防火牆不能防範網絡內部的攻擊，如防火牆無法禁止變節者或內部間諜將敏感數據拷貝到軟盤上，這主要是基於 IP 控制而不是用戶身分。其次，防火牆不能防止傳送已感染病毒的軟件或文件，不能期望防火牆對每一個文件進行掃描，查出潛在的病毒。最後，防火牆難於管理和配置，易造成安全漏洞。

（2）入侵檢測技術是一種積極主動的安全防護技術，對系統的運行狀態進行監視，發現各種攻擊企圖、攻擊行為或者攻擊結果，以保證系統資源的機密性、完整性和可用性。防火牆和操作系統加固技術等都是靜態的安全防禦技術，對網絡環境下日新月異的攻擊手段缺乏主動的回應，因此不能提供足夠的安全性。入侵檢測系統被認為是防火牆之後的第二道安全閘門，在不影響網絡性能的情況下能對網絡進行監測，從而提供對內部攻擊、外部攻擊和誤操作的即時保護，它能使系統對入侵事件和過程做出即時回應，是系統動態安全的核心技術之一。

入侵檢測系統是進行入侵檢測的軟件與硬件的組合。根據收集的待分析資訊來源，IDS 可分為三類：基於網絡的入侵檢測系統、基於主機的入侵檢測系統和基於應用的入侵檢測系統。其中，基於網絡的入侵檢測系統在路由器或主機級別掃描網絡分組、審查分組資訊，並把可疑分組詳細記錄到一個特殊文件中。根據這些可疑分組，基於網絡的 IDS 可以掃描它自己的已知網絡攻擊特徵數據庫，並為每個分組指定嚴重級別。如果嚴重級

別夠高，它就會給安全組的成員發送電子郵件或通知傳呼機，因此安全組的成員就可以進一步調查這些異常情況的性質。它的優點是擁有成本較低並且反應速度快，缺點是對於許多發生在應用進程級別的攻擊行為無法檢測。基於主機的入侵檢測系統，使用驗證記錄並發展了精確的可迅速做出回應的檢測技術，可監探系統、事件和 windows NT 下的安全記錄以及 UNIX 環境下的系統記錄。當有文件發生變化時，IDS 會將新的記錄條目與攻擊標記相比較，看它們是否匹配。如果匹配，系統就會向管理員報警並向別的目標報告，以採取措施。其優點是能較為準確地檢測到發生在主機系統高層的複雜攻擊行為，缺點是它受操作系統平臺的約束，可移植性差；需要在每個被檢測的主機上安裝入侵檢測系統，難以配置和管理；難以檢測網絡攻擊，如 DOS、端口掃描等。基於應用的入侵檢測系統，是基於主機的入侵檢測系統的一個特殊子集，也可以說是基於主機入侵檢測系統實現的進一步的細化。其主要特徵是使用監控傳感器在應用層收集資訊，監控在某個軟件應用程序中發生的活動，資訊來源主要是應用程序的日誌。它監控的內容更為具體，相應的監控對象更為精確。其優缺點與基於主機的 IDS 基本相同。

一個有效的入侵檢測系統能限制誤報出現的次數，同時又能有效截擊入侵事件。入侵檢測系統作為防火牆技術的補充，能對付來自內部網絡的攻擊，此外，它還能夠大大縮短駭客可利用的入侵時間，擴展系統管理員的安全管理能力，提高資訊安全基礎結構的完整性。但 IDS 也有其局限性：首先，入侵檢測系統存在誤報，即指被入侵檢測系統報警的是正常及合法網絡和計算機的訪問；其次，入侵檢測系統存在漏報，即對入侵行為沒有報警；最後，特徵庫的更新速度較慢，基於網絡的 IDS 難以跟上網絡速度的發展。

（3）漏洞掃描技術是一項主動防範的資訊系統安全技術，是指基於漏洞數據庫，通過掃描等手段對指定的遠程或者本地計算機系統的安全脆弱性進行檢測。它和防火牆、入侵檢測系統互相配合，能夠有效提高網絡的安全性。其作用是採用模擬駭客攻擊的形式對目標可能存在的已知安全漏洞和弱點進行逐項掃描和檢查，向系統管理員提供周密可靠的安全性分析

報告。企業配備漏洞掃描系統，通過範圍寬廣的穿透測試檢測潛在的網絡漏洞，評估系統安全配置以提前主動地控制安全危險。

一個功能完善、可不斷擴展的漏洞掃描系統包括：安全漏洞數據庫，即通過對安全性漏洞和掃描手段的分析，形成一個安全漏洞數據庫；安全漏洞掃描引擎，即利用漏洞數據庫實現安全漏洞掃描的掃描器；結果分析和報表生成和安全掃描工具管理器[1]。其中，最核心的部分是其所使用的安全漏洞數據庫，通過採用基於規則的匹配技術形成一套標準的網絡系統漏洞數據庫，在此基礎之上構成相應的匹配規則，由掃描程序自動地進行漏洞掃描的工作。漏洞數據庫資訊的完整性和有效性決定了漏洞掃描系統的性能，漏洞數據庫的修訂和更新的性能也會影響漏洞掃描系統運行的時間。因此，漏洞數據庫的編製不僅要對每個存在安全隱患的網絡服務建立對應的漏洞數據庫文件，而且應當能滿足前面所提出的性能要求。常用的掃描工具有 Nessus、GFI LANguard、Retina、CoreImpact、ISS Internet Scanner、X-scan、Sara、QualysGuard、SAINT、MBSA Nessus、NetRecon 等。

漏洞掃描技術可以使管理員瞭解網絡的安全配置和運行的應用服務，及時發現安全漏洞，客觀評估網絡風險等級。網絡管理員可以根據掃描的結果更正網絡安全漏洞和系統中的錯誤配置，在駭客攻擊前進行防範。但漏洞掃描技術有其局限性：一方面，如果規則庫設計的不準確，預報的準確度就無從談起；另一方面，它是根據已知的安全漏洞進行安排和策劃的，而對網絡系統的很多危險的威脅卻是來自未知的漏洞，如果規則庫更新不及時，預報準確度就會逐漸降低。

（4）虛擬專用網技術（VPN）是一種通信環境，在這一環境中存取會受到控制，目的在於只允許被確定為同一個共同體的內部同層連接，而 VPN 的構建是通過對公共通信基礎設施的通信介質進行某種邏輯分割來進行的。同時，VPN 又是一種網絡連接技術。VPN 通過共享通信基礎設施為用戶提供定制的網絡連接，這種定制的連接要求用戶共享相同的安全性、優先級服務、可靠性和可管理性策略，在共享的基礎通信設施上採用隧道

---

[1] 掃描工具管理器提供良好的用戶界面，實現掃描管理和配置。

技術和特殊配置技術措施，仿真點到點的連接。其作用是幫助遠程用戶、企業分支機構、商業夥伴及供應商同企業的內部網建立可信的安全連接，並保證數據的安全傳輸。虛擬專用網技術能保證用戶在利用公共網絡資源傳輸數據時和使用自己專用的網絡一樣安全。虛擬專用網能通過公用網將兩個獨立的專用網無縫連接起來，是擴充組織專用網絡的有效手段。

　　根據給不同的網格結構搭建的 VPN 進行分類，分為內部網 VPN、遠程訪問 VPN 和外連網 VPN。在內部網 VPN 中，VPN 服務器應為子企業的不同用戶指定不同的訪問權限，見圖 2.3；遠程訪問 VPN 的功能應為訪問控制管理、用戶身分認證、數據加密、只能監視和審計記錄、密鑰和數字證書管理，見圖 2.4；在外連網 VPN 中，並不假定連接的企業雙方之間存在雙方信任關係，此時 VPN 的功能首先是 VPN 服務器應有詳細的訪問控制，其次應與防火牆/協議兼容，見圖 2.5。

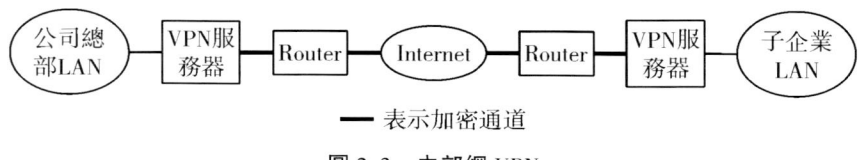

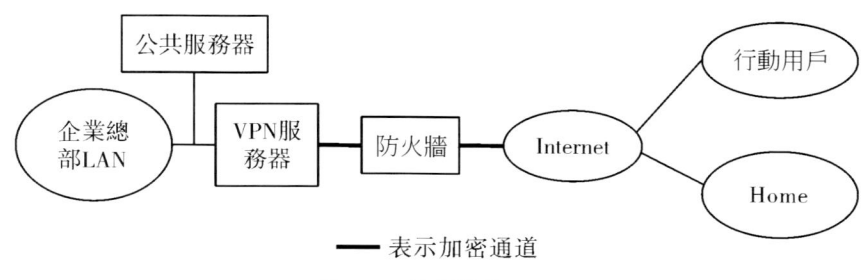

圖 2.3　內部網 VPN

圖 2.4　遠程訪問 VPN

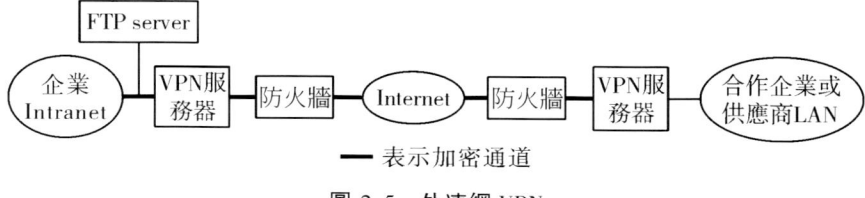

圖 2.5　外連網 VPN

VPN以多種方式增強了網絡的智能與安全性，簡化了網絡設計和管理，替代了租用線路來實現分支機構的連接，從而降低了成本。一方面，VPN將通信平臺有關的組件的高固定成本分攤在大量客戶上，這在服務供應商看來是一件劃算的事；另一方面，在網絡用戶看來，通過公共通信服務平臺實施虛擬專用網比自建獨立的小型物理通信服務設施更便宜，這顯然是一個服務供應商與網絡用戶「雙贏」的網絡方案。搭建VPN可以完全控制主動權，自己負責用戶的查驗、訪問權、網絡地址、安全性和網絡變化管理等重要工作，支持新興應用。但虛擬專用網也有其局限性。首先，基於互聯網的VPN的可靠性和性能不在企業的直接控制之下，機構必須依靠提供VPN的互聯網服務提供商保持服務的啓動和運行。其次，不同廠商的VPN產品和解決方案並不總是相互兼容的，因為許多廠商不願意或者沒有能力遵守虛擬專用網技術標準。最後，VPN在與無線設備一起使用時會產生安全風險，接入點之間的漫遊特別容易出現問題。當用戶在接入點之間漫遊的時候，任何依靠高水準加密的解決方案都會被攻破。

（5）病毒防範技術是指預防病毒侵入計算機系統的能力。通過採取防毒措施，準確地、即時地監測預警經由光盤、軟盤、硬盤不同目錄之間、局域網、因特網（包括FTP方式、E-MAIL、HTTP方式）或其他形式的文件下載等多種方式進行的傳輸；能夠在病毒侵入系統時發出警報，記錄攜帶病毒的文件，即時清除其中的病毒；對網絡而言，能夠向網絡管理員發送關於病毒入侵的資訊，記錄病毒入侵的工作站，必要時還要能夠註銷工作站，隔離病毒源。所謂病毒是指能夠引起計算機故障，破壞計算機數據的程序。《中華人民共和國計算機資訊系統安全保護條例》中對計算機病毒的定義是「指編製或者在計算機程序中插入的破壞計算機功能或損壞數據，影響計算機使用，並能夠自我複製的一組計算機指令或者程序代碼」。常見的病毒種類包括蠕蟲、核心大戰、邏輯炸彈、特洛伊木馬、陷阱（後門）等。病毒防範技術的主要作用則是阻斷病毒的傳播渠道、阻止病毒的感染、剿滅被感染的計算機內部已經存在的病毒、修復被感染的程序或其他文件、恢復被破壞或刪除的文件等。

病毒防範技術包括病毒預警技術、病毒檢測技術、病毒鑑別技術、病

毒消除技術。其中，病毒預警技術對病毒感染、傳播、寄宿、爆發的各個環節進行偵測分析，從而進行預警。病毒檢測技術是指通過一定的技術手段判定出特定計算機病毒的一種技術，主要有特徵碼檢測、校驗和計算、行為檢測、啟發式掃描以及虛擬機技術。病毒鑑別技術是指對於確定的環境能夠準確地報出病毒名稱，該環境包括內存、文件、引導區（含主導區）、網絡等。病毒消除技術是指根據不同類型的病毒對感染對象的修改，按照病毒的感染特性所進行的恢復，該恢復過程不能破壞未被病毒修改的內容。常見的防病毒廠商有瑞星、金山毒霸、江民、360安全衛士、Kaspersky、Norton、NOD32、avast和McAfee等。

　　病毒防範技術對廠商已捕獲的病毒具有良好的識別效果，可有效清除和阻止病毒進一步傳播與破壞。但病毒防範技術也有其局限性。首先常見的反病毒軟件大多數採用特徵碼技術，其必然會導致病毒庫滯後於新病毒的現象，對有些變種病毒的清除無能為力；其次，操作系統本身的漏洞對病毒防範技術來說是無能為力的，有時還會出現與其他軟件（特別是操作系統）的兼容性問題；最後，占用硬件資源、增加內存開銷，易使防病毒系統與其他應用系統的軟硬件衝突，影響計算機執行速度。

　　根據網絡安全攻擊的特點，表2.2比較了以上五種技術各自的優點和局限性。

表2.2　五種主流技術的優點和局限

技術	優點	局限
防火牆	可簡化網絡管理，產品成熟	無法處理網絡內部的攻擊
IDS	即時監控網絡安全狀態	誤報警，緩慢攻擊，新的攻擊模式
漏洞掃描技術	簡單可操作，幫助系統管理員和安全服務人員解決實際問題	並不能真正掃描漏洞
VPN	保護公網上的內部通信	可視為防火牆上的一個漏洞
病毒防範技術	針對文件與郵件，產品成熟	功能單一

（6）入侵防禦技術（IPS）是一種搶先的網絡安全方法，用於識別潛在威脅並快速做出回應。其作用是對防火牆和病毒防範技術補充作用，可以對抗惡意代碼和僵屍網絡攻擊①，是一部能夠監視網絡或網絡設備的網絡資料傳輸行為的計算機網絡安全設備，能夠即時中斷、調整或隔離一些不正常或是具有傷害性的網絡資料傳輸行為。例如，IPS 可能會丟失它認為是惡意的數據包，並進一步阻擋 IP 地址或者端口的流量。同時，合法流量應傳到接受人那裡，而不會出現服務的明顯中斷或者延遲。

入侵防禦系統和入侵檢測系統在目的上非常類似，都是為監控網絡活動的跡象和濫用而設計的。它們識別潛在的惡意流量有以下兩種基本策略：一種策略特徵檢測系統有一個包含已知惡意活動的樣本的數據庫，如果匹配，就會報警；另外一種策略是異常檢測系統監控網絡，主要是觀察網絡中背離標準的活動，如果差異太大，異常檢測系統就會報警。但是這兩種策略在處理警告的方式上有所不同。入侵檢測系統簡單地通知管理有可疑行為的發生，而入侵防禦系統則可以阻止可疑流量進入網絡。

入侵防禦系統的優勢在於可以節省很多管理員的精力，執行入侵防禦的行為的速度相對較快。但入侵防禦系統有其局限性。它一般是為特定的網絡設計定制的，必須瞭解是對什麼發出指令，理解平常的流量類型，而且需要在不發生任何問題時定期當場更新。另外，IPS 很昂貴，主要是用於電腦上持續不斷的流量內部分析和檢測樣式的處理器電量造價很高。

（7）蜜罐技術是一種安全資源，其價值在於被掃描、攻擊和攻陷。這個定義表明蜜罐並無其他實際作用，因此所有流入和流出蜜罐的網絡流量都可能預示了掃描、攻擊和攻陷。蜜罐的主要作用是可以瞭解入侵者的思路、工具、目的，通過獲取這些技能，因特網上的組織將會更好地理解所遇到的威脅，並理解如何防止這些威脅。例如，能夠收集的資訊的主要來源之一是入侵者團體之間的通信，諸如入侵者的在線聊天系統 IRC，蜜罐可以捕獲這些談話內容，洞察入侵者們如何針對特定系統攻擊以及他們攻擊系統的能力。這也為組織提供了一些關於安全風險和脆弱性的經驗。由

---

① 多數基於網絡的 IPS 有它們自己的特徵庫用於檢測漏洞和攻擊性數據流。

於與網絡隔絕並有所保護，因此闖入蜜罐電腦的入侵者無法觸及網絡的其他部分。採用蜜罐技術可誘敵深入，並且不需要暴露具有資訊價值的核心網絡就能追蹤入侵者行為。

　　蜜罐並不需要一個特定的支撐環境，它可以放置在一個標準服務器能夠放置的任何地方。當然，根據所需要的服務，某些位置可能會更好一些。通常將蜜罐放置在三個位置：在防火牆前面、在防火牆後面、在隔離區（DMZ）中。如果把蜜罐放在防火牆的前面，不會增加內部網絡的任何安全風險，可以消除在防火牆後面出現一臺失陷主機的可能性（因為蜜罐主機很容易被攻陷）。但是同時也不能吸引和產生不可預期的通信量，如端口掃描或網絡攻擊所導致的通信流，無法定位內部的攻擊資訊，也捕獲不到內部攻擊者。如果把蜜罐放在防火牆的後面，那麼有可能給內部網絡引入新的安全威脅，特別是當蜜罐和內部網絡之間沒有額外防火牆保護的時候。由於蜜罐通常都提供了大量的偽裝服務，因此不可避免地必須修改防火牆的規則，對進出內部網絡的通信流量和蜜罐的通信加以區別和對待。否則一旦蜜罐失陷，那麼整個網絡內部將完全暴露在攻擊者面前。較好的解決方案是讓蜜罐運行在自己的 DMZ 內，同時保證 DMZ 內的其他服務器是安全的，只提供所必需的服務。DMZ 同其他網絡連接時都用防火牆隔離，可以根據需要將防火牆同因特網連接。這種佈局可以很好地解決對蜜罐的嚴格控制與靈活的運行環境矛盾，從而實現最高的安全性。通過攻擊者在蜜罐中活動的交互性級別將蜜罐分為低交互型和高交互型。低交互型蜜罐只能模擬服務和操作系統，只能捕獲少量資訊，此種類型的蜜罐容易部署且風險較低。產品如 KFSenor、Specter、Honeyd。高交互型蜜罐提供真實的操作系統和服務，可以捕獲更豐富的資訊，部署複雜，且會產生較高的安全風險。如 ManTrap、Gen II 蜜網。

　　配置蜜罐技術的優點是收集的數據真實性高，能檢測到最新的攻擊技術，而不像目前的大部分入侵檢測系統只能根據特徵匹配的方法檢測到已知的攻擊；技術實現簡單，需要較少的資金；分流了一部分數據，大大減少了 IDS 所要分析的數據。但蜜罐也有其局限性。首先，蜜罐技術只能對針對蜜罐的攻擊行為進行監視和分析，根據攻擊者輸入給出對應輸出的方

法過於簡單，其視圖不像入侵檢測系統能夠通過旁路偵聽等技術對整個網絡進行監控。其次，蜜罐技術不能直接防護有漏洞的資訊系統並有可能被攻擊者利用，從而帶來一定的安全風險。最後，攻擊者的活動在加密通道上進行（IPSec、SSH、SSL等）增多，數據捕獲後需要花費時間破譯，這給分析攻擊行為增加了困難。

（8）訪問控制技術是網絡安全防範和保護的主要策略，是指依據特定的安全策略控制主體，對客體資源訪問能力和訪問範圍進行控制的一種安全機制，當計算機系統所屬的資訊資源遭受未經授權的操作威脅時，能夠提供恰當的管制及防護措施以保護資源的安全性和正確性。它的主要作用是保證合法用戶訪問授權保護的網絡資源，防止非法的主體進入受保護的網絡資源，或防止合法用戶對受保護的網絡資源進行非授權的訪問。訪問控制需要對用戶身分的合法性進行驗證，同時利用控制策略進行選用和管理工作。當用戶身分和訪問權限被驗證之後，還需要對越權操作進行監控。

訪問控制主要有自主型的訪問控制、強制型的訪問控制和基於角色的訪問控制。其中，自主型的訪問控制由客體自主地確定各個主體對它的直接訪問權限，通過訪問矩陣來描述。該方法可控制主體對客體的直接訪問，但不能控制間接訪問。強制型的訪問控制是將主體和客體分級，然後根據主體和客體的級別標記來決定訪問模式，如可以分為絕密級、機密極、秘密級、無密級等。這樣就可以利用上讀/下寫來保證數據的完整性，利用下讀/上寫來保證數據的保密性，並且通過這種梯度安全標籤實現資訊的單向流通。但要實現這種強制訪問控制工作量太大，且管理不便。基於角色的訪問控制是對自主控制和強制控制的改進，根據用戶在系統中所起的作用規定其訪問權限，這個作用可被定義為與一個特定活動相關聯的一組動作和責任。

（9）可信計算（trusted computing）的工作原理是將基本輸入輸出系統（BIOS）引導塊作為完整性測量的信任的根，可信計算模塊（TPM）作為完整性報告的信任的根，對BIOS、操作系統進行完整性測量，保證計算環境的可信性。而完整性測量由代理技術實現，TMP拒絕下載和執行一切沒

有經過註冊的惡意軟件,從而保證計算環境的可信性。其作用將會使計算機更加安全、不易被病毒和惡意軟件侵害,因此從最終用戶的角度來看也更加可靠。此外,可信計算將會使計算機和服務器安全性更強。

但是可信計算作為一項較為新興的資訊系統安全技術其實施尚存有爭議,其主要原因在於可信計算保護計算機不受病毒和攻擊者影響的安全機制,同樣會限制其屬主的行為,使得強制性壟斷成為可能,從而會傷害那些購買可信計算機的人們。可信計算會潛在地迫使用戶的在線交互過程失去匿名性,並強制推行一些不必要的技術。同時,它還被看作版權和版權保護的未來版本,這對於企業和其他市場的用戶非常重要,同時這也引發了批評,引發了對不當審查的關注。劍橋大學的 Anderson 教授總結道:「最根本的問題在於控制可信計算基礎設施的人將獲得巨大的權力。擁有這樣的權力就像是可以迫使所有人都使用同一個銀行、同一個會計或同一個律師。而這種權力能以多種形式被濫用。」

2.2　資訊系統安全技術組合

2.2.1　縱深防禦系統

資訊系統面臨的安全形勢越來越嚴峻、安全性要求越來越高以及入侵防禦等先進安全技術越來越多,綜合運用多種安全技術,形成多樣化、多層次的防禦措施,即對資訊系統安全採用縱深防禦,已經成為當前保障資訊系統安全的基本策略。

在維基百科中,縱深防禦被定義為一種軍事戰略,有時也被稱作彈性防禦或深層防禦,是以全面深入的防禦去延遲而不是阻止前進中的敵人,通過放棄空間來換取時間與給予敵人額外的傷亡。在資訊系統安全領域,縱深防禦被稱為「多層防禦」,是指組合運用多種資訊系統安全技術構建資訊系統的防禦體系,以降低風險和攻擊帶來的損失。例如,防毒軟件被

安裝在個人工作站上，電腦中病毒在防火牆與服務器等其他類似環境中被攔劫下來。來自各個不同企業的安全產品也可能在網絡上部署對其他潛在病毒的防禦，以幫助防止任何一個因防禦指揮而造成的差錯而導致的全盤毀滅。

　　部分學者和企業已經對縱深防禦策略進行了多視角的定性分析和設計。Bass（2001）將縱深防禦戰略與網絡設施、人、資源、策略及使命緊密結合起來，強調要考慮經濟性和人的組織行為特徵，強調風險管理要貫穿縱深防禦戰略的全過程。Mike（2005）提出縱深防禦策略的實施，不僅要考慮資訊系統安全所面臨的風險，還要考慮機構的組織文化，確保用戶具有相應的安全意識，鼓勵用戶積極參與到資訊系統安全風險防範中。Dorene（2001）提出資訊系統安全保障不僅需要深度防禦，還要廣度防禦。他通過實驗還發現，多種安全技術的相互作用使系統變得更加複雜，有可能增加網絡的脆弱性，因而需要動態改變安全防禦結構，在增加防禦層次的同時還要擴大防禦的廣度，防止各種不同類型的攻擊。Harrison（2005）指出，用多種防禦措施防範用戶應用惡意軟件對資訊系統的破壞常常是不夠的，他提出了一種擴展的網絡安全縱深防禦戰略，將系統的標準化和數據庫加密也添加到了深層次防禦策略中來。Paul（2005）提出通過應用防火牆和其他技術措施實現縱深防禦的觀點，通過應用Web防火牆、數據庫防火牆、補丁管理、入侵檢測等多種安全技術，建立多層次的網絡安全防禦體系，這樣可以在不改變網絡拓撲結構的情況下實現縱深防禦。何明耘（2003）在其博士論文中總結了五種典型的動態防禦模型，包括雞蛋殼模型、P2DR防禦模型、入侵管理模型、立體防禦體系和基礎設施保護體系。其中，雞蛋殼模型的特點在於系統邊界保護的實現上，採用的技術包括高性能防火牆、DMZ區設置、物理隔絕設備等。P2DR防禦模型強調的是動態適應能力，以保護、檢測和反應為閉路循環來提高網絡安全的動態適應能力，管理中充分考慮了人為策略因素的影響。入侵管理模型是從入侵威脅的角度來建立的系統安全防禦體系，針對的是系統中可能招致入侵的六個方面的安全隱患，即認證、訪問控制、審計、對象重用、正確性、服務可靠性，通過針對性的決策分析、安全策略制定與增強、有效節點控制、

最終達到阻止攻擊的目的。立體防禦體系在攻擊階段，根據資訊分析處理的不同階段給出了漏洞分析、漏洞檢測、漏洞修補的方法，以及審計分析、入侵檢測、即時回應等。基礎設施保護體系給出了目前動態安全防禦系統中最完整的資訊處理過程，可以有效地解決超大、複雜、動態網絡系統安全問題。北京杰馬創新科技有限責任公司應用 P2DR2 模型對基準漏洞掃描系統的安全策略進行了控制和指導。基準漏洞掃描系統是依據系統安全策略要求對網絡通信服務、操作系統、路由器、電子郵件、web 服務器、防火牆和應用程序等主要網絡系統組件進行弱點漏洞、錯誤配置和誤操作掃描分析，識別、發現和報告可能被入侵者利用來非法進入網絡的系統漏洞、錯誤配置和誤操作，為用戶提供網絡系統弱點漏洞隱患情況和解決方案，幫助用戶實現網絡系統統一的安全策略，確保網絡系統安全有效地運行。它是網絡系統進行風險預測、風險量化、風險趨勢分析等風險管理的有效工具系統。

目前，對如何組合運用多種安全技術建立縱深防禦系統，還處於以定性分析和設計為主的階段，而通過數學模型和優化方法來定量地確定縱深防禦系統的技術才剛起步，主要是在確定的安全技術搭配下通過建立數學模型優化各種技術的參數設計，以實現系統的整體安全性最優。Kumar、Park 和 Subramaniam（2008）指出，不同的資訊系統安全技術應對不同安全威脅的能力是不同的，如何組合運用這些技術以達到最佳的效益是企業需要考慮的問題。為此，他們從風險分析和災難恢復角度構建了一個資訊系統安全技術價值仿真模型，通過仿真分析研究了資訊系統安全技術組合的價值。Cavusoglu 和 Raghunathan（2009）指出，對安全技術的合理設置是平衡資訊保護和資訊訪問的關鍵，因為一項安全技術的參數可能會直接影響另一項安全技術的參數設置。他們以防火牆和 IDS 組合運用為例，研究了兩種技術組合情況下的參數設置問題。通過研究發現，如果不針對企業的安全環境對這兩項技術進行合理設置，就可能無法實現兩種技術之間的互補效應，導致運用兩種安全技術還不如運用一種技術有效。

2.2.2 資訊系統安全技術組合的原理及特點

在實踐中，某證券企業為保證企業總部和營業部的正常運行、保證股民的交易安全、保證與深滬兩市的數據交換，一個合理的資訊安全解決方案是，在企業總部及營業部入口設立防火牆，通過訪問控制可防止非法入侵並能做內部的安全代理。安全控制中心用作證券企業網絡監控預警系統，具有主動、即時的特性，它是由入侵檢測系統、網絡掃描系統、系統掃描系統、網絡防病毒系統、資訊審計系統等構成的綜合安全體系。為保證證券企業總部與各營業部之間資訊傳輸的機密性，可通過 IP 層加密構建企業 VPN。為使辦公文件（郵件）實現加密傳輸、存儲，應採用文電辦公加密系統。證券企業的 Web 服務器、郵件服務器等應用系統的保護由頁面保護系統、安全郵件系統完成。為保證股民交易安全，證券企業使用了基於 SSL 協議的應用加密系統，建立了企業的數字證書 CA 中心，並向股民發放相應的數字證書。交易、行情服務器採用負載均衡和容錯備份系統，安全控件組成安全數據庫，定期進行數據庫漏洞掃描和數據備份。衛星加密系統則用於證券企業與深、滬兩市數據的安全交換。

基於現實問題，瞭解資訊系統安全技術組合的原理和特點對如何合理地選擇資訊系統安全技術組合保護企業的資訊系統至關重要。結合上節中每一個資訊系統安全技術的原理和特點，針對本書的研究內容，將對以下資訊系統安全技術組合的原理及特點進行總結說明：防火牆與入侵檢測系統的技術組合；蜜罐與入侵檢測系統的技術組合；虛擬專用網與入侵檢測系統的技術組合；防火牆、入侵檢測系統和漏洞掃描的技術組合。

1. 防火牆與入侵檢測系統的技術組合

入侵檢測系統可以及時發現防火牆策略之外的入侵行為，防火牆可以根據入侵檢測系統反饋的入侵資訊來進一步調整安全策略，從而進一步從源頭上阻隔入侵行為。這樣做可以大大提高整個防禦系統的性能。防火牆與入侵檢測的互動模型見圖 2.6。

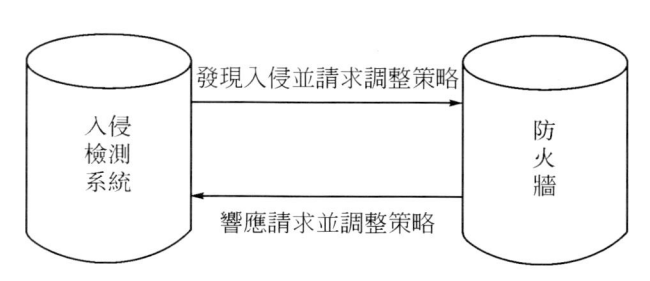

圖 2.6　防火牆與入侵檢測系統的技術組合原理圖

2. 蜜罐與入侵檢測系統的技術組合

　　IDS 能執行檢測入侵，在發現入侵行為後通過人工調查或設置的安全策略自動對系統進行調整。但是入侵檢測系統在使用中存在著難以檢測新類型駭客的攻擊方法以及漏報和誤報等問題，根據 IDS 的工作原理，所有進出網絡的行為都必須接受檢測，這就產生了大量的日誌和報警資訊，其中大多數都是無目的地進行掃描，對系統沒有實質性的威脅，再花費大量的人力來處理這些無意義的日誌資訊實在沒有必要。蜜罐是一個誘騙網絡，進出蜜罐的數據很有可能是攻擊流量。利用蜜罐的這個特性，IDS 可以把檢測到的可疑行為或連接重定向到蜜罐。這樣做一方面減輕了 IDS 的負擔，降低了漏報率；另一方面也讓蜜罐捕獲更多的攻擊特徵資訊，為 IDS 的特徵庫的更新提供了重要依據。蜜罐技術與入侵檢測技術相結合，構建出一個基於主動的網絡安全防護體系。蜜罐與入侵檢測系統的互動模型見圖 2.7。

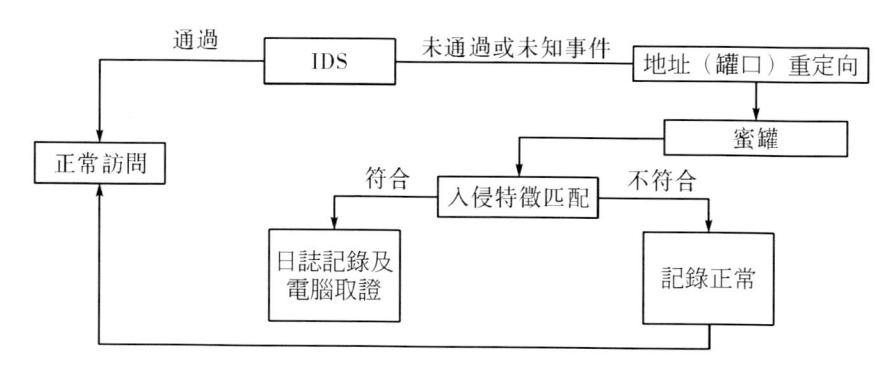

圖 2.7　蜜罐與入侵檢測系統的技術組合原理圖

3. 虛擬專用網與入侵檢測系統的技術組合

根據網絡的拓撲結構、應用類型和安全要求，用合適的協議建立VPN，用以攔截篡改和偽造的文件或身分驗證來控制和保護網絡流量，同時運用IDS對網絡系統的若干關鍵點即時監控，在發現入侵行為以後通過系統管理員或設置的安全策略自動對系統進行調整。虛擬專用網與入侵檢測系統的互動模型見圖2.8。

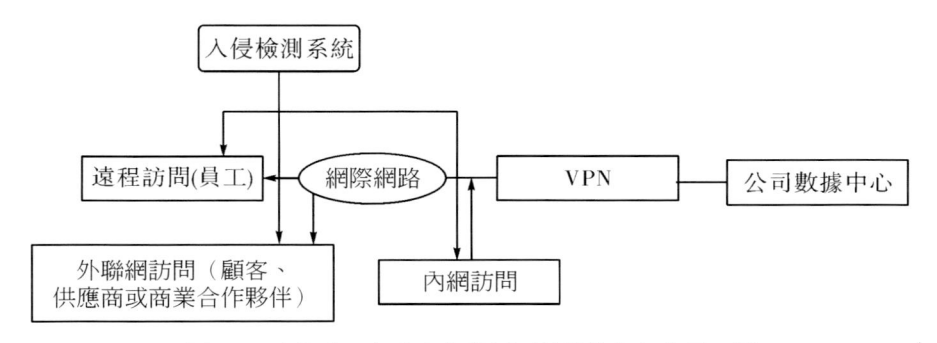

圖2.8 虛擬專用網與入侵檢測系統的技術組合原理圖

4. 防火牆、入侵檢測系統和漏洞掃描的技術組合

要瞭解三種資訊系統安全的技術組合，首先要瞭解IDS和漏洞掃描的技術組合原理。入侵檢測獲取的是攻擊狀態的異常情況，掃描器獲取的是目標系統的安全隱患，兩者有很好的關聯性。一方面，從入侵檢測得到的攻擊資訊，可以反推出目標系統存在的漏洞；另一方面，目標系統安全隱患可以有效地結合當前的攻擊狀態，估計和預測攻擊發展的趨勢。因此，防火牆一般能執行阻止入侵，IDS能執行檢測入侵，漏洞掃描技術能找出入侵安全隱患和可被駭客利用的漏洞。在實際應用中，綜合運用上述技術可以為網絡系統提供動態安全。配置適當類型的防火牆，運用入侵檢測技術對網絡系統的若干關鍵點即時監控，可以發現入侵行為並通過系統管理員或設置的安全策略自動對系統進行調整。定期對系統進行隱患掃描，能夠及時發現由於改動配置等帶來的漏洞並加以修補。在後面的章節中，圖4.1說明了三種資訊安全技術組合的原理圖。

2.3 資訊系統安全策略及其管理過程

2.3.1 資訊系統安全策略的概念

普華永道發布的全球資訊系統安全調查報告顯示，中國企業資訊系統安全事故發生率遠遠高於世界平均水準，然而中國企業的資訊系統安全投資水準並不比發達國家的大多數企業低，那麼維護資訊系統安全的關鍵問題何在？Gartner 諮詢企業副總裁 Pescatore 為企業的 CIO 提出了一個值得關注的問題：組織應解決如何策略地改變安全流程和技術配置來減少花銷，並使得資訊系統安全週期延長。可見，科學地制訂資訊安全策略可以幫助指導企業面對資訊安全問題時必須做什麼、應該做什麼、可以做什麼，並在規範的要求下管理資訊系統安全設備，在複雜的網絡世界中提供高效的安全服務，在新業務的驅動下控制資訊安全風險實現業務目標。王彩榮（2006）根據資訊系統安全的木桶原理將資訊系統安全策略的主題內容歸結為圖 2.9，包括設備和環境安全、資訊和資產安全、人員和組織安全、加密技術和訪問控制安全、通信與操作安全、系統開發與維護安全、法律法規和技術指標安全。

圖 2.9 資訊安全策略組圖

從管理和技術兩個維度可以將資訊系統安全策略劃分為兩個部分：管理策略和技術策略。管理策略是指國家或部門的專門資訊安全組織管理體

系，描述了一個組織所關心的安全領域和對這些領域內安全問題的基本態度、原則、安全投資額度以及雇員行為策略；技術策略可以分為應用環境、應用領域、網絡和電信傳輸、安全管理以及密碼管理等，描述如何利用所配置的資訊系統安全技術解決所關心的問題，包括系統的安全域、制定具體的硬件和軟件的配置規格說明、使用策略。管理策略貫穿資訊系統安全策略始終，起著指導性和方向性的作用；技術策略是資訊系統安全策略的核心，是保障資訊系統安全的具體措施。實施資訊系統安全策略需要明確資訊系統的總資產、哪些資訊對系統的運轉和企業盈利是必不可少的、哪些風險是要預防的，需要建立多個威脅與企業資產之間的監控點，企業需要明確投入多大的代價來保護資訊，並應充分考慮相應的預防、檢測和回應機制。此外企業還需確定所能承受的損失底線和人員訪問資訊系統的權限，制定政策用以指導訪問者和員工如何實施資訊安全計劃。

本書將資訊系統安全策略定義為一個用以減少資訊安全風險同時遵守法律、法規、合同和內部開發要求的一個決策計劃，明確一個組織要實現的安全目標和實現這些安全目標的途徑。

2.3.2 資訊系統安全管理過程

資訊系統安全策略管理過程的具體步驟為：首先考慮威脅[1]和資訊系統的特點，對資訊系統的安全需求進行分析，主要包括環境分析和技術分析；其次，在保證資訊系統經濟性和安全性的條件下，制定相應的資訊系統安全策略，主要包括資訊系統安全技術組合的選擇和資訊系統安全技術的參數配置；再實施所制定的策略；最後對資訊系統安全性進行評估，將評估結果反饋到安全需求分析環節，看是否滿足企業的安全目標（見圖2.10）。在制定資訊系統安全策略的過程中，管理者要確定哪些業務部分是孤立的、哪些部分是互相連接的、系統內部人員採用什麼通信方式、各個部門採用什麼業務運作方式，而這些都是隨時間不斷變化的，因此資訊安全策略的制定者要在需要時對資訊安全策略進行修改和調整。接下來，

---

[1] 包括內部威脅和外部威脅。

將分別說明資訊系統安全管理過程中各要素及環節的主要內容。

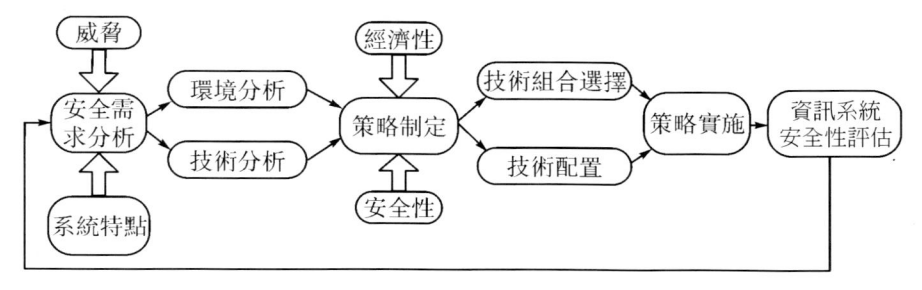

圖 2.10　資訊系統安全管理過程

1. 資訊系統運用的特點和要求

資訊系統的特點與組織的類型、企業的經營特色和管理特徵息息相關，另外，每個組織所要解決的內部問題和面臨的外部挑戰也不盡相同。按照組織的規模不同，分為中小企業的資訊系統和大企業的資訊系統；按照組織的類型不同，分為企業的資訊系統應用和政府、其他公共部門的資訊系統應用。

由於受到管理觀念、經營能力和條件以及員工素質的限制，大多數中小企業的資訊系統安全技術人員不足、購買資訊系統安全技術能力有限、資訊系統安全技術產品辨識水準較低且使用環境較差、資訊系統中的資訊的經濟價值不高、與用戶的互動能力較弱、對資訊系統安全的要求也不高。對大型企業來說，資訊化有助於進行制度創新，提升企業綜合競爭力，也有雄厚的資金和實力來推進自己的資訊化進程。大部分大型企業都已經構建了自己的資訊安全系統，主要方式有兩種：一種是直接購買已有的安全軟件系統產品，系統供應商根據用戶需求，在部署系統時進行個性化設定。第二種是企業內部的資訊系統安全部門自行維護，這樣的資訊安全系統自主性強、成本較低。大企業的資訊系統中的資訊經濟價值分為低、中、高三類，由於用戶的互動能力較強，部分行業的企業存有大量的用戶資訊，對資訊系統安全的要求較高。一旦企業的核心競爭力資訊或客戶的資訊被竊取，企業損失的不僅是機密資訊所帶來的直接經濟價值，還有企業的信譽度、股票價值、品牌價值等都會受到重創。政府的主要職能

在於經濟管理、市場監管、社會管理和公共服務。而政府的資訊系統就是要將這四大職能電子化、網絡化，利用現代資訊技術對政府進行資訊化改造，以提高政府部門依法行政的水準。政府資訊系統是國家的電子門面，一旦為駭客所入侵或破壞，將影響政府的辦公效率和對公眾的信譽度。如果政府的軍事資訊系統遭受破壞，損失的國家機密甚至會影響國家安全。作者通過對中、美兩國從事資訊系統安全的業內人士的調查，總結了不同資訊系統規模、不同性質下對資訊系統的安全策略的要求，見表2.3。

表2.3　中、美兩國不同組織的資訊系統安全策略的對比

國家	中小企業	大企業	政府及其他公共部門
中國	・備份 ・域名綁定 ・數據流監控 ・MAC綁定IP ・外包 ・租用網絡環境和設備	・軟件控制(如防火牆) ・私有網絡 ・硬件控制 ・訪問權限 ・PKI ・VPN ・物理隔離 ・日誌 ・外包 ・ISO900審計	・安全部門管理IP ・網絡供應商 ・外包網站建設 ・軟件控制 ・物理隔離
美國		・企業購買完善的安全解決方案	・審計企業檢測安全 ・支付外部顧問模擬入侵系統並評估，給出如何解決所發現漏洞的報告

其中，中國的中小企業採用最多的資訊系統安全策略為租用網絡環境和設備，中國的大企業採用最多的資訊系統安全策略為軟件控制和外包，中國政府及其他公共部門採用最多的則為網絡供應商管理資訊系統安全和外包網站建設。對於美國的相關組織，資訊系統安全已發展得較為成熟。大多數組織都傾向於採用購買資訊系統安全解決方案，或雇傭專門的資訊安全顧問來為組織解決其資訊系統安全問題，這也是中國未來資訊系統安全市場的發展趨勢。

2. 資訊系統的安全形勢和威脅

近年來的資訊系統安全問題出現了新的形勢，主要反應在以下幾方

面：網絡攻擊日趨功利化，以惡作劇和炫耀技術等為目的的入侵行為急遽減少並日趨消失；駭客市場的交易形式中出現了免費或付費收集敏感資訊的情況；主流病毒、間諜程序極度盛行，而相關的反病毒、反間諜技術手段相對落後，安全行業的社會公信力日益下降；無線入侵的潛在威脅大幅度上升；資訊相關法規和執行力度不夠，因此惡意軟件盛行並轉向開源的開發模式；安全產品和解決方案的死角大量存在，移動互聯網安全威脅程度不斷上升。

根據2009年的相關數據，海外媒體、Sophos企業、Websence企業和華為安全中心等大型資訊安全企業對未來資訊系統基於網絡的安全威脅趨勢做了預測分析，見表2.4。

表2.4　2009年資訊系統安全威脅趨勢分析

海外媒體	Sophos企業	Websence企業	華為安全中心
• 惡意軟件攻擊繼續肆虐 • 釣魚方式攻擊愈演愈烈 • Web2.0網站惡意軟件滋生 • 為誘騙更多用戶，惡意軟件將更具目標性 • 一體化安全解決方案將備受青睞 • 駭客組織多樣化，提供的服務種類多樣化 • 內部安全形勢將更加嚴峻 • 駭客大行其道，金融機構強化安全管理 • 網遊成為病毒和駭客的目標 • 雲安全成為大勢所趨	• 網絡攻擊多樣化 • 數據洩露將不斷增加 • 電腦損害：垃圾郵件、僵屍網絡 • Web不安全因素，典型的如SQL注入 • 惡意郵件，如惡意網絡連結、惡意郵件附件 • 身分識別的竊取	• 雲安全被惡意利用的頻率越來越高 • 互聯網應用系統，如Flash、Google Gears等被惡意利用的概率增大 • 駭客們將充分利用可編寫Web發動攻擊 • Web垃圾和向Blog、論壇和社交性網站發送的惡意內容將會大幅度增加 • 駭客們將轉向分佈式僵屍網絡控制和惡意代碼託管模式 • 對於具有「良好聲譽」網站的攻擊將會持續	• 以網頁掛馬為手段的惡意軟件成為經濟犯罪的源頭 • 垃圾郵件（包括語音垃圾郵件）、垃圾短信進一步泛濫 • DDoS攻擊的影響範圍越來越大 • P2P業務對無線及固定網絡帶寬應用的衝擊更大 • 更隱密的低頻僵屍和中型僵屍網絡成為主流 • 雲安全及雲計算的安全應用增強安全防護能力 • 存儲設備成為資訊洩露的主要途徑，針對介質的控制和加密要求加劇 • 企業內部安全內控及文檔安全管理要求刻不容緩 • 針對專業設備的攻擊加速

在現階段的網絡世界中,攻擊網絡與資訊系統的工具和方法愈加簡單化,各類威脅主體活動頻繁,且威脅的種類具有多元性,其威脅的內容也在不斷變化。所謂的網絡資訊安全威脅就是對網絡系統缺陷的利用,這些缺陷可能會導致非授權訪問、資訊洩露、資源耗盡、資源被盜或者被破壞等。主要的威脅包括:

①計算機病毒。計算機病毒本質上是一種具有自我複製能力的程序,具有破壞性、傳播性、潛伏性和擴散面廣等特點。計算機病毒將自己的代碼寫入宿主程序的代碼中,以感染宿主程序,每當運行受感染的宿主程序時也將運行計算機病毒,此時病毒就會自我複製,然後其副本就感染其他程序,如此周而復始。

②拒絕服務。系統會拒絕一個合法用戶執行它的功能,即合法用戶的正當申請被拒絕、延遲、更改等。

③非法使用(非授權訪問)。某一資源被某個非授權的人或以非授權的方式使用。

④中繼攻擊。這是指非法用戶截取資訊後延遲發送。

⑤非法的資訊順序。這是用非法修改、刪除、重排序、重放等手段,使正常傳送的資訊亂序。

⑥資訊洩露。這是資訊被洩露或遺漏給某個非授權的實體。

⑦破壞資訊的完整性。這是數據被非授權地進行增刪、修改或破壞而受到損失。

⑧竊聽。這是用各種可能的合法或非法的手段竊取系統中的資訊資源和敏感資訊。例如對通信線路中傳輸的信號搭線監聽,或者利用通信設備在工作過程中產生的電磁泄漏截取有用資訊等。

⑨業務流分析。這是通過對系統進行長期監聽,利用統計分析方法對諸如通信頻度、通信資訊流向、通信總量變化等參數進行研究,從中發現有價值的資訊和規律。

⑩假冒。這是通過欺騙通信系統(或用戶)達到非法用戶冒充成為合法用戶,或特權小的用戶冒充成為特權大的用戶的目的。駭客大多是採用假冒攻擊。

⑪旁路控制。這是攻擊者利用系統的安全缺陷或安全性上的脆弱之處獲得非授權的權利或特權。例如，攻擊者通過各種攻擊手段發現原本應保密，但是卻又暴露出來的一些系統「特性」，利用這些「特性」，攻擊者就可繞過防線守衛者侵入系統的內部。

⑫授權侵犯。這是指被授權以某一目的使用某一系統或資源的某個人卻將此權限用於其他非授權的目的，也稱作「內部攻擊」。

⑬抵賴。這是一種來自用戶的攻擊，比如否認自己曾經發布過的某條消息、偽造一份對方來信等。

⑭重放。這是指出於非法目的，將所截獲的某次合法的通信數據進行拷貝後再重新發送。

⑮人員不慎。這是指一個被授權的人為了金錢或某種利益，或由於粗心，將資訊洩露給一個未被授權的人。

⑯媒體廢棄。這是指從廢棄的存儲介質中獲得資訊。

⑰物理侵入。這是指侵入者繞過物理控制進行對系統的訪問。

⑱竊取。這是指重要的安全物品，如令牌或身分卡被盜。

⑲業務欺騙。這是指某一偽系統或系統部件欺騙合法的用戶或系統自願地放棄敏感資訊等。

資訊系統安全的威脅既可以來自內部又可以來自外部。為應對內部的網絡威脅，一方面可通過管理軟件隨時監控網絡運行狀態與用戶工作狀態，對重要的資源使用狀態進行記錄和審計；另一方面應指定和不斷完善網絡使用和管理制度，加強用戶培訓和管理。傳統的安全防護解決方案一直以防火牆、入侵檢測、殺毒三大項為代表，局限於各安全隱患點的靜態、單點防護，難以應對目前形形色色的網絡威脅。綜合配置蜜罐技術、VPN加密等技術組合成為了適應現在網絡威脅的資訊系統安全策略。

3. 資訊系統的安全需求分析

資訊系統的安全需求分析主要為環境分析和技術分析。其中，資訊系統安全的環境既包括內部環境，又包括外部環境。通常，分析資訊系統的內部環境需要考慮企業員工素質及服務環境、結構與體制環境、資源環境；分析資訊系統的外部環境需要考慮社會環境、經濟與投資環境、政策

與法規環境。資訊系統安全的技術分析包括維護資訊安全的技術分析和防止駭客進攻技術的分析。

在資訊系統的內部環境因素中，企業員工素質及服務環境直接影響著資訊系統安全，員工操作資訊安全技術的熟練程度、職業道德、對安全意識的重視程度以及資訊系統的維護週期構成了資訊系統安全的內部堡壘。任何技術的配置失誤、惡意泄漏企業資訊系統中有價值的資訊、對資訊安全掉以輕心、長期不更新維護資訊系統安全軟件都會成為資訊系統的漏洞，被駭客攻擊或利用。資訊系統結構與體制環境決定著資訊系統安全的管理水準和發展方向，如果企業組織機構各自為陣，資源和服務對象互相封閉，則管理過程中將缺少安全等級的統一協調，不利於企業資訊系統使用的安全考核管理，從而妨礙到資訊系統的有效使用。資源環境是指具有不同資訊價值的資訊系統的安全防禦措施的資源分配情況。例如，對儲存資訊價值高、安全要求高的資訊系統，企業在人力、財務以及技術資源上應加大投入，而並非對每個企業部門的資訊系統都制定同樣的資訊安全策略。

在資訊系統的外部環境因素中，社會環境主要反應在駭客的攻擊和正常用戶的使用方面。資訊系統的安全需求既要能抵禦駭客的非法入侵，又要能保證資訊系統的業務連續性，使正常用戶可以順利訪問資訊系統。經濟與投資環境將企業的資訊系統安全情況與資訊安全市場和企業的經濟增長速度聯繫了起來。由於企業不可能投入過多的資金保障自身的資訊系統安全，因此分析資訊安全產品的價格、第三方（軟件開發商或安全審計企業）企業服務範圍及資訊安全合同的制定是研究經濟與投資環境的關鍵。政策與法律環境能給資訊系統的健康發展提供必要的依據，並對激勵企業共享資訊系統安全漏洞資訊、制約威脅資訊系統安全的不法行為起到積極的作用。目前，CN-CERT已經建立了資訊系統安全漏洞共享平臺，對加入平臺的組織提供相應的安全服務，對提供有效資訊的組織給予經濟補貼。但是披露資訊系統漏洞對企業本身而言也存在一定的風險，因此決策是否披露資訊系統漏洞、何時披露資訊系統漏洞、披露何種類型的資訊系統漏洞是企業資訊系統安全管理中至關重要的問題。與資訊系統安全相關

的法律法規可以懲戒和威懾破壞資訊系統的駭客，補償企業由於資訊系統安全被破壞而產生的損失。但是由於虛擬網絡犯罪具有靈活性、隱蔽性，往往難以獲得駭客攻擊的證據，從而影響了逮捕駭客的效率。所以，綜合運用社會工程學、資訊安全技術和法律等多方面的知識才能制定和創造相對合理的政策與法律環境。

資訊系統安全技術可以歸納為防禦—回應技術和進攻技術。一方面，隨著資訊技術的飛速發展，資訊安全防禦技術、回應技術也變得種類繁多。企業需要結合自身資訊系統的特點、經濟成本、威脅等因素，分析防禦-回應技術的原理和適用條件，保障企業的安全目標。另一方面，分析駭客的進攻技術可以使企業知己知彼，合理選擇與進攻技術「相克」的防禦-回應技術，從而有效保障企業資訊系統安全，減少因遭受攻擊而產生的損失。

4. 資訊系統的安全性和經濟性

資訊系統的安全性是業務持續營運的基礎保障，必須從技術、管理等方面採取措施。從應用的角度看，資訊系統的安全性包含應用級安全性和數據庫級安全性兩個方面。其中，應用級安全性，即對於用戶或操作員是否能登錄應用工作站的安全性問題。如果能有效阻止非法或惡意的攻擊性登錄，則說明資訊系統的安全系數高，如果用戶能繞過應用工作站所開設的帳號直接登錄到資訊系統內部，則說明資訊系統的安全性差。但是，單配置高水準的資訊系統安全技術並不能保障資訊系統的安全性，如果管理手段不到位，導致先進的防護技術無法發揮其應有的效能。企業的資訊系統安全問題的解決需要技術，但又不能單純依靠技術，資訊化過程其實是人與技術相互融合的過程，如何使管理與技術相得益彰非常重要。安全是一個交互的過程，「三分技術，七分管理」便闡述了資訊系統安全性的本質。

資訊系統的經濟性體現在對資訊系統建設管理、造價控制、資金使用、設備採購、資訊系統發揮效益、遭入侵破壞後的恢復能力等方面，沒有一個組織會無限制地在資訊系統安全方面投入資金。對資訊系統安全技術的投資也遵循成本效益分析法則。若投入的資金購買的資訊系統安全技

術不足以保障資訊系統安全，則資訊系統安全的投資是失敗的，其經濟性體現在損失方面；若投入的資金購買的資訊系統安全技術遠遠超過了既定的安全目標，沒有充分考慮運行環境和威脅，而只是胡亂地購買資訊系統安全技術配置給所保護的資訊系統，則資訊系統安全的投資也是失敗的，其經濟性體現在浪費方面。如何找到資訊系統安全性和經濟性的平衡點是制定資訊系統安全策略的關鍵。

5. 資訊系統安全策略的制定

對於學術研究，資訊系統安全策略的制定包括研究資訊安全策略的方法、資訊系統安全技術組合選擇、技術配置，以及影響安全策略的重要因素。資訊系統安全策略制定的研究思路見圖 2.11。

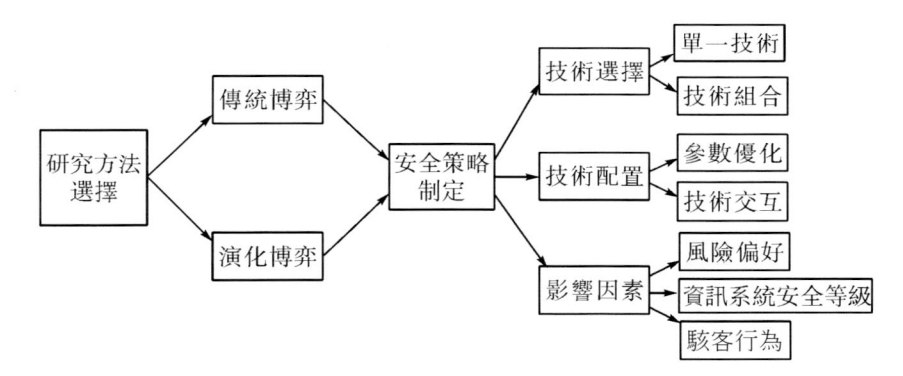

圖 2.11 資訊系統安全策略制定的研究思路

其中，博弈論是研究駭客行為與企業安全決策的有效方法論，然而傳統博弈和演化博弈分別有不同的應用範圍和研究側重點，因此為制定合理的資訊安全策略，首先應根據自身的研究需求選擇合適的研究方法。資訊系統安全技術的選擇問題包括配置單一技術或配置資訊安全技術組合，資訊安全技術組合既可以是兩種資訊系統安全技術的組合，也可以是三種或多種資訊系統安全技術的組合；技術配置問題包括資訊安全技術參數的優化和配置技術之間的交互問題；駭客行為、資訊系統安全等級和參與人的風險偏好是影響資訊安全技術組合配置策略的三個重要因素。

（1）駭客行為

駭客行為與計算機犯罪行為統屬於計算機濫用行為，主要是指駭客攻擊者出於不正當的目的或者誤操作對目標網絡或主機進行的一系列的非法獲取主機內部資訊資源、破壞主機正常業務運行或者傳輸異常網絡數據包等活動（見圖 2.12）。由於不同駭客的攻擊目的、攻擊手段、對攻擊目標的作用效果和攻擊規模[1]需要採取不同的資訊安全技術配置策略來維護資訊系統安全。該行為的目的包括為了滿足精神需求和為了得到物質利益。前者主要是為了窺探、開玩笑和炫耀，證明自己的個人存在價值或滿足個人虛榮心、好奇心；後者一般為有目的的經濟犯罪，為了金錢而不擇手段地達到目的。對於滿足精神需求的駭客主要採取防禦策略為主，檢測策略為輔的方式，而對於為了得到物質利益的駭客要採取防禦策略和檢測策略交互的方式，此外還要配置蜜罐等資訊安全技術捕捉駭客的非法行為，進行計算機取證，從而有力地打擊駭客。

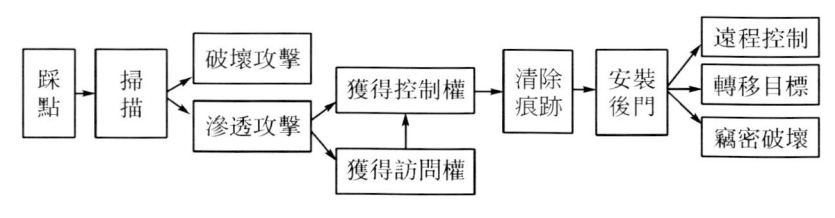

圖 2.12　駭客攻擊行為的一般過程

駭客的攻擊手段分為非破壞性攻擊和破壞性攻擊。非破壞性攻擊一般只是擾亂系統的運行，並不盜竊系統資料；破壞性攻擊以盜竊系統保密資訊、破壞目標系統數據為目的，通常採用暴力破解、拒絕服務攻擊或資訊炸彈盜竊資料、獲取目標主機系統的非法訪問權等方式。這些攻擊行為會引發入侵檢測系統產生報警，即駭客攻擊行為的一種特徵一般對應於入侵檢測系統的一條檢測規則，而且相應的一條檢測規則會產生一種類型的警報資訊。因此，不同的攻擊手段對應著不同的入侵檢測系統配置策略。

---

[1] 攻擊規模指攻擊能量的大小，是個體行為還是有組織的行為。

此外，駭客從個體到群體，其發展和演變十分神速。有組織的駭客驟然升級，其攻擊手段和技術不斷更新，陣容也日漸壯大，其發展趨勢愈來愈成為舉世關注的「焦點」。其中，駭客之間的資訊共享對資訊系統安全配置策略和投資策略既具有影響作用又具有借鑑意義。

（2）資訊系統安全等級

公安部、國家保密局等對資訊系統等級保護的定義是，對國家秘密資訊、法人和其他組織及公民的專有資訊以及公開資訊和存儲、傳輸、處理這些資訊的資訊系統分等級實行安全保護，對資訊系統中使用的資訊安全產品按等級實行管理，對資訊系統中發生的資訊安全事件分等級回應、處置。

中國的 GB17859-1999 中則把計算機資訊系統的安全保護能力劃分為五級，按照從低到高的順序排列，分別為：第一級：用戶自主保護級；第二級：系統審計保護級；第三極：安全標記保護級；第四級：結構化保護級；第五級：訪問驗證保護級。按照分級的不同，配置技術要求強度也由低到高，逐漸加強（見表 2.5~表 2.8[①]）。

表 2.5　一級系統安全保護環境主要產品類型及功能

使用範圍	安全功能	產品類型
安全計算環境	用戶身分鑑別	操作系統、數據庫管理系統等
	自主訪問控制	
	用戶數據完整性保護	
	惡意代碼防範	主機防病毒軟件等
安全區域邊界	區域邊界包過濾	防火牆、網關等
	區域邊界惡意代碼防範	防病毒網關等
安全通信網絡	網絡數據傳輸完整性保護	安全路由器等

[①] 五級系統安全保護環境是在四級安全保護環境的基礎上設計的，下文以文字進行描述。

表 2.6　二級系統安全保護環境主要產品類型及功能

使用範圍	安全功能	產品類型
安全計算環境	用戶身分鑑別	操作系統、數據庫管理系統、安全審計系統等
	自主訪問控制	
	系統安全審計	
	用戶數據完整性保護	
	用戶數據保密性保護	
	客體安全重用	
	惡意代碼防範	主機防病毒軟件等
安全區域邊界	區域邊界協議過濾	防火牆、網關等
	區域邊界安全審計	
	區域邊界惡意代碼防範	防病毒網關等
	區域邊界完整性保護	防非法外聯繫統
安全通信網絡	網絡安全審計	VPN、加密機、安全路由器等
	網絡數據傳輸完整性保護	
	網絡數據傳輸保密性保護	
安全管理中心	系統管理	安全管理平臺
	審計管理	

表 2.7　三級系統安全保護環境主要產品類型及功能

使用範圍	安全功能	產品類型
安全計算環境	用戶身分鑑別	安全操作系統（或安全增強）、安全數據庫管理系統（或安全增強）、安全審計系統等
	自主訪問控制	
	標記與強制訪問控制	
	系統安全審計	
	用戶數據完整性保護	
	用戶數據保密性保護	
	客體安全重用	
	系統可執行程序保護	安全操作系統（或安全增強）等

表2.7(續)

使用範圍	安全功能	產品類型
安全區域邊界	區域邊界訪問控制	安全隔離與資訊交換系統等
	區域邊界協議過濾	
	區域邊界安全審計	
	區域邊界完整性保護	防非法外聯繫統
安全通信網絡	網絡安全審計	VPN、加密機、安全路由器等
	網絡數據傳輸完整性保護	
	網絡數據傳輸保密性保護	
	網絡可信接入	防非法接入系統
安全管理中心	系統管理	安全管理平臺
	安全管理	
	審計管理	

表 2.8　四級系統安全保護環境主要產品類型及功能

使用範圍	安全功能	產品類型
安全計算環境	用戶身分鑑別	安全操作系統、安全數據庫管理系統、安全審計系統等
	自主訪問控制	
	標記與強制訪問控制	
	系統安全審計	
	用戶數據完整性保護	
	用戶數據保密性保護	
	客體安全重用	
	系統可執行程序保護	安全操作系統（或安全增強）等
安全區域邊界	區域邊界訪問控制	安全隔離與資訊交換系統等
	區域邊界協議過濾	
	區域邊界安全審計	
	區域邊界完整性保護	防非法外聯繫統

表2.8(續)

使用範圍	安全功能	產品類型
安全通信網絡	網絡安全審計	VPN、加密機、安全路由器等
	網絡數據傳輸完整性保護	
	網絡數據傳輸保密性保護	
	網絡可信接入	防非法接入系統
安全管理中心	系統管理	安全管理平臺
	安全管理	
	審計管理	

　　五級系統安全保護環境的設計目標是：在四級安全保護環境的基礎上，實現訪問監控器，並支持安全管理職能，審計機制可根據審計記錄即時分析發現安全事件並進行報警，提供系統恢復機制，從而使系統具有很強的抗滲透能力。

　　對安全技術強度的要求取決於資訊安全技術組合的配置策略。以人工調查策略為例，對於資訊系統安全等級較低的情況，企業可能採取的策略是減少人工調查比例甚至不採用人工調查策略。而面對資訊系統安全等級較高的情況，企業可能對IDS的報警資訊全部採取人工調查策略，最終的目的是希望計算機資訊系統的安全防護能力能夠隨著安全保護等級的提高而增強。

　　(3) 參與人的風險偏好

　　風險偏好是指為了實現目標，企業或個體在承擔風險的種類、大小等方面的基本態度。不同行為者對風險的態度也存在差異，可分為風險追求者、風險中立者和風險厭惡者。

　　風險追求型駭客是指攻擊者可以判斷出不同的選擇帶來的不同的損益結果，但仍然堅持高風險、高收益的賭徒心理，以求冒險獲益，例如網絡金融詐騙和網絡恐怖主義集團等。駭客攻擊策略的誘因在於攻擊成本近乎為零，攻擊後又可安然逃逸，而攻擊收益卻趨於無限大。以網絡金融詐騙為例，其攻擊收益在於網絡財產的獲得，而用於破解偷盜目標身分資訊和

密碼資訊的病毒攻擊武器等在網絡空間中隨處可覓，購買和開發成本低廉，通過升級和變種可輕易躲避防火牆和其他安全軟件的查殺，預期收益與一經抓獲後所受到的嚴厲懲罰相比，發現概率和懲罰概率極低。

風險中立型駭客是指進攻者在面臨多種選擇時，對各種選擇可能招致的風險等同看待，最終會選擇帶來最大收益或致敵最大損傷的行動方案。一般而言，選擇此類方案的駭客主要為網絡防禦占優者和技術炫耀者，或在非對稱性網絡衝突中被逼入絕境的一方也會做此選擇。此類駭客入侵策略的直接和根本動因在於利益最大化的驅使。

風險厭惡型駭客是指當攻擊者面臨多種選擇時，會優先考慮招致報復損失最小、風險最為確定、結果最為可控的方案，而不是偏好於攻擊收益最大化。駭客為風險厭惡者的原因在於畏懼懲罰、擔憂附帶損害所帶來的道德風險或難以估測的未來前景。此類駭客的入侵策略往往會優先考慮可能招致報復的損失程度和自己的承受能力，而不是一味追求攻擊收益或致敵損傷。

綜上所述，在不同的風險特徵假定下，不同風險偏好的駭客遵循不同的入侵決策模式，由此決定了針對不同類型的網絡攻擊也應採取不同的資訊安全技術配置策略。

現實中，企業一般為風險中立型或風險厭惡型。幾乎很少有企業願意冒著暴露自己企業資訊資源的風險在資訊安全領域中持風險追求的態度。對於一部分入侵資訊系統的駭客而言，通過增加其進攻成本和明確其罪責是可以懾止或勸阻威脅的。例如防火牆的建立和各種防毒殺毒軟件的開發就是一種典型的勸止性威懾，其目的不在於懲罰駭客，而在於使對方看不到進攻獲利的希望而放棄攻擊行為。在下文的模型分析中，會具體研究不同風險屬性的企業面對不同風險屬性的駭客時應如何做出最優的資訊安全技術配置策略。

6. 資訊系統安全性評估

對資訊系統安全性評估的目的主要為選擇合理的資訊系統安全技術、改進資訊系統安全性和設計科學的資訊系統安全策略，即在眾多的資訊安全技術中選擇一個最適合安全性、性能需求和經濟性的資訊安全策略。主

要的評估手段包括已有的安全評估標準和攻擊性測試。

目前，國際標準化組織在安全技術機制開發和安全評估標準等方面制訂了許多標準，如資訊技術安全性評估通用標準 CC/ISO 15408 和系統安全工程能力成熟度模型 SSE-CMM 等。這些標準雖然綜合了現有國際上的評測準則，給出了框架和原則性要求，但企業在評估資訊系統安全時，仍然需要綜合考慮自身的安全屬性，以及企業安全管理細節和資訊安全的具體實現、算法和評估方法等。另一種資訊系統安全性評估方法為攻擊性測試。這種方法可以找到特定系統存在的漏洞，但是攻擊測試最大問題的是測試結果，往往會因為測試人員、操作環境的變化而發生改變，因此攻擊測試是一種概率事件，安全性評估依據並不充分。因此，找到科學的資訊系統安全性評估方法是資訊系統面臨的重要問題之一。通過對資訊系統安全性進行評估，可以對已有的系統安全缺陷和性能瓶頸進行改進，對未來設計的系統進行安全評估，在安全、性能和成本方面實現最佳設計或配置。

綜上所述，要合理制定資訊系統安全技術策略就應充分考慮資訊系統的運用特點和要求，掌握面臨的安全形勢和威脅，保護資訊和資訊系統不被未經授權的訪問、使用、破壞、更改和洩露，保障資訊的保密性、完整性、可用性、可控性和不可否認性，科學地進行資訊系統安全技術參數配置，並在此基礎上實現資訊系統的經濟性。

本書的研究思路圍繞圖 2.11 進行，首先應用傳統博弈方法考慮了兩種技術組合的參數優化問題，然後考慮了三種技術組合的參數優化和技術交互的問題，接著將參與人風險偏好因素考慮到博弈模型中，並分析兩種技術組合的最優配置策略，最後基於演化博弈的理論考慮了兩種技術組合的技術選擇和技術交互問題。

2.4　本章小結

　　本章首先定義了資訊系統安全技術和縱深防禦的概念，以及資訊系統安全技術和技術組合的原理、特點，進一步界定了資訊系統安全策略的定義，從技術和管理兩個維度研究了資訊系統安全策略的基本內容，最後描述了資訊系統的運用特點和要求、資訊安全形勢和威脅、以及安全性和經濟性要求等資訊系統安全策略影響因素的類別，從而為後面章節對資訊系統安全策略的研究做了鋪墊。

3 兩種資訊安全技術組合的最優配置策略分析

由於新的病毒和木馬程序等威脅充斥著網絡環境，只應用一種安全技術已越來越難以有效應對威脅，因此兩種技術組合應用已成為企業資訊系統應用的基本策略。本章研究兩種安全技術組合的配置策略。首先，說明了兩種主流的資訊安全技術組合的應用特點、背景及差異；接著，分別對蜜罐和入侵檢測系統、虛擬專用網和入侵檢測系統技術組合的配置策略進行了研究，構建了兩種主流資訊安全技術組合的博弈模型，分析討論了蜜罐和入侵檢測系統技術組合模型，比較了只配置 IDS 技術、同時配置蜜罐和 IDS 技術兩種情況下的最優配置策略；最後研究了企業在只配置 IDS 技術和同時配置 VPN 和 IDS 技術組合兩種情形下，企業和駭客博弈的納什均衡混合策略。比較了增加配置 VPN 技術後，對駭客入侵概率和降低 IDS 誤報率的影響。

3.1 問題的提出

國內外學者在研究資訊系統安全技術的最優配置策略時，大多針對的是一種資訊安全技術的配置策略，而較少研究兩種或兩種以上資訊安全技術組合的配置策略。由於網絡資訊安全的多樣性和互聯性，單一的資訊技術往往解決不了資訊系統安全問題，必須綜合運用多種資訊系統安全技

術、採用多級安全措施才能保證整個資訊體系的安全。虛擬專用網（VPN）、蜜罐、入侵檢測系統（IDS）、防火牆等是目前主流的資訊安全技術。現實中，常用的兩種資訊系統安全技術組合有：防火牆和入侵檢測系統技術組合、虛擬專用網和入侵檢測系統技術組合、蜜罐和入侵檢測系統技術組合等。

　　蜜罐技術與入侵檢測技術相結合，可以構建一個主動的網絡安全防護體系。其中，入侵檢測系統是資訊安全體系結構中的一個重要環節。IDS能執行檢測入侵，在發現入侵行為後通過人工調查或設置的安全策略自動對系統進行調整。但IDS通常具有較高的誤報率，不能對新的攻擊方式進行報警。蜜罐技術目前已經成為入侵檢測技術的一個重要發展方向，它可以轉移駭客的攻擊，保護主機和網絡不受入侵，捕捉的數據用以分析駭客使用的工具和方法及動機。這種組合已得到較多應用。自2006年開始，CNCERT/CC陸續在條件具備的各分中心部署蜜罐系統，目前共在北京、上海、重慶、吉林、四川、廣東等全國共計15個分中心部署了相關係統。捕獲的樣本由卡巴斯基等多家反病毒廠商提供掃描服務，深入的分析工作也在逐步展開。通過不斷建設和完善蜜罐系統，可以提高發現新增惡意代碼的能力，並掌握其活動範圍和趨勢，從而有利於在全國範圍內開展防範工作，保護網絡安全。

　　電子商務和電信業務對虛擬專用網的需求越來越大，許多電信企業都提供IP VPN服務，它是企業邊界安全配置中的一個關鍵組件。其中，虛擬專用網是指利用公共網絡的一部分來發送專用資訊，形成邏輯上的專用網絡，可以在兩個異地子網之間建立安全的通道。入侵檢測系統可以對系統的運行狀態進行監視，發現各種攻擊企圖、攻擊行為或攻擊結果，以保證系統資源的機密性、完整性和可用性。IDS的一個重要特點是，能使系統對入侵事件和過程做出即時回應，對付來自內部網絡的攻擊。現實中，相關企業會根據網絡的拓撲結構、應用類型和安全要求用合適的協議建立VPN，用以攔截篡改和偽造的文件或身分驗證來控制和保護網絡流量，同時運用IDS對網絡系統的若干關鍵點即時監控，在發現入侵行為以後通過系統管理員或安全策略自動對系統進行調整。

由於蜜罐和入侵檢測系統技術組合與 VPN 和 IDS 技術組合具有不同的特點和應用，瞭解資訊安全技術組合的差異可以使企業在選擇配置資訊安全技術時能充分考慮企業的安全需求和資訊系統特點，科學地制定資訊安全技術配置策略，從而有效地解決資訊系統安全性和經濟性之間的平衡問題。其差異主要表現在以下兩個方面：

一方面是影響的用戶群體不同。用戶可分為合法用戶和非法用戶。合法用戶是指訪問企業系統為企業提供正收益的群體（包括不亂用特權的職員、管理員、顧客、合作夥伴等）；非法用戶是在任何情況下訪問企業系統都不為企業提供正收益的群體，即「入侵者」或「駭客」。蜜罐和入侵檢測系統組合影響的是非法用戶，虛擬專用網和入侵檢測系統組合則既影響非法用戶又影響合法用戶。

另一方面是配置的技術參數不同。蜜罐的技術參數體現在：可以分流攻擊，降低入侵系統的概率；可以為 IDS 定向反饋攻擊資訊，提高 IDS 的檢測率。虛擬專用網的技術參數則主要體現在：在不需要增加其他設備的情況下，VPN 可以擴大合法用戶的訪問量。

本書基於傳統博弈論理論，研究了兩種主流的資訊安全技術組合的博弈模型，即蜜罐和入侵檢測系統技術組合、虛擬專用網和入侵檢測系統技術組合，分別比較了只配置 IDS 技術、同時配置蜜罐和 IDS 技術組合的最優配置策略，以及只配置 IDS 技術和同時配置 VPN 和 IDS 技術組合的最優配置策略，得到企業和駭客博弈的納什均衡混合策略。

3.2 蜜罐和入侵檢測系統的最優配置策略分析

3.2.1 模型描述

假設駭客的入侵概率為 ψ。若駭客入侵未被檢測，則得到的收益為 μ；若入侵被檢測到，受到的懲罰為 β。設 $\mu \leq \beta$，即駭客入侵被檢測後無

正收益。當駭客入侵系統未被檢測出，企業遭受的損失為 d，執行人工調查的成本為 c_1；若企業檢測到入侵，阻止或修復 d 的比例為 $\varphi \leq 1$。設 $c_1 \leq \varphi d$，即企業的調查成本不高於其所修復的收益。

假設 P_D 是用戶入侵時 IDS 發出警報的概率，即 IDS 的檢測率；P_F 是用戶沒有入侵時 IDS 發出警報的概率，即 IDS 的誤報率。蜜罐對網絡安全有三種作用：①蜜罐可以分流攻擊，降低入侵系統的概率。設企業配置 n 個蜜罐，由圖 3.1 可知，分流後的入侵概率 $\psi' = \dfrac{1}{n+1}\psi$；②蜜罐可以為 IDS 定向反饋攻擊資訊，提高 IDS 的檢測率，令這種作用因子為 f_1，定義 $f_1 \in [\dfrac{1}{n}, \dfrac{1}{nP_D}]$ 為單個蜜罐對 IDS 檢測率的提高程度，則配置蜜罐後的 IDS 檢測率為 $P_D' = nf_1 P_D$；③蜜罐可以降低 IDS 的誤報率，令這種作用因子為 f_2，定義 $f_2 \in [0, 1]$ 為單個蜜罐對 IDS 誤報率的降低程度，則配置蜜罐後的 IDS 檢測率為 $P_F' = \dfrac{f_2 P_F}{n}$。設單個蜜罐的配置成本為 c_2，總的技術配置預算為 c，則 $c = c_1 + nc_2$。

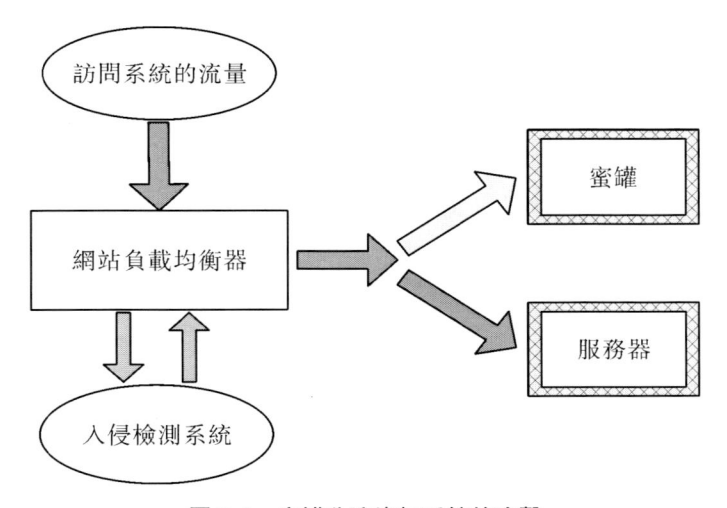

圖 3.1 蜜罐分流資訊系統的攻擊

當企業配置 IDS 和蜜罐技術時，駭客的策略為 $S^H \in \{H, NH\}$，其中 H 為入侵系統，NH 為不入侵系統；企業的策略為 $S^F \in \{(I, I), (I, NI), (NI, I), (NI, NI)\}$，其中 I 為進行人工調查，NI 為不進行人工調

查。IDS 的兩種狀態為「報警」和「不報警」，則 S^F 集合每對組合中的第一個元素表示 IDS 報警時企業採取的行動，第二個元素表示 IDS 不報警時企業採取的行動。例如，(I, NI) 表示企業若收到了 IDS 的報警則採用人工調查，若沒有收到 IDS 報警則不調查。令 ρ_1 為 IDS 報警時企業採用人工調查的概率，ρ_2 為 IDS 不報警時企業採用人工調查的概率。

表 3.1　模型的參數和決策變量表

模型的參數	
企業參數	
d	駭客成功攻擊造成的損失，資訊安全技術阻擋了合法資訊流造成的損失
c_1	企業人工調查的費用
φd	企業檢測到入侵，修復損失所得的收益
駭客	
μ	駭客攻擊的收益
β	駭客攻擊被發現受到的懲罰
資訊安全技術參數	
P_D	IDS 正確報警，有攻擊時入侵防禦系統阻斷非法資訊流的概率
P_F	IDS 誤報，沒攻擊時入侵防禦系統阻斷合法資訊流的概率
n	蜜罐個數
f_1	單個蜜罐對 IDS 檢測率的提高程度
f_2	單個蜜罐對 IDS 誤報率的降低程度
c_2	單個蜜罐的配置成本
c	總的技術配置預算
博弈雙方的決策變量	
駭客	
ψ	對系統發動攻擊的概率
ψ'	蜜罐分流後，駭客的攻擊概率
企業	
ρ_1	IDS 發出報警時管理員調查的概率
ρ_2	IDS 沒有報警時管理員調查的概率

為了比較人工調查概率與配置蜜罐個數的關係，研究蜜罐和 IDS 技術的交互以及優化配置蜜罐的個數，接下來展開只配置 IDS、同時配置蜜罐和 IDS 兩種情況下的博弈分析。

3.2.2 只配置入侵檢測系統的博弈分析

首先，由貝葉斯公式，得到只配置入侵檢測系統下的企業期望損失與駭客的期望收益：

IDS 發出報警的概率為：

$$P_1 = P_D\psi + P_F(1-\psi) \tag{3.1}$$

IDS 未發出報警的概率為：

$$P_2 = 1 - P_D\psi - P_F(1-\psi) \tag{3.2}$$

駭客入侵系統 IDS 發出報警的概率為：

$$P_3 = \frac{P_D\psi}{P_D\psi + P_F(1-\psi)} \tag{3.3}$$

駭客入侵系統 IDS 未發出報警的概率為：

$$P_4 = \frac{(1-P_D)\psi}{1 - P_D\psi - P_F(1-\psi)} \tag{3.4}$$

IDS 報警和未報警狀態下企業的期望損失分別為 F_A 和 F_{NA}：

$$F_A(\rho_1, \psi) = \rho_1 c_1 + P_3(1-\rho_1)d + P_3\rho_1(1-\varphi)d \tag{3.5}$$

$$F_{NA}(\rho_2, \psi) = \rho_2 c_1 + P_4(1-\rho_2)d + P_4\rho_2(1-\varphi)d \tag{3.6}$$

企業總的期望損失為：

$$F(\rho_1, \rho_2, \psi) = P_1 F_A(\rho_1, \psi) + P_2 F_{NA}(\rho_2, \psi) \tag{3.7}$$

駭客入侵系統的期望收益為：

$$H(\rho_1, \rho_2, \psi) = \mu\psi - \beta[\rho_1 P_D + \rho_2(1-P_D)]\psi \tag{3.8}$$

根據上述公式，分析企業與駭客博弈的納什均衡混合策略。

定理 3.1：只配置 IDS 技術時企業和駭客博弈的納什均衡混合策略為：

當 $\frac{\mu}{\beta} \leq P_D$ 時，$\rho_1^* = \frac{\mu}{P_D\beta}$，$\rho_2^* = 0$，$\psi^* = \frac{c_1 P_F}{d\varphi P_D - c_1(P_D - P_F)}$；

當 $\frac{\mu}{\beta} > P_D$ 時，$\rho_1^* = 1$，$\rho_2^* = \frac{\mu - P_D\beta}{(1-P_D)\beta}$，$\psi^* = \frac{c_1(1-P_F)}{c_1(P_D - P_F) + d\varphi(1-P_D)}$。

證明:

$$\frac{\partial H}{\partial \psi} = \mu - \beta[\rho_1 P_D + \rho_2(1-P_D)] \tag{3.9}$$

$$\frac{\partial F_A}{\partial \rho_1} = c_1 - P_3 d\varphi \tag{3.10}$$

$$\frac{\partial F_{NA}}{\partial \rho_2} = c_1 - P_4 d\varphi \tag{3.11}$$

若 $\frac{\partial F_A}{\partial \rho_1} = 0$ 與 $\frac{\partial F_{NA}}{\partial \rho_2} = 0$ 不能同時滿足，可證 $\frac{\partial F_A}{\partial \rho_1} > \frac{\partial F_{NA}}{\partial \rho_2}$，則平衡點處有 $\frac{\partial F_A}{\partial \rho_1} > 0$，$\frac{\partial F_{NA}}{\partial \rho_2} = 0$ 或 $\frac{\partial F_A}{\partial \rho_1} = 0$，$\frac{\partial F_{NA}}{\partial \rho_2} < 0$。

因此問題轉化為以下兩種情況：$\rho_1 = 1$，$0 < \rho_2 < 1$ 和 $0 < \rho_1 < 1$，$\rho_2 = 0$。當 $\rho_1 = 1$，$0 < \rho_2 < 1$ 時，令式（3.9）和式（3.11）都等於 0，式（3.10）大於 0，可得：

當 $\frac{\mu}{\beta} > P_D$ 時，$\rho_1^* = 1$，$\rho_2^* = \frac{\mu - P_D \beta}{(1-P_D)\beta}$，$\psi^* = \frac{c_1(1-P_F)}{c_1(P_D-P_F)+d\varphi(1-P_D)}$；

同理可證，當 $0 < \rho_1 < 1$，$\rho_2 = 0$ 時，可得：

當 $\frac{\mu}{\beta} \leq P_D$ 時，$\rho_1^* = \frac{\mu}{P_D \beta}$，$\rho_2^* = 0$，$\psi^* = \frac{c_1 P_F}{d\varphi P_D - c_1(P_D - P_F)}$。

若 $\frac{\partial F_A}{\partial \rho_1} = \frac{\partial F_{NA}}{\partial \rho_2} = 0$ 時，由式（3.3）和式（3.4）可得：

$P_D = P_F$，且 $\rho_1^* P_D + \rho_2^*(1-P_D) = \frac{\mu}{\beta}$，$\psi^* = \frac{c}{d\varphi}$。

所得 ρ_1^*，ρ_2^*，ψ^* 是上面結果的一個特例。　　　　　　　證畢

定理 3.1 說明足夠高的 IDS 檢測率可以降低駭客的入侵率，此時企業不會人工調查未發出報警的用戶，只會調查部分報警的用戶。另外，低的 IDS 檢測率會導致高入侵率，此時，企業不僅會人工調查所有發出報警的用戶，還會調查部分未報警的用戶。

3.2.3　同時配置蜜罐和入侵檢測系統的博弈分析

首先，由貝葉斯公式，得到同時配置兩種技術組合下的企業期望損失

3 兩種資訊安全技術組合的最優配置策略分析

與駭客的期望收益：

IDS 發出報警的概率為：

$$P'_1 = \frac{n}{n+1}f_1 P_D \psi + \frac{f_2}{n} P_F (1 - \frac{\psi}{n+1}) \qquad (3.12)$$

IDS 未發出報警的概率為：

$$P'_2 = 1 - \frac{n}{n+1}f_1 P_D \psi - \frac{f_2}{n} P_F (1 - \frac{\psi}{n+1}) \qquad (3.13)$$

駭客入侵系統 IDS 發出報警的概率為：

$$P'_3 = \frac{\frac{n}{n+1}f_1 P_D \psi}{\frac{n}{n+1}f_1 P_D \psi + \frac{f_2}{n} P_F (1 - \frac{\psi}{n+1})} \qquad (3.14)$$

駭客入侵系統 IDS 未發出報警的概率為：

$$P'_4 = \frac{(1 - nf_1 P_D)\frac{\psi}{n+1}}{1 - \frac{n}{n+1}f_1 P_D \psi - \frac{f_2}{n} P_F (1 - \frac{\psi}{n+1})} \qquad (3.15)$$

IDS 報警和未報警狀態下企業的期望損失分別為 F'_A 和 F'_{NA}：

$$F'_A(\rho_1, \psi) = \rho_1 c_1 + nc_2 + P'_3(1 - \rho_1 \varphi)d \qquad (3.16)$$

$$F'_{NA}(\rho_2, \psi) = \rho_2 c_1 + nc_2 + P'_4(1 - \rho_2 \varphi)d \qquad (3.17)$$

企業總的期望損失為：

$$F'(\rho_1, \rho_2, \psi) = P'_1 F'_A(\rho_1, \psi) + P'_2 F'_{NA}(\rho_2, \psi) \qquad (3.18)$$

駭客入侵系統的期望收益為：

$$H'(\rho_1, \rho_2, \psi) = \frac{\mu \psi}{n+1} - \beta [\rho_1 nf_1 P_D + \rho_2(1 - nf_1 P_D)]\frac{\psi}{n+1} \qquad (3.19)$$

同理，分析企業與駭客博弈的納什均衡混合策略。

定理 3.2：同時配置蜜罐和 IDS 技術時，企業和駭客博弈的納什均衡混合策略為：

當 $\frac{\mu}{nf_1 \beta} \leq P_D$ 時，$\rho_1^* = \frac{\mu}{nf_1 P_D \beta}, \rho_2^* = 0, \psi^* = \frac{c_1(n+1)\frac{f_2}{n} P_F}{d\varphi nf_1 P_D - c_1(nf_1 P_D - \frac{f_2}{n} P_F)}$；

93

當 $\dfrac{\mu}{nf_1\beta} > P_D$ 時，$\rho_1^* = 1$，$\rho_2^* = \dfrac{\mu - nf_1 P_D \beta}{(1 - nf_1 P_D)\beta}$，

$$\psi^* = \dfrac{c_1(n+1)\left(1 - \dfrac{f_2}{n}P_F\right)}{c_1\left(nf_1 P_D - \dfrac{f_2}{n}P_F\right) + d\varphi(1 - nf_1 P_D)}。$$

證明過程同定理 3.1，略。

推論 3.1：企業同時配置蜜罐和 IDS 技術的人工調查概率小於單獨配置 IDS 的人工調查概率。

證明：令 $\rho_1^*|_{honeypot\&IDS}$ 表示同時配置兩種技術時 IDS 報警採用人工調查的概率，$\rho_1^*|_{IDS}$ 表示只配置 IDS 時其報警採用人工調查的概率；

$\rho_2^*|_{honeypot\&IDS}$ 表示同時配置兩種技術時 IDS 不報警採用人工調查的概率，$\rho_2^*|_{IDS}$ 表示只配置 IDS 時其不報警採用人工調查的概率。

通過比較定理 3.1 與定理 3.2 中的 ρ_1^*，ρ_2^* 發現：

當 IDS 檢測率較高時，$\rho_1^*|_{IDS} - \rho_1^*|_{honeypot\&IDS} = \dfrac{\mu(nf_1 - 1)}{nf_1 P_D \beta}$，由於 $f_1 \in \left[\dfrac{1}{n}, \dfrac{1}{nP_D}\right]$，則 $\rho_1^*|_{IDS} > \rho_1^*|_{honeypot\&IDS}$，即此時同時配置蜜罐和 IDS 的人工調查概率小於單獨配置 IDS 的人工調查概率。

同理，當 IDS 檢測率較低時，$\rho_2^*|_{IDS} - \rho_2^*|_{honeypot\&IDS} = \dfrac{(nf_1-1)(\beta-\mu)P_D}{(1-P_D)(1-nf_1 P_D)\beta}$，由於 $\mu \leq \beta$，則 $\rho_2^*|_{IDS} > \rho_2^*|_{honeypot\&IDS}$，即同時配置蜜罐和 IDS 的人工調查概率小於單獨配置 IDS 的人工調查概率。　證畢

推論 3.1 定量分析了蜜罐技術對降低 IDS 人工調查概率的作用。IDS 的工作原理是對所有進出網絡的行為進行檢測，由此產生了大量的日誌和報警資訊，其中大多數掃描結果對系統沒有實質性的威脅，而額外配置蜜罐技術則可以大大減少 IDS 所要分析的數據。由定理 3.2 的結果可知，蜜罐個數 n 越大，蜜罐對 IDS 檢測率的提高程度 f_1 越大，則用於人工調查的概率越小，可以節省相當的時間成本和人力成本。

在現實中，按照交互水準可以將蜜罐產品劃分為「高交互蜜罐」和

「低交互蜜罐」，高交互蜜罐一般可以模擬一個操作系統，更多地瞭解駭客入侵行為，這類蜜罐對 IDS 檢測率的提高程度 f_1 較大，但其配置成本 c_2 也較大；低交互蜜罐一般為簡單的幾條指令，f_1 較小，c_2 也較小。因此，企業在制定資訊安全技術配置策略時，採用定理 3.1、定理 3.2 和推論 3.1 的結果可以分析企業是否需要配置蜜罐技術、需要配置多少個蜜罐以及配置哪種類型的蜜罐。

推論 3.2：當 IDS 的檢測率較高，即

$$n > \frac{f_2[c_1 P_F + (d\varphi - c_1)P_D]}{2f_1(d\varphi - c_1)P_D} + \frac{1}{2f_1}\left[\left(\frac{c_1 f_2 P_F}{(d\varphi - c_1)P_D} + f_2\right)^2 + 4f_1 f_2\right]^{\frac{1}{2}}$$ 時，

同時配置蜜罐和 IDS 技術組合比單獨配置 IDS 更能阻止駭客入侵；反之，單獨配置 IDS 技術策略優於同時配置蜜罐和 IDS 技術組合。

當 IDS 的檢測率較低，即

$$n < \frac{f_2 P_F(d\varphi - c_1) - (d\varphi - c_1)(P_F - P_D + f_2 P_D P_F) + \{[f_2 P_F(d\varphi - c_1) - (d\varphi - c_1)(P_F - P_D + f_2 P_D P_F)]^2 + 4f_2 P_F(d\varphi - c_1)(1 - P_D)[P_D(d\varphi - c_1)(f_1 - f_1 P_F - 1) + (d\varphi - c_1 P_F)]\}^{\frac{1}{2}}}{2[P_D(d\varphi - c_1)(f_1 - f_1 P_F - 1) + (d\varphi - c_1 P_F)]}$$

時，同時配置蜜罐和 IDS 技術比單獨配置 IDS 更能阻止駭客入侵；反之，單獨配置 IDS 技術策略優於同時配置蜜罐和 IDS 技術組合。

證明：令 $\psi^*|_{honeypot\&IDS}$ 表示同時配置兩種技術時駭客的入侵概率，$\psi^*|_{IDS}$ 表示只配置 IDS 時駭客的入侵概率。

當 IDS 的檢測率較高時，若 $\psi^*|_{honeypot\&IDS} < \psi^*|_{IDS}$，即配置蜜罐和 IDS 技術比單獨配置 IDS 更能阻止駭客入侵。

問題轉化為滿足：當 $n^2 f_1 - n\left(\frac{c_1 f_2 P_F}{(d\varphi - c_1)P_D} + f_2\right) - f_2 > 0$ 時，求解 n 滿足的條件為 $n > \frac{f_2[c_1 P_F + (d\varphi - c_1)P_D]}{2f_1(d\varphi - c_1)P_D} + \frac{1}{2f_1}\left[\left(\frac{c_1 f_2 P_F}{(d\varphi - c_1)P_D} + f_2\right)^2 + 4f_1 f_2\right]^{\frac{1}{2}}$；

同理，當 IDS 的檢測率較高時，求解 $\psi^*|_{honeypot\&IDS} < \psi^*|_{IDS}$ 時 n 滿足的條件同推論 3.2 的結果。　　　　　　　　證畢

推論 3.2 說明企業配置蜜罐和 IDS 技術組合策略並不始終優於單獨配置 IDS 技術。這似乎和「蜜罐分流一部分攻擊，減少駭客的攻擊概率」理

論相悖。事實上，當 IDS 檢測率較高、配置蜜罐個數大於一定數值時，有 $F(\rho_1, \rho_2, \psi) > F'(\rho_1, \rho_2, \psi)$ 且 $H(\rho_1, \rho_2, \psi) > H'(\rho_1, \rho_2, \psi)$，此時駭客評估到企業的期望損失相對較低，自己入侵收益相對較少，這對駭客產生了顯著的威懾作用，在這種情況下配置蜜罐和 IDS 技術比單獨配置 IDS 更能阻止駭客入侵。而當企業配置較少的蜜罐時，有 $F(\rho_1, \rho_2, \psi) < F'(\rho_1, \rho_2, \psi)$ 且 $H(\rho_1, \rho_2, \psi) < H'(\rho_1, \rho_2, \psi)$，即增加蜜罐的配置成本和操作成本比企業的安全效益要大，這對駭客的威懾作用薄弱，則在這種情況下駭客的最優策略為傾向入侵系統，則單獨配置 IDS 技術策略優於配置兩種技術組合。

同理解釋當 IDS 檢測率較低的情況。

為方便推論 3.3 的討論做如下參數定義：

$$X = f_1 P_D \psi_L (d\varphi - c_1) \quad (3.20)$$
$$Y = 2f_1 P_D \psi_L c_1 (d\varphi - c_1) + c_1 c_2 f_2 P_F \quad (3.21)$$
$$Z = c_1^2 f_1 P_D \psi_L (d\varphi - c_1) + c_1 c_2 f_2 P_F (c_2 \psi_L + c_1 - c_2) \quad (3.22)$$
$$X' = f_1 P_D \psi_L (d\varphi - c_1) + c_1 \quad (3.23)$$
$$Y' = c_1 c_2 + d\varphi c_2 \psi_L - c_1 c_2 f_2 P_F \quad (3.24)$$
$$Z' = c_1 c_2^2 f_2 P_F (1 - \psi_L) \quad (3.25)$$

由上述公式可以判斷 $X \geq 0, Y \geq 0, X' \geq 0, Y' \geq 0, Z' \geq 0$。下面，在推論 3.3 的結論及證明中將用到這些參數表達式。

推論 3.3：當同時配置蜜罐和 IDS 時，企業的安全目標是使駭客入侵概率降低到 ψ_L 之下，則企業的配置預算 c 滿足如下條件：

當 IDS 的檢測率較高時，企業的最佳策略是選擇配置交互較低的蜜罐，且配置預算滿足 $c \leq \dfrac{Y - (Y^2 - 4XZ)^{\frac{1}{2}}}{2X}$，其中參數 X, Y, Z 如上述定義表示；

當 IDS 的檢測率較低時，企業無論選擇哪種交互類型的蜜罐，配置預算應滿足 $c \leq \dfrac{(Y'^2 + 4X'Z')^{\frac{1}{2}} - Y'}{2X'} + c_1$，其中參數 X', Y', Z' 如上述定義表示。

證明：由定理 3.2，

當 $\dfrac{\mu}{nf_1\beta} \leq P_D$ 時，企業滿足安全目標 $\psi^* = \dfrac{c_1(n+1)\dfrac{f_2}{n}P_F}{d\varphi n f_1 P_D - c_1(nf_1 P_D - \dfrac{f_2}{n}P_F)} \leq \psi_L$，

3 兩種資訊安全技術組合的最優配置策略分析

將 $n = \dfrac{c - c_1}{c_2}$ 代入可得：$Xc^2 - Yc + Z \geq 0$，

則 c 應滿足 $c \leq \dfrac{Y - (Y^2 - 4XZ)^{\frac{1}{2}}}{2X}$ 或 $c \geq \dfrac{Y + (Y^2 - 4XZ)^{\frac{1}{2}}}{2X}$。

下面分別討論滿足這兩種預算範圍的條件。

當 $Z \geq 0$ 時，可解得：

$$c_2 \leq \frac{f_2 P_F c_1 + [(f_2 P_F c_1)^2 + 4f_2 P_F (1-\psi_L) c_1 f_1 P_D \psi_L (d\varphi - c_1)]^{\frac{1}{2}}}{2f_2 P_F (1-\psi_L)},$$

即當企業選擇配置交互較低的蜜罐時，配置預算應滿足 $c \leq \dfrac{Y - (Y^2 - 4XZ)^{\frac{1}{2}}}{2X}$。

當 $Z \leq 0$ 時，可解得：

$$c_2 \geq \frac{f_2 P_F c_1 + [(f_2 P_F c_1)^2 + 4f_2 P_F (1-\psi_L) c_1 f_1 P_D \psi_L (d\varphi - c_1)]^{\frac{1}{2}}}{2f_2 P_F (1-\psi_L)},$$

即當企業選擇配置交互較高的蜜罐時，配置預算應滿足 $c \geq \dfrac{Y + (Y^2 - 4XZ)^{\frac{1}{2}}}{2X}$。

通過比較，企業的最佳策略應選擇配置交互較低的蜜罐，配置預算應滿足 $c \leq \dfrac{Y - (Y^2 - 4XZ)^{\frac{1}{2}}}{2X}$。

同理證明當 $\dfrac{\mu}{nf_1\beta} \geq P_D$ 時的情況，可得推論 3.3 中當 IDS 的檢測率較低時的結論。 證畢

推論 3.3 分析了當企業配置兩種資訊安全技術時配置預算和抵禦駭客入侵的安全目標之間的關係。現實中，企業不會將資金無限地投入在資訊安全保護上。若配置資訊安全技術後可使得駭客入侵系統的概率降低到可接受的水準，則企業應確定一個合理的預算範圍來平衡系統的安全性和經濟性。推論 3.3 說明當 IDS 的檢測率較高時，企業應選擇配置交互較低的蜜罐。因為從證明過程可以發現，交互性較高的蜜罐需要更多的配置預算

才可以實現安全目標。而當 IDS 的檢測率較低時，企業可以選擇高交互蜜罐、低交互蜜罐或高低交互混合蜜罐來提升 IDS 的檢測率，減少駭客入侵系統的概率，但配置預算要有一個和安全目標 ψ_L 相關的上限值，使得企業保持系統安全性的同時保證經濟性。

3.2.4 算例分析

為深入比較兩種情況下企業和駭客的納什均衡混合策略，以及企業最優配置預算和安全目標關係等問題，我們借助數學工具 MATLAB 進行數值模擬分析，對參數賦值如下。

首先數值模擬推論 3.1 的結論。

令 $\mu = 100$，$\beta = 200$，$f_1 = 0.5$，P_D 為橫坐標，ρ_1^* 為縱坐標。模擬分析 $n = 3$，$n = 10$ 時，同時配置蜜罐和 IDS 技術與只配置 IDS 技術的情況。當 IDS 檢測概率較高時，不同資訊安全技術配置的人工調查概率的比較如圖 3.2 所示。當 IDS 檢測概率較低時，不同資訊安全技術配置的人工調查概率的比較如圖 3.3 所示。

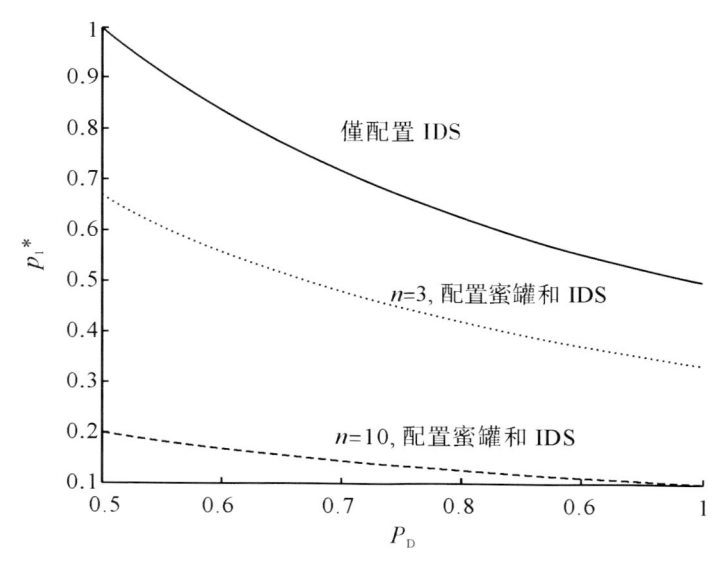

圖 3.2 IDS 檢測概率較高時，不同技術配置的人工調查概率的比較

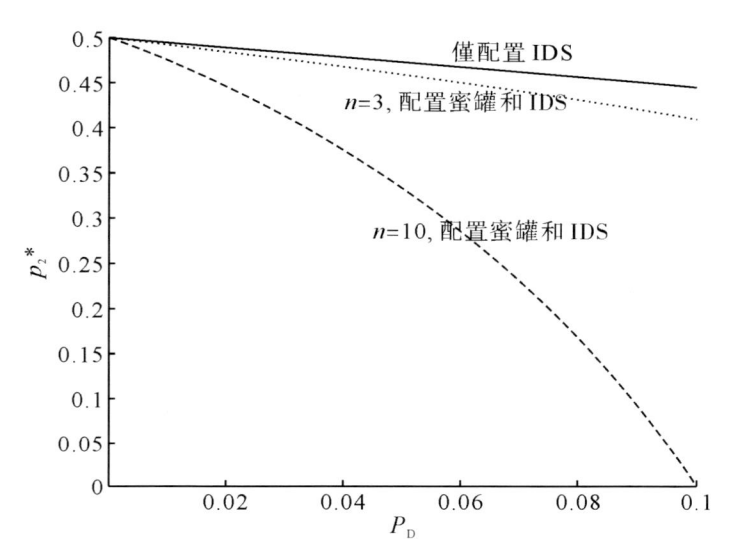

圖 3.3　IDS 檢測概率較低時，不同技術配置的人工調查概率的比較

　　圖 3.3 說明配置蜜罐和 IDS 技術組合的人工調查概率小於單獨配置 IDS 技術的人工調查概率，且配置的蜜罐個數越多，人工調查概率越小。

　　進一步分別比較圖 3.2 和圖 3.3 中的虛線變化趨勢可知，當 $\mu = 100$，$\beta = 200$，$f_1 = 0.5$ 時，企業配置了 3 個蜜罐後，IDS 檢測概率較低時的曲線比檢測概率較高時平緩，說明當增加配置較少的蜜罐後，原本配置了較高檢測概率的 IDS 對降低人工調查概率的作用更有效果。分別比較圖 3.2 和圖 3.3 中 $n = 10$ 的曲線變化趨勢，當企業配置了 10 個蜜罐後，IDS 檢測概率較高時的曲線變化趨勢比檢測概率較低時平緩，說明當增加配置較多的蜜罐後，原本配置了較低檢測概率的 IDS 對降低人工調查概率的作用更大。

　　接著，驗證數值模擬推論 3.2 的結論。

　　令 $c_1 = 20$，$d = 300$，$P_F = 0.2$，$\varphi = 0.5$，$f_1 = 0.5$，$f_2 = 0.5$，$n \in [1, 51]$，n 為 X 坐標，P_D 為 Y 坐標，ψ^* 為 Z 坐標。以 IDS 檢測率較高時分析蜜罐個數與技術配置最優策略的關係如圖 3.4 所示。

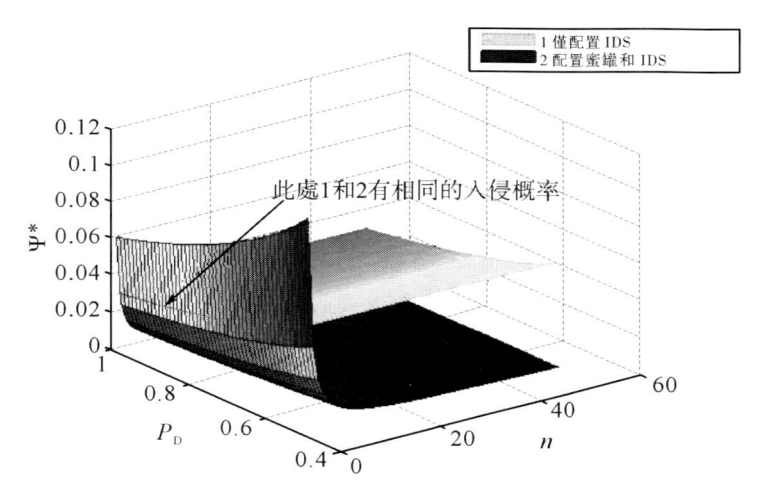

[圖表：IDS檢測概率較高時的三維曲面圖，圖例為「1 僅配置IDS」和「2 配置蜜罐和IDS」，標註「此處1和2有相同的入侵概率」，座標軸為 Ψ^*、P_D、n]

圖 3.4 IDS 檢測概率較高時，蜜罐個數和技術配置最優策略的關係

圖 3.4 說明並非配置的資訊安全技術越多就越能阻止駭客入侵，圖中箭頭所指的曲線表示企業只配置 IDS 技術和配置兩種技術組合對阻止駭客入侵具有相同的作用。當蜜罐個數較大，配置蜜罐和 IDS 技術組合時駭客的入侵概率曲面圖低於單獨配置 IDS 技術時的情況，即配置兩種資訊安全技術組合可以使駭客的入侵概率更小，因此配置蜜罐和 IDS 技術組合為企業的最優策略；而當企業配置較少的蜜罐時，配置兩種資訊安全技術組合時的入侵概率曲面圖高於單獨配置 IDS 技術時的情況，此時只配置 IDS 技術為企業的最優策略。

最後，我們驗證數值模擬推論 3.3 的結論。

令 $c_1 = 20$，$c_2 = 10$，$d = 300$，$P_F = 0.2$，$\varphi = 0.5$，$f_1 = 0.5$，$f_2 = 0.5$，ψ_L 為 X 坐標，P_D 為 Y 坐標，c 為 Z 坐標。以 IDS 檢測率較低的情況為例，分析同時配置兩種資訊安全技術時企業的最佳策略。企業的安全目標為 $\psi^* \leq \psi_L$，配置預算與安全目標的關係如圖 3.5 所示。

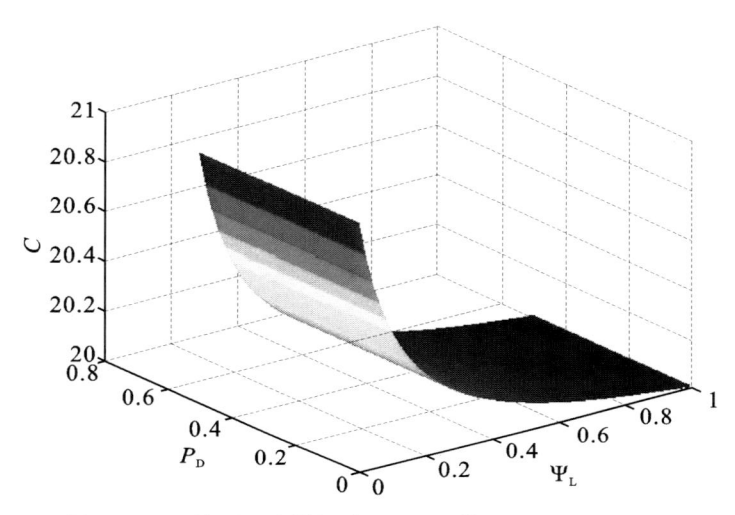

圖 3.5　IDS 檢測概率較低時，配置預算與安全目標的關係

圖 3.5 說明當 IDS 的檢測率較低時，企業的配置預算最低為 $c = c_1 = 20$，最高也不會超過 $c = 20.8$。隨著安全目標 ψ_L 數值的減少，為使企業阻止駭客入侵概率的能力增強，需投入的配置預算 c 增大。科學地確定 c 的上限數值可以保證系統的安全性和經濟性。

特別地，在本例所給的條件下，當 $\psi_L \geqslant 0.5$ 時配置預算的增長速度較平緩，但當 $\psi_L \leqslant 0.5$ 時，配置預算呈陡然增長的趨勢，表明當企業控制系統遭受入侵概率小於一定程度時，安全目標為繼續降低駭客的入侵概率，此時投入的邊際預算要遠遠高於邊際入侵概率。

3.3　虛擬專用網和入侵檢測系統的最優配置策略分析

3.3.1　模型描述

考慮兩種用戶：合法的和非法的。合法用戶是指訪問企業系統為企業提供正收益的群體（包括不亂用特權的職員、管理員、顧客、合作夥伴

等）；非法用戶是在任何情況下訪問企業系統都不為企業提供正收益的群體，即「入侵者」或「駭客」。假設用戶總數為 n，其中合法用戶的比例占 ξ，$\xi \in [0, 1]$，則合法用戶數量為 $n\xi$，駭客數量為 $n(1-\xi)$。

IDS 的目標是檢測駭客的入侵，用戶的入侵概率為 ψ。若一個駭客的入侵未被檢測到，則其得到的收益為 μ；若入侵被檢測，受到的懲罰為 β。設 $\mu \leq \beta$，即駭客入侵被檢測後無正收益。每個合法用戶訪問系統時為企業帶來的效益為 ω；當駭客入侵系統未被檢測出，企業遭受的損失為 d，執行人工調查的成本為 c_1；若企業檢測到入侵，阻止或修復 d 的比例為 $\varphi \leq 1$。設 $c_1 \leq \varphi d$，即企業的調查成本不高於其所修復的收益。

假設 P_D 是用戶入侵時 IDS 發出警報的概率，即 IDS 的檢測率；P_F 是用戶沒有入侵時 IDS 發出警報的概率，即 IDS 的誤報率。VPN 對網絡安全有兩種作用：①在不需要增加其他設備的情況下，擴大合法用戶的訪問量，令這種作用因子為 f_3，則 f_3 是 ξ 的增函數（在後面的數值模擬中，定義 $f_3(\xi) = \sqrt{\xi}$ 方便討論）；② VPN 可以降低 IDS 的誤報率，令這種作用因子為 f_4，定義 $f_4 \in [0, 1]$ 為 VPN 對 IDS 誤報率的降低程度，則配置 VPN 後的 IDS 誤報率為 $P_F' = f_4 P_F$。VPN 會由於流量低等問題而出現連接不通等故障，設 VPN 正常工作的概率為 ρ_0，恢復故障的成本為 c_2。當 VPN 出現故障時，企業的所有用戶均不能訪問系統，直至故障修復後才可以訪問系統。

表 3.2　模型的參數和決策變量表

模型的參數	
企業參數	
n	用戶總數
$n\xi$	合法用戶數量
$n(1-\xi)$	駭客數量
ω	每個合法用戶訪問系統時為企業帶來的效益
d	駭客成功攻擊造成的損失，資訊安全技術阻擋了合法資訊流造成的損失

表3.2(續)

c_1	企業人工調查的費用
φd	企業檢測到入侵，修復損失所得的收益
駭客	
μ	駭客攻擊的收益
β	駭客攻擊被發現受到的懲罰
資訊安全技術參數	
P_D	IDS 正確報警，有攻擊時入侵防禦系統阻斷非法資訊流的概率
P_F	IDS 誤報，沒攻擊時入侵防禦系統阻斷合法資訊流的概率
f_3	在不需要增加其他設備的情況下，VPN 擴大合法用戶訪問量
f_4	VPN 降低 IDS 的誤報率的程度
ρ_0	VPN 正常工作概率
c_2	VPN 恢復故障的成本
博弈雙方的決策變量	
駭客	
ψ	對系統發動攻擊的概率
企業	
ρ_1	IDS 發出報警時管理員調查的概率
ρ_2	IDS 沒有報警時管理員調查的概率

當企業同時配置 VPN 和 IDS 時，獲得訪問權限的用戶策略為 $S^U \in \{H, NH\}$，其中 H 為入侵系統，NH 為不入侵系統。企業的策略為 $S^F \in \{(I, I), (I, NI), (NI, I), (NI, NI)\}$，其中 I 為進行人工調查，NI 為不進行人工調查。IDS 的兩種狀態為「報警」和「不報警」，則 S^F 集合每對組合中的第一個元素表示 IDS 報警時企業採取的行動，第二個元素表示 IDS 不報警時企業採取的行動。例如，(I, NI) 表示企業若收到了 IDS 的報警則採用人工調查，若沒有收到 IDS 報警則不調查。令 ρ_1 為 IDS 報警時企業採用人工調查的概率，ρ_2 為 IDS 不報警時企業採用人工調查的概率。

採用逆向歸納法可以推導出企業的調查策略和用戶入侵策略的均衡

103

值，接下來展開只配置 IDS 技術、同時配置 VPN 和 IDS 技術兩種情況下的博弈分析。

3.3.2 只配置入侵檢測系統的博弈分析

首先，由貝葉斯公式得到只配置入侵檢測系統下的企業期望損失與駭客的期望收益。

IDS 發出報警的概率為：

$$P_1 = P_D \psi + P_F (1 - \psi) \tag{3.26}$$

IDS 未發出報警的概率為：

$$P_2 = 1 - P_D \psi - P_F (1 - \psi) \tag{3.27}$$

用戶入侵系統 IDS 發出報警的概率為：

$$P_3 = \frac{P_D \psi}{P_D \psi + P_F (1 - \psi)} \tag{3.28}$$

用戶入侵系統 IDS 未發出報警的概率為：

$$P_4 = \frac{(1 - P_D) \psi}{1 - P_D \psi - P_F (1 - \psi)} \tag{3.29}$$

用戶未入侵系統 IDS 發出報警的概率為：

$$P_5 = \frac{P_F (1 - \psi)}{P_D \psi + P_F (1 - \psi)} \tag{3.30}$$

用戶未入侵系統 IDS 未發出報警的概率為：

$$P_6 = \frac{(1 - P_F)(1 - \psi)}{1 - P_D \psi - P_F (1 - \psi)} \tag{3.31}$$

IDS 報警和未報警狀態下企業的期望收益分別為 F_A 和 F_{NA}：

$$F_A(\rho_1, \psi) = n\xi\omega P_5 - \rho_1 c_1 - P_3(1 - \rho_1)d - P_3\rho_1(1 - \varphi)d \tag{3.32}$$

$$F_{NA}(\rho_2, \psi) = n\xi\omega P_6 - \rho_2 c_1 - P_4(1 - \rho_2)d - P_4\rho_2(1 - \varphi)d \tag{3.33}$$

企業總的期望收益為：

$$F(\rho_1, \rho_2, \psi) = P_1 F_A(\rho_1, \psi) + P_2 F_{NA}(\rho_2, \psi) \tag{3.34}$$

駭客入侵系統的期望收益為：

$$H(\rho_1, \rho_2, \psi) = n(1 - \xi)\mu\psi - n(1 - \xi)\beta[\rho_1 P_D + \rho_2(1 - P_D)]\psi \tag{3.35}$$

根據上述公式，分析企業與駭客博弈的納什均衡混合策略。

定理 3.3：只配置 IDS 技術時企業和駭客博弈的納什均衡混合策略為：

當 $\dfrac{\mu}{\beta} \leq P_D$ 時，$\rho_1^* = \dfrac{\mu}{P_D \beta}$，$\rho_2^* = 0$，$\psi^* = \dfrac{c_1 P_F}{d\varphi P_D - c_1(P_D - P_F)}$；

當 $\dfrac{\mu}{\beta} > P_D$ 時，$\rho_1^* = 1$，$\rho_2^* = \dfrac{\mu - P_D \beta}{(1 - P_D)\beta}$，$\psi^* = \dfrac{c_1(1 - P_F)}{c_1(P_D - P_F) + d\varphi(1 - P_D)}$。

證明：

$$\frac{\partial H}{\partial \psi} = \{\mu - \beta[\rho_1 P_D + \rho_2(1 - P_D)]\} n(1 - \xi) \tag{3.36}$$

$$\frac{\partial F_A}{\partial \rho_1} = -c_1 + P_3 d\varphi \tag{3.37}$$

$$\frac{\partial F_{NA}}{\partial \rho_2} = -c_1 + P_4 d\varphi \tag{3.38}$$

若 $\dfrac{\partial F_A}{\partial \rho_1} = 0$ 與 $\dfrac{\partial F_{NA}}{\partial \rho_2} = 0$ 不能同時滿足，可證 $\dfrac{\partial F_A}{\partial \rho_1} > \dfrac{\partial F_{NA}}{\partial \rho_2}$，

則平衡點處有 $\dfrac{\partial F_A}{\partial \rho_1} > 0$，$\dfrac{\partial F_{NA}}{\partial \rho_2} = 0$ 或 $\dfrac{\partial F_A}{\partial \rho_1} = 0$，$\dfrac{\partial F_{NA}}{\partial \rho_2} < 0$。

因此問題轉化為以下兩種情況：$\rho_1 = 1$，$0 < \rho_2 < 1$ 和 $0 < \rho_1 < 1$，$\rho_2 = 0$。

當 $\rho_1 = 1$，$0 < \rho_2 < 1$ 時，令公式（3.36）和（3.38）都等於 0，公式（3.37）大於 0，可得：

當 $\dfrac{\mu}{\beta} > P_D$ 時，$\rho_1^* = 1$，$\rho_2^* = \dfrac{\mu - P_D \beta}{(1 - P_D)\beta}$，$\psi^* = \dfrac{c_1(1 - P_F)}{c_1(P_D - P_F) + d\varphi(1 - P_D)}$；

同理可證，當 $0 < \rho_1 < 1$，$\rho_2 = 0$ 時，可得：

當 $\dfrac{\mu}{\beta} \leq P_D$ 時，$\rho_1^* = \dfrac{\mu}{P_D \beta}$，$\rho_2^* = 0$，$\psi^* = \dfrac{c_1 P_F}{d\varphi P_D - c_1(P_D - P_F)}$。

若 $\dfrac{\partial F_A}{\partial \rho_1} = \dfrac{\partial F_{NA}}{\partial \rho_2} = 0$ 時，由公式（3.28）和（3.29）可得：

$P_D = P_F$，且 $\rho_1^* P_D + \rho_2^*(1 - P_D) = \dfrac{\mu}{\beta}$，$\psi^* = \dfrac{c}{d\varphi}$。

所得 ρ_1^*，ρ_2^*，ψ^* 是上面結果的一個特例。 證畢

推論 3.4：足夠高的 IDS 檢測率可以減少駭客的入侵率，此時，企業不會人工調查未發出報警的用戶，只會調查部分報警的用戶。另外，低的 IDS 檢測率會導致高入侵率，此時，企業不僅會人工調查所有發出報警的用戶，還會調查部分未報警的用戶。

3.3.3　同時配置虛擬專用網和入侵檢測系統的博弈分析

配置 VPN 後，企業與駭客的決策如圖 3.6 所示：

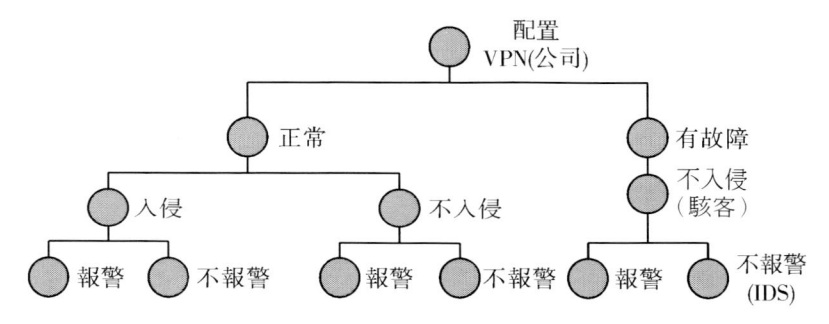

圖 3.6　配置 VPN 後，企業和駭客的決策圖

由貝葉斯公式，可得到同時配置兩種資訊安全技術下的企業期望損失與駭客的期望收益。

IDS 發出報警的概率為：

$$P'_1 = P_D \psi + f_4 P_F (1 - \psi) \tag{3.39}$$

IDS 未發出報警的概率為：

$$P'_2 = 1 - P_D \psi - f_4 P_F (1 - \psi) \tag{3.40}$$

用戶入侵系統 IDS 發出報警的概率為：

$$P'_3 = \frac{P_D \psi}{P_D \psi + f_4 P_F (1 - \psi)} \tag{3.41}$$

用戶入侵系統 IDS 未發出報警的概率為：

$$P'_4 = \frac{(1 - P_D)\psi}{1 - P_D \psi - f_4 P_F (1 - \psi)} \tag{3.42}$$

用戶未入侵系統 IDS 發出報警的概率為：

$$P'_5 = \frac{f_4 P_F (1-\psi)}{P_D \psi + f_4 P_F (1-\psi)} \tag{3.43}$$

用戶未入侵系統 IDS 未發出報警的概率為：

$$P'_6 = \frac{(1-f_4 P_F)(1-\psi)}{1-P_D\psi - f_4 P_F(1-\psi)} \tag{3.44}$$

IDS 報警和未報警狀態下企業的期望收益分別為 F'_A 和 F'_{NA}：

$$F'_A(\rho_0, \rho_1, \psi) = n\omega f_3 P'_5 - \rho_1 c_1 - c_2 + \rho_0 c_2 - \rho_0 P'_3 (1-\rho_1\varphi) d \tag{3.45}$$

$$F'_{NA}(\rho_0, \rho_2, \psi) = n\omega f_3 P'_6 - \rho_2 c_1 - c_2 + \rho_0 c_2 - \rho_0 P'_4 (1-\rho_2\varphi) d \tag{3.46}$$

企業總的期望收益為：

$$F'(\rho_0, \rho_1, \rho_2, \psi) = P'_1 F'_A(\rho_0, \rho_1, \psi) + P'_2 F'_{NA}(\rho_0, \rho_2, \psi) \tag{3.47}$$

駭客入侵系統的期望收益為：

$$H'(\rho_0, \rho_1, \rho_2, \psi) = \rho_0 n(1-f_3)\mu\psi - \rho_0 n(1-f_3)\beta[\rho_1 P_D + \rho_2(1-P_D)]\psi \tag{3.48}$$

同理，分析企業與駭客博弈的納什均衡混合策略。

定理 3.4：同時配置 VPN 和 IDS 技術時，企業和駭客博弈的納什均衡混合策略為：

當 $\dfrac{\mu}{\beta} \leq P_D$ 時，

$$\rho_1^* = \frac{\mu}{P_D\beta}, \; \rho_2^* = 0, \; \psi^* = \frac{c_2(1-f_4 P_F)}{d(1-P_D) + c_2(P_D - f_4 P_F)},$$

$$\rho_0^* = \frac{[c_2(P_D - f_4 P_F) + (1-P_D)f_4 P_F d]c_1}{d\varphi P_D c_2(1-f_4 P_F)};$$

當 $\dfrac{\mu}{\beta} > P_D$ 時，

$$\rho_1^* = 1, \; \rho_2^* = \frac{\mu - P_D\beta}{(1-P_D)\beta}, \; \psi^* = \frac{c_2 f_4 P_F}{c_2(f_4 P_F - P_D) + d(1-\varphi)P_D},$$

$$\rho_0^* = \frac{[c_2(f_4 P_F - P_D) + P_D d(1-\varphi)(1-f_4 P_F)]c_1}{c_2 f_4 P_F d\varphi(1-P_D)}。$$

證明過程同定理 3.3，略。

推論 3.5：企業同時配置 VPN 技術和 IDS 技術與單獨配置 IDS 技術的人工調查策略相同。駭客的最優入侵策略發生了改變：當 IDS 的檢測率較高，$d < c_2$ 或 $c_1 < \dfrac{\varphi d}{2}$ 時，單獨配置 IDS 技術比同時配置兩種技術組合更能阻止駭客入侵；當 IDS 的檢測概率較低，$d(1-\varphi) < c_2$ 或 $c_1 < \dfrac{c_2 \varphi d}{2c_2 - d(1-\varphi)}$ 時，單獨配置 IDS 技術比同時配置兩種技術組合更能阻止駭客入侵。

證明：通過比較定理 3.3 與定理 3.4 中的 ρ_1^*，ρ_2^* 發現，配置兩種資訊安全技術組合與只配置 IDS 技術具有相同的人工調查最優策略。

駭客的最優入侵策略分兩種情況：

當 $\dfrac{\mu}{\beta} \leq P_D$ 時，

比較 $\psi^*|_{VPN\&IDS} = \dfrac{c_2(1-f_4 P_F)}{d(1-P_D)+c_2(P_D-f_4 P_F)}$ 和 $\psi^*|_{IDS} = \dfrac{c_1 P_F}{d\varphi P_D - c_1(P_D - P_F)}$ 的大小。

若 $(1-P_D)d > 0$，P_D 較高時，$P_D - f_4 P_F = P_D - P_F' > 0$。

由於 $0 < c_1 < d\varphi$，$0 < P_D - P_F < P_D$，$d\varphi P_D - c_1(P_D - P_F) > 0$，

則 $\psi^*|_{VPN\&IDS} - \psi^*|_{IDS} = c_2(1-P_F')[d\varphi P_D - c_1(P_D - P_F)] - c_1 P_F[(1-P_D)d + c_2(P_D - P_F')] = c_2 P_D(d\varphi - c_1)(1 - f_4 P_F) + c_1 P_F(c_2 - d)(1 - P_D)$

當 $d < c_2$ 時，$d\varphi - c_1 > 0$，$1 - P_F' > 0$，$c_2 - d > 0$，$1 - P_D > 0$，

則 $\psi^*|_{VPN\&IDS} > \psi^*|_{IDS}$。

若 $c_2 > c_2 - d$，$P_D > P_F$，$1 - P_F' > 1 - P_D$，

即當 $d\varphi - c_1 > c_1$ 時，

則 $\psi^*|_{VPN\&IDS} > \psi^*|_{IDS}$，

滿足上述條件則需 $c_1 < \dfrac{\varphi d}{2}$。

同理可證，當 $\dfrac{\mu}{\beta} > P_D$ 時，若滿足 $\psi^*|_{VPN\&IDS} > \psi^*|_{IDS}$，

有 $d(1-\varphi) < c_2$ 或 $c_1 < \dfrac{c_2 \varphi d}{2c_2 - d(1-\varphi)}$。　　證畢

推論 3.5 說明並不是配置的資訊安全技術越多，系統的安全性越高。若 IDS 的檢測性能足夠好，VPN 修復故障的成本很高或企業的調查成本很低時，單獨配置 IDS 技術的策略優於同時配置 VPN 技術和 IDS 技術。相反的，若 VPN 修復故障的成本很低或人工調查成本很高時，同時配置 VPN 技術和 IDS 技術更能阻止駭客入侵，保證系統安全。同理解釋 IDS 的檢測率較低的情況。

推論 3.6：企業同時配置 VPN 技術和 IDS 技術時，若 IDS 的檢測率較高，VPN 降低 IDS 誤報率的程度滿足：

$$f_4 = \frac{c_1 c_2 P_D - d\varphi P_D c_2 \rho_0^*}{P_F c_1 [c_2 - (1 - P_D) d] - P_F d\varphi P_D c_2 \rho_0^*},$$

此時，VPN 正常工作的概率 ρ_0^* 越大，f_4 越小，則 $P_F' = f_4 P_F$ 越小；

若 IDS 的檢測率較低，VPN 降低 IDS 誤報率的程度滿足：

$$f_4 = \frac{[c_2 - d(1-\varphi)] c_1 P_D}{c_1 c_2 P_F - P_F c_2 \rho_0^* (1 - P_D) - (1 - \varphi) P_D P_F d c_1},$$

此時，VPN 正常工作的概率 ρ_0^* 越大，f_4 越大，則 $P_F' = f_4 P_F$ 越大。

證明：由定理 3.4，當 $\dfrac{\mu}{\beta} \leq P_D$ 時，

由 $\rho_0^* = \dfrac{[c_2(P_D - f_4 P_F) + (1 - P_D) f_4 P_F d] c_1}{d\varphi P_D c_2 (1 - f_4 P_F)}$ 可得：

$$f_4 = \frac{c_1 c_2 P_D - d\varphi P_D c_2 \rho_0^*}{P_F c_1 [c_2 - (1 - P_D) d] - P_F d\varphi P_D c_2 \rho_0^*}。$$

通過比較含有 ρ_0^* 的分子、分母項，$P_F \in (0, 1)$，則 ρ_0^* 越大，f_4 越小，即 $P_F' = f_4 P_F$ 越小。

同理證明當 $\dfrac{\mu}{\beta} > P_D$ 時，$f_4 = \dfrac{[c_2 - d(1-\varphi)] c_1 P_D}{c_1 c_2 P_F - P_F c_2 \rho_0^* (1 - P_D) - (1 - \varphi) P_D P_F d c_1}$，$\rho_0^*$ 越大，f_4 越大。　證畢

推論 3.6 說明了 VPN 與 IDS 的技術交互作用。結果表明，並不是 VPN 的工作狀態越好就越能降低 IDS 的誤報率。這似乎和「常規」想法相悖。而事實上，VPN 的配置影響著 IDS 的誤報率，也受 IDS 的檢測性能影響。若 IDS 有較高的檢測率，反饋給 VPN 的駭客入侵事件資訊將更多、更準確

（IDS 可以通過日誌等記錄駭客入侵工具等資訊），則 VPN 可以通過升級和維護提升其正常的工作概率和效率，更準確地辨識有效用戶的訪問，從而大大降低 IDS 誤報的可能性。但如果 IDS 的檢測概率較低，收集駭客入侵事情資訊不夠詳盡、準確，即便 VPN 有很高的正常工作概率，也不能更準確地辨識有效用戶訪問系統。這就要求企業在現實中配置 VPN 和 IDS 時，不能為提高 VPN 的訪問率而加大對 VPN 的投資，忽略對 IDS 本身檢測率的配置。為使 VPN 對 IDS 的作用達到一個滿意的標準，需綜合考慮運用定理 3.4、推論 3.5 和推論 3.6。

3.3.4 算例分析

為深入比較兩種情況下企業和駭客的納什均衡混合策略，以及 VPN 對降低 IDS 誤報率的影響等問題，我們借助數學工具 MATLAB 進行數值模擬分析，對參數賦值如下：

首先數值模擬推論 3.4 的結論。

令 $n = 100$，$\xi = 0.01$，$c_1 = 100$，$d = 300$，$\mu = 100$，$\beta = 200$，$P_F = 0.2$，$\varphi = 0.5$。ψ^* 為縱坐標，P_D 為橫坐標。則只配置 IDS 技術時，IDS 檢測概率與駭客入侵概率之間的關係如圖 3.7 所示。

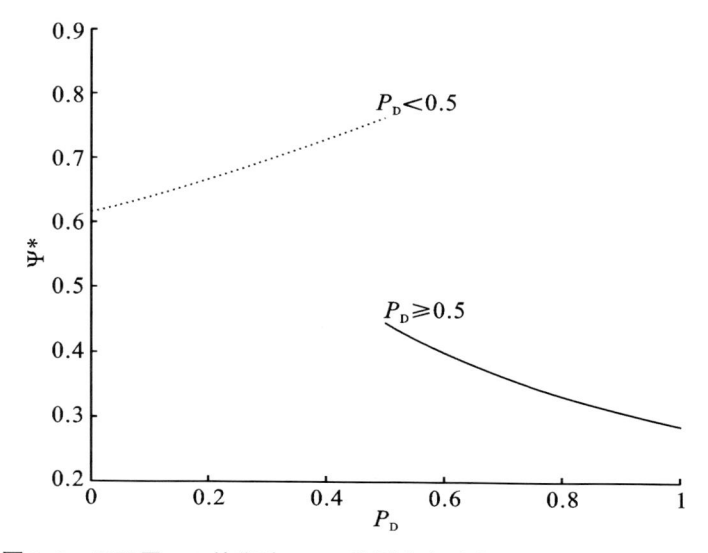

圖 3.7　只配置 IDS 技術時，IDS 檢測率與駭客入侵概率之間的關係

圖 3.7 說明，在已知參數取值下，當 $P_D \geq 0.5$ 時，足夠高的 IDS 檢測率可以減少駭客的入侵率；當 $P_D < 0.5$ 時，低的 IDS 檢測率會導致高入侵率。

　　接著，驗證數值模擬推論 3.5 的結論。

　　令 $n = 100$，$\xi = 0.01$，$c_1 = 100$，$d = 300$，$\mu = 100$，$\beta = 200$，$P_F = 0.2$，$\varphi = 0.5$，$f_4 = 0.6$，$c_2 = 80$。ψ^* 為縱坐標，P_D 為橫坐標。以 IDS 檢測率較高時分析同時配置 VPN 技術和 IDS 技術的情況。若滿足 $c_1 < \dfrac{\varphi d}{2}$，特別地，令 $c_1 = 20$，則此時 IDS 檢測概率與駭客入侵概率之間的關係如圖 3-8 所示。

　　圖 3.8 說明，相比配置兩種技術組合，單獨配置 IDS 技術時駭客的入侵率更低，即並不是配置的資訊安全技術越多，系統的安全性越高。

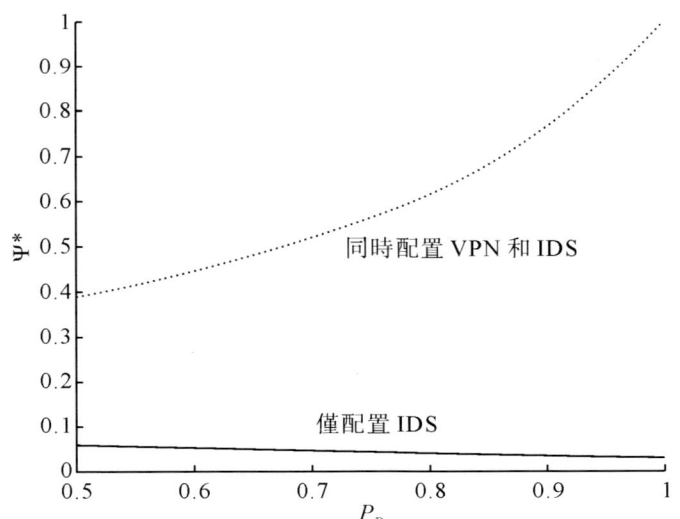

圖 3.8　配置 VPN 技術和 IDS 技術且 $c_1 < \dfrac{\varphi d}{2}$ 時，IDS 檢測率與駭客入侵概率的關係

　　若滿足 $c_1 \geq \dfrac{\varphi d}{2}$，特別地，令 $c_1 = 140$，則此時 IDS 檢測概率與駭客入侵概率之間的關係如圖 3.9 所示。

图 3.9 配置 VPN 技术和 IDS 技术且 $c_1 \geqslant \dfrac{\varphi d^{\mathrm{D}}}{2}$ 时，IDS 检测率与骇客入侵概率的关系

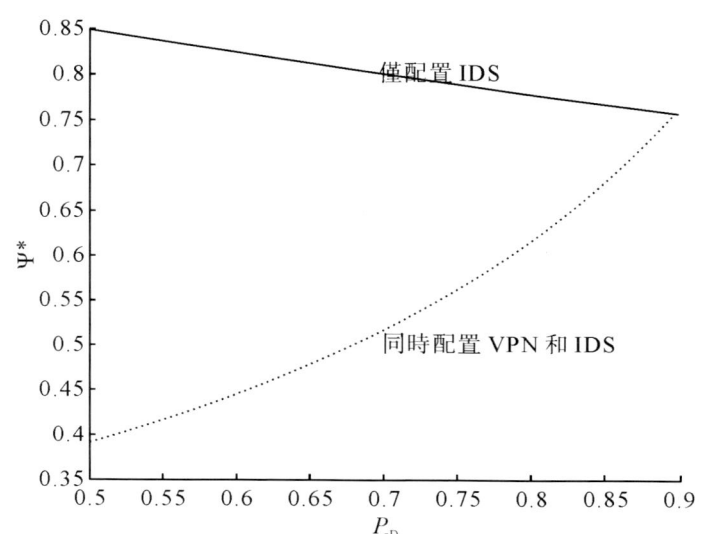

图 3.9 说明，当人工调查成本很高时，同时配置 VPN 技术和 IDS 技术更能阻止骇客入侵，保证系统安全。

下面对推论 3.6 进行数值模拟，验证其结论。

令 $n = 100$，$\xi = 0.01$，$c_1 = 20$，$d = 300$，$\mu = 100$，$\beta = 200$，$P_D = 0.4$，$P_F = 0.2$，$\varphi = 0.5$，$f_3 = 0.6$，$c_2 = 160$，$\rho_0^* \in [0, 1]$。f_4 为纵坐标，ρ_0^* 为横坐标。以 IDS 检测率较低时分析同时配置 VPN 技术和 IDS 技术的情况，则此时 VPN 与 IDS 技术参数的交互关系如图 3.10 所示。

图 3.10 说明，VPN 正常工作的概率 ρ_0^* 越大，f_4 越大，即并不是 VPN 的工作状态越好就越能降低 IDS 的误报率。

最后，讨论用户规模不同时，企业的最优配置策略。以 P_D 较大时为例进行数值模拟分析。令 $n \in [100, 10\,000]$，$\xi = 0.01$，$\omega = 200$，$c_1 = 100$，$d = 300$，$\mu = 100$，$\beta = 200$，$P_D = 0.7$，$P_F = 0.2$，$\varphi = 0.5$，$f_3 = 0.1$，$f_4 = 0.5$，$c_2 = 80$。企业期望收益为纵坐标，用户数量（规模）为横坐标。当 IDS 检测率较高时，分析以企业期望收益最大化为目标，企业的最优配置策略。用户规模与企业期望收益的关系如图 3.11 所示。

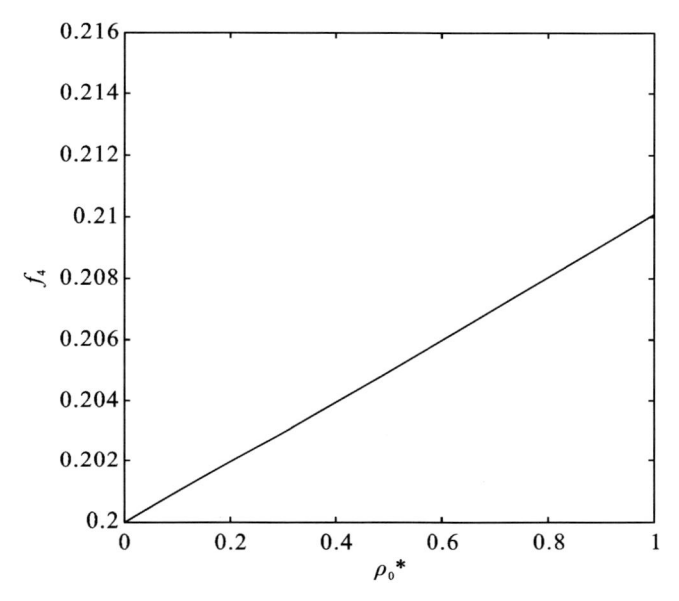

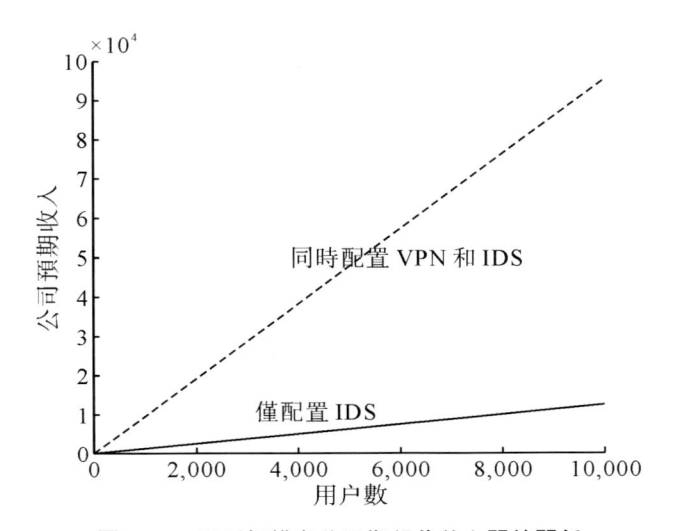

图 3.10 同时配置 VPN 技术和 IDS 技术时，VPN 与 IDS 技术参数交互关系

图 3.11 说明，当 IDS 的检测率较高时，用户数量越多，同时配置两种技术组合为企业带来的期望收益越大。

图 3.11 用户规模与公司期望收益之间的关系

3.4　本章小結

　　已有的研究大多針對的是一種資訊安全技術的配置策略，如補丁管理、IDS、IPS 等，而較少研究兩種或兩種以上資訊安全技術組合的配置策略。另外，針對入侵檢測系統的研究多是以博弈模型作為理論基礎求解企業和駭客的納什均衡策略，並對人工調查的概率進行設計與安排。大多數研究都是在特徵匹配攻擊已知的假設前提下進行的，從而較少考慮技術交互對入侵概率、誤報概率的影響，且尚未討論在未知攻擊情況下配置蜜罐與入侵檢測系統、配置虛擬專用網與入侵檢測系統的交互作用及其最優配置策略的博弈模型。

　　本章對兩類常用的兩種資訊系統安全技術組合，即蜜罐和 IDS 及虛擬專用網和 IDS 分別構建博弈模型，研究了兩種安全技術組合的配置策略。針對不同企業的安全要求和配置預算應該實施不同的資訊安全技術配置策略，平衡資訊系統安全性和經濟性，可有效幫助企業設計資訊系統安全策略，科學確定安全投資水準。

　　（1）對蜜罐和 IDS 兩種技術配置的博弈分析，得出以下主要結論：配置兩種技術的人工調查概率小於單獨配置 IDS 的人工調查概率。

　　當 IDS 的檢測率較高、配置蜜罐個數較多，以及當 IDS 的檢測率較低、配置蜜罐個數較少時，兩種技術組合策略才會優於單獨配置 IDS，否則單獨配置 IDS 技術才是企業的最優策略。

　　最後，在保障資訊系統的安全性和經濟性的情況下，計算配置兩種技術組合時企業配置預算的上限值。

　　（2）對蜜罐和 IDS 兩種技術配置的資訊系統安全策略提出如下建議：

　　當企業的最優策略為只配置 IDS 時，在 IDS 檢測率較高的情況下，企業不用調查未報警的訪問用戶，只需調查部分報警的用戶；在 IDS 檢測率較低的情況下，企業不僅應調查所有的報警用戶，還應調查部分未報警

用戶。

對於人工調查成本相對昂貴的企業，企業的資訊安全目標之一為降低 IDS 的人工調查概率，可以通過配置蜜罐技術實現資訊安全資金的有效分配。實際上，蜜罐技術實現簡單，只要在外部因特網上有一臺計算機運行沒有打補丁的微軟 Windows 或者 Red Hat Linux 即可。此外，蜜罐相對於防火牆、IDS 等技術需要的配置資金相對較少。若企業的技術配置預算相對較高，可以配置高交互蜜罐來大大降低 IDS 的人工調查概率，更好地捕捉駭客行為；若企業的技術配置預算一般，可以配置低交互蜜罐來降低 IDS 的人工調查概率，分流駭客的入侵概率。

對於制訂資訊安全技術或技術組合最優配置策略的企業，企業的資訊安全目標之一為阻止駭客入侵，可以通過比較配置蜜罐的個數作為判斷的依據。當 IDS 檢測率較高、蜜罐的個數大於推論 3.2 所示結果時，同時配置蜜罐和 IDS 技術為企業的最優策略；當蜜罐的個數小於推論 3.2 所示結果時，單獨配置 IDS 技術為企業的最優策略。反之，當 IDS 檢測率較低、配置蜜罐個數小於推論 3.2 所示的結果時，同時配置蜜罐和 IDS 技術為企業的最優策略；當配置蜜罐的個數大於推論 3.2 所示結果時，單獨配置 IDS 技術為企業的最優策略。

對於科學制定蜜罐和 IDS 技術配置預算的企業，企業的資訊安全目標之一為分配有限資金以有效地阻止駭客入侵，可以通過推論 3.3 的結果估計資訊安全技術組合的配置預算範圍。實際上，企業的資訊系統不可能達到百分之百的安全，一般的期望是入侵系統的概率能降低到可以接受的水準。通過設計入侵概率的閾值為安全目標來確定配置預算的上限值，使企業保持安全性的同時又保證經濟性。

（3）對 VPN 和 IDS 兩種技術配置進行博弈分析後，得到以下主要結論：

同時配置 VPN 和 IDS 的人工調查策略與單獨配置 IDS 時相同。在一定條件下配置兩種技術組合更容易降低駭客入侵概率，但當企業人工調查成本很低時，單獨配置 IDS 比同時配置兩種技術組合效果更好。

並不是 VPN 的工作性能越好，對降低 IDS 誤報率的貢獻越大。

當 IDS 檢測概率較高、用戶數量較多時，同時配置兩種技術組合為企業帶來的期望收益更大。

（4）對 VPN 和 IDS 兩種技術配置的資訊系統安全策略提出如下建議：

若企業的安全目標為採用固定的人工調查概率，則企業可只配置 IDS 技術而不需要再配置 VPN 技術。若企業的安全目標為降低駭客的入侵概率，則需要考量企業的人工調查成本和 VPN 恢復故障的成本來決定採用兩種資訊安全技術組合還是單獨配置 IDS 技術。其中，VPN 恢復故障的成本一般由搭建 VPN 的供應商決定，在購買 VPN 技術時確定，難以調整或更改。而企業的人工調查成本可以通過對企業員工的培訓來提升人工調查熟練程度，從而節省時間成本；另外，還可以採用合理的工資績效考核制度控制人工調查成本。

在對 VPN 和 IDS 技術維護的資金分配中，不能為了提高 VPN 的訪問率加大對 VPN 的投資，而忽略對 IDS 本身檢測率的配置，可以通過定理 3.4、推論 3.5 和推論 3.6 確定 IDS 誤報率、VPN 正常工作概率、企業的人工調查概率和駭客入侵概率各參數之間的關係。

由於 VPN 的一個重要作用是在不需要增加其他設備的情況下擴大合法用戶的訪問量，因此當企業的業務發展需要訪問網絡的用戶數量較多時，如 C2C 類型的商務網站、網上銀行業務、電信設備服務諮詢行業等，需要配置較高檢測率的 IDS 和 VPN 技術組合來維護資訊系統安全，從而為企業提供更大的收益。

4 三種資訊安全技術組合的最優配置策略及交互分析

要在複雜的網絡環境中保證資訊系統的動態安全，通常需要布置兩種以上的資訊安全技術以實現企業的安全目標。本章研究了三種安全技術組合的配置策略：首先闡述了基於攻擊檢測的綜合聯動控制問題，接著，建立了基於防火牆、IDS 和漏洞掃描技術的安全模型，研究安全技術的選擇與最優配置問題，分析了其博弈策略，指出其對企業訪問控制政策配置的影響，並通過對技術及其組合特徵的研究，根據企業所面臨的環境，明確企業應採取的最優配置策略，最後通過數值模擬和案例驗證本章的結論。

4.1 問題的提出

通常情況下，不同安全威脅以及不同的防護重點需制定以下五種網絡安全策略：基於主動防禦的邊界安全控制、基於源頭控制的統一接入管理、基於安全融合的綜合威脅管理、基於資產保護的閉環策略管理以及基於攻擊檢測的綜合聯動控制。其中，基於主動防禦的邊界安全控制是以內網應用系統保護為核心，在各層的網絡邊緣建立多級的安全邊界，從而實施對安全訪問的控制，這種防護方式更多的是通過在數據網絡中部署防火牆、入侵檢測、防病毒等產品來實現；基於源頭控制的統一接入管理的絕

大多數攻擊都是終端的惡意用戶發起，通過對接入用戶的有效認證以及對終端的檢查，可以大大降低資訊網絡所面臨的安全威脅，這種防護通過部署桌面安全代理並在網絡端設置策略服務器來實現與交換機、網絡寬帶接入設備等聯動安全控制；基於安全融合的綜合威脅管理的大多數攻擊是混合型的攻擊，某種功能單一的安全設備將無法有效地對這種攻擊進行防禦，快速變化的安全威脅形勢促使綜合性安全網關成為安全市場中增長最快的領域，這種防護通過部署融合防火牆、防病毒、入侵檢測、VPN 等為一體的 UTM 設備來實現；基於資產保護的閉環策略管理認為資訊安全管理將成為重要的因素，制定安全策略、實施安全管理並輔以安全技術配合將成為資產保護的核心，從而形成對企業資產的閉環保護，典型的實現方式是通過制定資訊安全管理制度，同時採用內網安全管理產品以及其他安全監控審計等產品來實現技術支撐管理；基於攻擊檢測的綜合聯動控制問題的本質是安全產品之間的一種資訊互通機制，所有的安全威脅都體現為攻擊者的一些惡意網絡行為，通過對網絡攻擊行為特徵的檢測，對攻擊進行有效的識別，由安全設備與網絡設備的聯動進行有效控制，從而防止攻擊的發生。這種防護主要通過部署防火牆、入侵檢測、漏洞掃描等技術來實現技術之間的聯動控制。

　　由此可見，解決基於攻擊檢測的綜合聯動控制問題即轉化為解決防火牆、IDS 和漏洞掃描技術組合的配置和技術交互問題。例如，IDS 和防火牆的聯動問題可以描述為：當 IDS 檢測到符合入侵規則的網絡攻擊時，首先判斷攻擊數據包中對應的源 IP 地址是否已經在阻斷列表中，如果不在阻斷列表中，則向防火牆中添加一條相應的阻斷規則，防火牆則會自動進行攔截；如果在阻斷列表中，則表明防火牆規則中已經添加了相應的規則，不用再重複添加。通過 IDS 檢測到網絡入侵後，防火牆加入新的過濾規則，才能最終實現兩者的聯動。

　　因此，本書研究的防火牆、入侵檢測和漏洞掃描技術組合的最優配置策略及三種技術的交互分析，對解決基於攻擊檢測的綜合聯動控制問題提供了重要的理論指導，是決定駭客和企業博弈達到期望均衡的關鍵因素。

4.2 防火牆、入侵檢測和漏洞掃描技術組合的模型與基本假設

4.2.1 防火牆、入侵檢測和漏洞掃描技術組合的模型

在一個受保護的系統中，通常會按系統安全策略配置相應的安全防護措施，防範可能發生的安全事件。為了便於分析，本節引入一個三種技術組合的資訊安全模型（如圖4.1所示）。

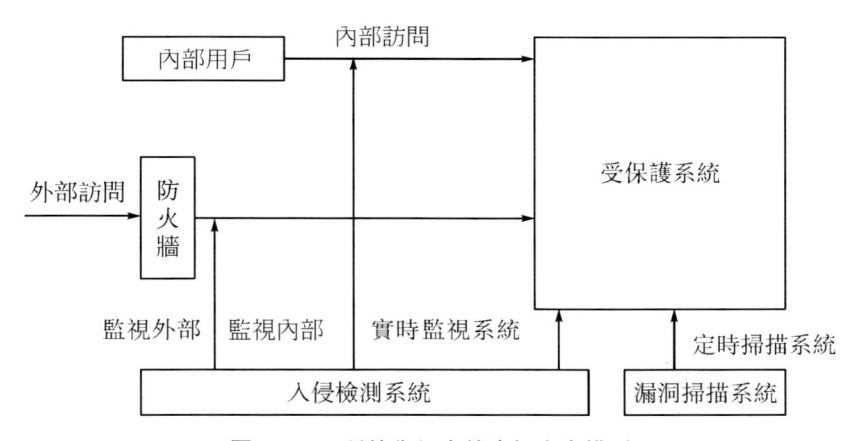

圖4.1 三種技術組合的資訊安全模型

雖然每一種資訊技術的安全目標不同，但它們在控制操作時並不相互獨立。防火牆一般能阻止入侵，IDS能檢測入侵，漏洞掃描技術能找出入侵安全隱患和可被駭客利用的漏洞。防火牆和IDS的技術組合原理是：入侵檢測系統可以及時發現防火牆策略之外的入侵行為，防火牆可以根據入侵檢測系統反饋的入侵資訊來調整安全策略，從而進一步從源頭上阻隔入侵行為。這樣做可以大大提高整個防禦系統的性能。IDS和漏洞掃描的技術組合原理是：入侵檢測獲取的是攻擊狀態的異常情況，掃描器獲取的是目標系統的安全隱患，兩者有很好的關聯性。一方面，從入侵檢測得到的

攻擊資訊，可以反推出目標系統存在的漏洞；另一方面，目標系統安全隱患可以有效地結合當前的攻擊狀態，預測攻擊發展的趨勢。

在實際應用中，根據網絡拓撲結構、應用類型及安全要求配置適當類型的防火牆，運用入侵檢測技術對網絡系統的若干關鍵點即時監控，在發現入侵行為以後通過系統管理員或設置的安全策略自動對系統進行調整，定期對系統進行隱患掃描，以便及時發現由於改動配置等帶來的漏洞並加以修補。

一般來說，合理的技術組合策略有四種：只配置防火牆和 IDS；只配置 IDS 和漏洞掃描；配置所有的技術；不配置任何技術。在 Cavusoglu（2009）的文章中，已經討論了「只配置防火牆和 IDS」與「不配置任何技術」的情況，研究了防火牆與 IDS 間的配置與交互。相關研究表明，默認配置通常會產生風險，使用默認配置會讓駭客更容易獲取已知軟件的脆弱性。當防火牆和 IDS 技術共同應用於安全體系時，需要恰當的配置才能使企業從這些技術中獲得安全、經濟效益。在此基礎上，本節主要研究技術組合「只配置 IDS 和漏洞掃描」與「配置三種資訊系統安全技術」的情況。

4.2.2 防火牆、入侵檢測和漏洞掃描技術組合的基本假設

模型中考慮了兩種用戶，即內部用戶和外部用戶。內部用戶在防火牆之內訪問系統，不需通過防火牆驗證；外部用戶從防火牆外側訪問系統，需要通過防火牆驗證。無論企業只配置 IDS 和漏洞掃描技術，還是配置三種資訊系統安全技術，用戶均定時通過漏洞掃描系統。但漏洞掃描系統的機理只是定時測試潛在的網絡漏洞，並不如防火牆和 IDS 起著防禦或阻止入侵的作用，所以漏洞掃描對企業而言是提前主動控制危險，對入侵者而言是增加了潛在的入侵成本。

考慮模型的三個組成要素：駭客、企業和技術，對模型中的關鍵參數做如下定義：

若未被查出入侵系統，駭客得到的收益為 μ；

若被查出入侵系統，駭客受懲罰為 β，此時駭客的淨收益為 $(\mu - \beta)$，我們假設 $\mu \leq \beta$，即駭客被查出入侵無正收益；

設用戶入侵的概率為 $\psi(\psi \in [0, 1])$。

每次執行人工調查企業所承擔的成本為 c;

駭客入侵,但未被檢測出來,企業的損失為 d;

駭客入侵,並被檢測出來,企業修復的收益為 $d\varphi(\varphi \leqslant 1)$,此時假設 $c \leqslant d\varphi$,即企業的調查成本不應高過其配置技術所獲的收益。

防火牆的檢測概率為 $P_D^F = P($認為是駭客 $|$ 用戶是個駭客$)$,即防火牆阻止非法外部用戶入侵的概率;防火牆的漏檢概率為 $1 - P_D^F$,即防火牆未阻止非法外部用戶入侵的概率;防火牆的誤檢概率為 $P_F^F = P($認為是駭客 $|$ 用戶是個正常用戶$)$,即防火牆阻止合法外部用戶的概率;

同理,定義 IDS 的檢測概率為 P_D^I,即駭客入侵時發出報警的概率;IDS 的漏檢概率為 $1 - P_D^I$,即駭客入侵時未發出報警的概率;IDS 的誤檢概率為 P_F^I,即駭客沒有入侵時發出報警的概率。由文獻[148]分析的防火牆和 IDS 的 ROC 曲線可得,一般地,$P_D^F \geqslant P_F^F$,$P_D^I \geqslant P_F^I$。

漏洞掃描系統配置成本為 c_S,漏洞掃描技術的掃描概率為 P_D^S。IDS 和漏洞掃描技術的關係為:漏洞掃描技術能顯著降低 IDS 所查找的入侵者數量。則定義 $P_D^S = rP_D^I$,其中 $P_D^S + P_D^I = (1 + r)P_D^I$ 表示駭客入侵時 IDS 和漏洞掃描技術組合的聯動檢測概率,由 $(1 + r)P_D^I \in [0, 1]$ 可得 $r \in [0, \dfrac{1 - P_D^I}{P_D^I}]$。

表 4.1　模型的參數和博弈雙方的決策變量表

模型的參數	
企業參數	
d	駭客成功攻擊造成的損失,資訊安全技術阻擋了合法資訊流造成的損失
c	企業人工調查的費用
$d\varphi$	企業檢測到入侵,修復損失所得的收益
用戶參數	
ε	外部用戶

表4.1(續)

$1-\varepsilon$	內部用戶
ζ	合法用戶占外部用戶的比例
ω	合法用戶對企業的效益貢獻
μ	駭客攻擊的收益
β	駭客攻擊被發現受到的懲罰
資訊安全技術參數	
P_D^F	防火牆正確報警,防火牆阻止非法外部用戶入侵的概率
P_F^F	防火牆誤報率,防火牆阻止合法外部用戶的概率
P_D^I	IDS 正確報警,駭客入侵時 IDS 發出報警的概率
P_F^I	IDS 誤報,駭客沒有入侵時 IDS 發出報警的概率
P_D^S	漏洞掃描技術的掃描概率
c_S	漏洞掃描系統配置成本
r	駭客入侵時 IDS 和漏洞掃描組合的技術聯動係數
博弈雙方的決策變量	
駭客的決策變量	
ψ	對系統發動攻擊的概率
企業的決策變量	
ρ_1	IDS 發出報警時管理員調查的概率
ρ_2	IDS 沒有報警時管理員調查的概率

　　企業與駭客博弈的均衡策略既應滿足企業期望安全漏洞帶來損失最小化的值,又應滿足駭客期望成功入侵到企業效益最大化的值。假設所有參數對參與人都是完全資訊,考慮模型的一次博弈過程,即所有決定和結果是同時發生的。

　　要解決此博弈問題,應用逆序歸納法,先假設給定企業的配置策略,然後計算出企業防禦和駭客入侵的平衡點,最後確定企業最終的最優配置策略。下面分別研究技術組合(ⅰ)企業只配置 IDS 和漏洞掃描技術和(ⅱ)企業配置所有的技術。

4.3 防火牆、入侵檢測和漏洞掃描技術組合的最優配置策略分析

4.3.1 企業只配置 IDS 和漏洞掃描技術

假設用戶策略 $S^U \in \{H, NH\}$，其中 H 為入侵，NH 為不入侵；企業策略為 $S^F \in \{(I, I), (I, NI), (NI, I), (NI, NI)\}$，其中 I 為採用人工調查，NI 為不採用人工調查，每對的第一個元素指 IDS 報警企業採取的行動，第二個元素指 IDS 未報警企業採取的行動。令 ρ_1 為 IDS 發出報警時企業調查的概率（$\rho_1 \in [0, 1]$），ρ_2 為 IDS 不發出報警時企業調查的概率（$\rho_2 \in [0, 1]$），一般地，$\rho_2 \leq \rho_1$，解納什均衡。

根據貝葉斯公式，定義下列參數：

$$\eta_1 = P(入侵 | 報警) = \frac{(1+r)P_D^I \psi}{(1+r)P_D^I \psi + P_F^I (1-\psi)} \tag{4.1}$$

$$\eta_2 = P(入侵 | 不報警) = \frac{(1 - P_D^I - rP_D^I)\psi}{(1 - P_D^I - rP_D^I)\psi + (1 - P_F^I)(1-\psi)} \tag{4.2}$$

$$P(報警) = P_F^I + \psi(P_D^I + rP_D^I - P_F^I) \tag{4.3}$$

$$P(不報警) = 1 - P_F^I - \psi(P_D^I + rP_D^I - P_F^I) \tag{4.4}$$

$$P(駭客被檢測) = \rho_1(1+r)P_D^I + \rho_2(1 - P_D^I - rP_D^I) \tag{4.5}$$

企業的期望損失值（報警 F_A 和不報警 F_N 分別為）：

$$F_A(\rho_1, \psi) = \rho_1 c + \eta_1(1 - \rho_1)d + \eta_1 \rho_1 (1 - \varphi)d + c_S \tag{4.6}$$

$$F_N(\rho_2, \psi) = \rho_2 c + \eta_2(1 - \rho_2)d + \eta_2 \rho_2 (1 - \varphi)d + c_S \tag{4.7}$$

則企業總的期望損失為：

$$F(\rho_1, \rho_2, \psi) = (P_F^I + \psi(P_D^I + rP_D^I - P_F^I))F_A(\rho_1, \psi) +$$
$$(1 - P_F^I - \psi(P_D^I + rP_D^I - P_F^I))F_N(\rho_2, \psi) \tag{4.8}$$

駭客的期望利潤為：

$$H(\rho_1, \rho_2, \psi) = \psi\mu - \psi\beta[\rho_1(1+r)P_D^I + \rho_2(1 - P_D^I - rP_D^I)] \quad (4.9)$$

定理 4.1：配置 IDS 和漏洞掃描技術的納什均衡混合策略：

當 $\dfrac{\mu}{\beta} > P_D^I(1+r)$ 時，為

$$\left\{ \left[\rho_1^* = 1, \rho_2^* = \frac{\mu - \beta(1+r)P_D^I}{\beta(1 - P_D^I - rP_D^I)} \right], \psi^* = \frac{c(1 - P_F^I)}{d\varphi(1 - P_D^I - rP_D^I) - c(P_F^I - P_D^I - rP_D^I)} \right\};$$

當 $\dfrac{\mu}{\beta} < P_D^I(1+r)$ 時，為

$$\left\{ \left[\rho_1^* = \frac{\mu}{\beta(1+r)P_D^I}, \rho_2^* = 0 \right], \psi^* = \frac{cP_F^I}{\varphi d(1+r)P_D^I + cP_F^I - c(1+r)P_D^I} \right\};$$

當 $P_F^I = (1+r)P_D^I = \dfrac{1}{2}$ 時，則 $\rho_1^* + \rho_2^* = \dfrac{2\mu}{\beta}$，$\psi^* = \dfrac{c}{\varphi d}$。

證明：分別對式 (4.6)、式 (4.7)、式 (4.9) 求導得：

$$\frac{\partial H}{\partial \psi} = \mu - \beta\{\rho_1(1+r)P_D^I + \rho_2[1 - P_D^I(1+r)]\} \quad (4.10)$$

$$\frac{\partial F_A}{\partial \rho_1} = c - \eta_1 d + \eta_1(1 - \varphi - \varphi_S)d \quad (4.11)$$

$$\frac{\partial F_N}{\partial \rho_2} = c - \eta_2 d + \eta_2(1 - \varphi - \varphi_S)d \quad (4.12)$$

當不能同時滿足 $\dfrac{\partial F_A}{\partial \rho_1} = 0$，$\dfrac{\partial F_N}{\partial \rho_2} = 0$，且 $\dfrac{\partial F_A}{\partial \rho_1} \geqslant \dfrac{\partial F_N}{\partial \rho_2}$，

考慮 $\dfrac{\partial F_A}{\partial \rho_1} > 0$，$\dfrac{\partial F_N}{\partial \rho_2} = 0$，或 $\dfrac{\partial F_A}{\partial \rho_1} = 0$，$\dfrac{\partial F_N}{\partial \rho_2} < 0$ 兩種情形。

下面分別討論：$\rho_1 = 1$，$0 < \rho_2 < 1$ 和 $0 < \rho_1 < 1$，$\rho_2 = 0$。

當 $\rho_1 = 1$，$0 < \rho_2 < 1$ 時，式 (4.10) = 0 得：

$$\rho_2^* = \frac{\mu - \beta(1+r)P_D^I}{\beta(1 - P_D^I - rP_D^I)} \quad (4.13)$$

求式 (4.12) = 0 得：

$$\psi^* = \frac{c(1 - P_F^I)}{d\varphi(1 - P_D^I - rP_D^I) - c(P_F^I - P_D^I - rP_D^I)} \quad (4.14)$$

由 $0 < \rho_2 < 1$，將式（4.13）代入，

則 $\dfrac{\mu}{\beta} > P_D'(1+r)$

所以當 $\dfrac{\mu}{\beta} > P_D'(1+r)$ 時，納什均衡策略組合為：

$\{[\rho_1^* = 1, \rho_2^* = \dfrac{\mu - \beta(1+r)P_D'}{\beta(1-P_D'-rP_D')}], \psi^* = \dfrac{c(1-P_F')}{d\varphi(1-P_D'-rP_D') - c(P_F'-P_D'-rP_D')}\}$。

同理可求當 $0 < \rho_1 < 1$，$\rho_2 = 0$ 的情況，

當 $\dfrac{\mu}{\beta} < P_D'(1+r)$ 時，納什均衡策略組合為：

$\{[\rho_1^* = \dfrac{\mu}{\beta(1+r)P_D'}, \rho_2^* = 0], \psi^* = \dfrac{cP_F'}{\varphi d(1+r)P_D' + cP_F' - c(1+r)P_D'}\}$。

若 $\dfrac{\partial F_A}{\partial \rho_1} = 0$，$\dfrac{\partial F_N}{\partial \rho_2} = 0$ 同時成立時，

則由 $\eta_1 = \eta_2$，

有 $P_F' = (1+r)P_D' = \dfrac{1}{2}$。

代入式（4.10）得：$\rho_1^* + \rho_2^* = \dfrac{2\mu}{\beta}$。

代入式（4.11）或式（4.12）得：$\psi^* = \eta_1 = \eta_2 = \dfrac{c}{\varphi d}$。　　證畢

推論4.1：低的 IDS 檢測率和低的漏洞掃描檢測率會導致高入侵率，此時，企業不僅會人工調查所有發出報警的用戶，還會調查部分未報警的用戶。另外，足夠高的 IDS 檢測率和高的漏洞掃描檢測率可以減少駭客的入侵率，此時，企業不會人工調查未發出報警的用戶，只會調查部分報警的用戶。特別地，當 IDS 和漏洞掃描技術聯動的檢測概率與 IDS 的誤報率為 $\dfrac{1}{2}$ 時，駭客的最優策略是以 $\dfrac{c}{\varphi d}$ 的概率入侵系統，此時 $\rho_1^* + \rho_2^* = \dfrac{2\mu}{\beta}$。

從上述最優配置的策略來看，當 $\dfrac{\mu}{\beta} > P_D'(1+r)$ 時，駭客入侵有利可圖的概率比被檢測的概率大，此時配置 IDS 和漏洞掃描技術不能為企業創

造效益，反而會帶來損失。原因有兩個：一是在這種情況下，IDS 只要一發出報警就必須進行人工調查，調查費用相當昂貴且無效率。二是在這種情況下，駭客更有意向入侵系統。設駭客中立態度時入侵概率為 0.5，則此時的駭客入侵概率 $\psi^* > 0.5$，計算可得 $c - d\varphi \geq 0$，即 $c \geq d\varphi$，說明調查成本大於或等於企業的收益，所以此時不能為企業創造效益。

從均衡策略的表達式可以發現，無論是 $\frac{\mu}{\beta} > P_D^I(1+r)$ 還是 $\frac{\mu}{\beta} < P_D^I(1+r)$ 時，企業的防禦策略都和參數 μ，β，r，P_D^I 相關，μ，β 又側面反應了企業對安全級別的要求；駭客的入侵策略和參數 c，d，φ，P_F^I，P_D^I，r 相關，c，d，φ 又側面反應了駭客的入侵性質。

令 $r = 0$，可以得到企業只配置 IDS 的納什均衡策略，見定理 4.2。

定理 4.2：只配置 IDS 的納什均衡混合策略：

若 $\frac{\mu}{\beta} > P_D^I$，則 $\{[\rho_1^* = 1, \rho_2^* = \frac{\mu - \beta P_D^I}{\beta(1 - P_D^I)}], \psi^* = \frac{c(1 - P_F^I)}{d\varphi(1 - P_D^I) - c(P_F^I - P_D^I)}\}$；

若 $\frac{\mu}{\beta} < P_D^I$，則 $\{[\rho_1^* = \frac{\mu}{\beta P_D^I}, \rho_2^* = 0], \psi^* = \frac{cP_F^I}{\varphi d P_D^I + cP_F^I - cP_D^I}\}$。

若 $P_F^I = P_D^I = \frac{1}{2}$，則 $\rho_1^* + \rho_2^* = \frac{2\mu}{\beta}$，$\psi^* = \frac{c}{\varphi d}$。

通過比較定理 4.1 和定理 4.2，得到推論 4.2 的結論。

推論 4.2：當 IDS 的檢測概率較低時，向原本只配置 IDS 的系統中增加配置漏洞掃描技術後，駭客的入侵概率會增加。當 IDS 未發出報警時，企業的調查概率也會增加。在這種情況下，只配置 IDS 技術比配置資訊安全技術組合更合理。當 IDS 的檢測概率較高時，同時配置 IDS 和漏洞掃描技術，駭客的入侵概率會降低。當 IDS 發出警報時，企業的調查概率會降低。此時，增加配置漏洞掃描技術更合理。特別地，當 $P_F^I = P_D^I = \frac{1}{2}$ 時，是否為系統增加配置漏洞掃描技術對駭客的最優策略沒有影響（即在兩種配置情形下，$\psi^* = \frac{c}{\varphi d}$），$\rho_1^* + \rho_2^*$ 的最優策略也是如此。

4.3.2 企業同時配置防火牆、IDS 和漏洞掃描技術

當考慮第二種策略，即企業同時部署三種技術策略時，可將用戶分為外部用戶和內部用戶來討論，假設用戶中的 ε 為外部用戶，$1-\varepsilon$ 為內部用戶，其他假設與情況（ⅰ）的相同。由圖 4.1 可見，內部用戶進入系統需經過的檢驗與只配置 IDS 和漏洞掃描技術時的情況相同，而外部用戶則還需要通過防火牆的檢驗。外部用戶的參數定義和證明如下。

則：

$$\eta'_1 = P(入侵|報警) = \frac{(P_D^I + rP_D^I + P_D^F)\psi}{(P_D^I + rP_D^I + P_D^F)\psi + (P_F^I + P_F^F)(1-\psi)} \quad (4.15)$$

$$\eta'_2 = P(入侵|不報警) = \frac{(2 - P_D^I - rP_D^I - P_D^F)\psi}{(2 - P_D^I - rP_D^I - P_D^F)\psi + (2 - P_F^I - P_F^F)(1-\psi)} \quad (4.16)$$

$$P'(報警) = P_F^I + P_F^F + \psi(P_D^I + rP_D^I + P_D^F - P_F^I - P_F^F) \quad (4.17)$$

$$P'(不報警) = 2 - P_F^I - P_F^F - \psi(P_D^I + rP_D^I + P_D^F - P_F^I - P_F^F) \quad (4.18)$$

$$P'(入侵被檢測) = \rho_1(P_D^I + rP_D^I + P_D^F) + \rho_2(2 - P_D^I - rP_D^I - P_D^F) \quad (4.19)$$

在三種技術組合下，企業報警時的期望損失為 F'_A，不報警時的期望損失為 F'_N：

$$F'_A(\rho_1, \psi) = (1-\varepsilon)F_A(\rho_1, \psi) + \varepsilon(\rho_1 c + \eta'_1(1-\rho_1)d + \eta'_1\rho_1(1-\varphi)d + c_S) \quad (4.20)$$

$$F_N'(\rho_2, \psi) = (1-\varepsilon)F_N(\rho_2, \psi) + \varepsilon(\rho_2 c + \eta'_2(1-\rho_2)d + \eta'_2\rho_2(1-\varphi)d + c_S) \quad (4.21)$$

企業總的期望損失為：

$$F'(\rho_1, \rho_2, \psi) = (1-\varepsilon)F(\rho_1, \rho_2, \psi) + \varepsilon[(P_F^I + P_F^F + \psi(P_D^I + rP_D^I + P_D^F - P_F^I - P_F^F))F'_A(\rho_1, \psi) + (2 - P_F^I - P_F^F - \psi(P_D^I + rP_D^I + P_D^F - P_F^I - P_F^F))F_N'(\rho_2, \psi)] \quad (4.22)$$

駭客的期望利潤為：

$$H'(\rho_1, \rho_2, \psi) = H(\rho_1, \rho_2, \psi) - \psi\beta[\rho_2(1 - P_D^F)(1-\varepsilon) - \varepsilon\rho_1 P_D^F] \quad (4.23)$$

定理 4.3：配置防火牆、IDS 和漏洞掃描技術組合的納什均衡混合策略：

若 $\dfrac{\mu}{\beta} > P_D^I(1+r)$，$1-\varepsilon > P_D^F$，則

$$\left(\left(\rho_1^* = 1, \rho_2^* = \dfrac{\mu - \beta(1+r)P_D^I}{\beta(1-P_D^I-rP_D^I)}\right), \psi^* = \dfrac{c(1-P_F^I)}{d\varphi(1-P_D^I-rP_D^I) - c(P_F^I-P_D^I-rP_D^I)}\right);$$

且 $P_D^F = \dfrac{[\mu-\beta(1+r)P_D^I](1-\varepsilon)}{\mu-\beta(1+r)P_D^I-(\mu-\beta)\varepsilon}$，

$$P_F^F = \dfrac{(2-P_F^I)[1-P_D^I-rP_D^I]-(1-P_F^I)(2-P_D^I-rP_D^I-P_D^F)}{1-P_D^I-rP_D^I}。$$

若 $\dfrac{\mu}{\beta} < P_D^I(1+r)$，$1-\varepsilon < P_D^F$，則

$$\left(\left(\rho_1^* = \dfrac{\mu}{\beta(1+r)P_D^I}, \rho_2^* = 0\right), \psi^* = \dfrac{cP_F^I}{\varphi d(1+r)P_D^I + cP_F^I - c(1+r)P_D^I}\right);$$

且 $P_D^F = 0$，或 $\varepsilon = 0$；$P_F^F = \dfrac{P_F^I P_D^F}{(1+r)P_D^I}。$

若 $P_F^I = (1+r)P_D^I = P_D^F = P_F^F = \dfrac{1}{2}$，則

$$(2-\varepsilon)\rho_1^* + (1-\varepsilon)\rho_2^* = \dfrac{2\mu}{\beta},\ \psi^* = \dfrac{c}{\varphi d}。$$

證明：

$$\dfrac{\partial H'}{\partial \psi} = \dfrac{\partial H}{\partial \psi} - \beta[\rho_2(1-P_D^F)(1-\varepsilon) - \varepsilon\rho_1 P_D^F] \tag{4.24}$$

為了分析企業總期望損失的一階導數，將式 (4.8)、式 (4.20)、式 (4.21)、式 (4.22) 做如下轉換：

由式 (4.8)，令 $A = P_F^I + \psi(P_D^I + rP_D^I - P_F^I)$，$B = 1 - P_F^I - \psi(P_D^I + rP_D^I - P_F^I)$；

由公式 (4.20)，令 $Z_1 = \varepsilon(\rho_1 c + \eta_1'(1-\rho_1)d + \eta_1'\rho_1(1-\varphi)d + c_S)$；

由公式 (4.21)，令 $Z_2 = \varepsilon(\rho_2 c + \eta_2'(1-\rho_2)d + \eta_2'\rho_2(1-\varphi)d + c_S)$；

由公式 (4.22)，令

$$C = P_F^I + P_F^F + \psi(P_D^I + rP_D^F + P_D^F - P_F^I - P_F^F),$$
$$D = 2 - P_F^I - P_F^F - \psi(P_D^I + rP_D^F + P_D^F - P_F^I - P_F^F);$$

則式（4.22）將轉換為：

$$F'(\rho_1, \rho_2, \psi) = (1-\varepsilon)F_A(A+\varepsilon C) + (1-\varepsilon)F_N(B+\varepsilon D) + \varepsilon(CZ_1 + DZ_2) \tag{4.25}$$

企業總的期望損失均衡值即求解 $\frac{\partial F_A}{\partial \rho_1} = 0$，$\frac{\partial F_N}{\partial \rho_2} = 0$，$\frac{\partial Z_1}{\partial \rho_1} = 0$，$\frac{\partial Z_2}{\partial \rho_2} = 0$，

其中 $\frac{\partial F_A}{\partial \rho_1}$ 為式（4.11），$\frac{\partial F_N}{\partial \rho_2}$ 為式（4.12）；

$$\frac{\partial Z_1}{\partial \rho_1} = c - \eta_1' d + \eta_1'(1-\varphi)d \tag{4.26}$$

$$\frac{\partial Z_2}{\partial \rho_2} = c - \eta_2' d + \eta_2'(1-\varphi)d \tag{4.27}$$

若 $\frac{\partial F_A}{\partial \rho_1} = \frac{\partial F_N}{\partial \rho_2} = 0$，$\frac{\partial Z_1}{\partial \rho_1} = \frac{\partial Z_2}{\partial \rho_2} = 0$

則 $P_F^I = (1+r)P_D^I = P_D^F = P_F^F = \frac{1}{2}$，得

$$(2-\varepsilon)\rho_1^* + (1-\varepsilon)\rho_2^* = \frac{2\mu}{\beta} \tag{4.28}$$

$$\psi^* = \eta_1 = \eta_2 = \eta_1' = \eta_2' = \frac{c}{\varphi d} \tag{4.29}$$

若 $\frac{\partial F_A}{\partial \rho_1} = 0$，$\frac{\partial F_N}{\partial \rho_2} = 0$ $\frac{\partial Z_1}{\partial \rho_1} = 0$，$\frac{\partial Z_2}{\partial \rho_2} = 0$ 不能同時滿足成立，為簡便分析，只考慮情形 $\frac{\partial F_A}{\partial \rho_1} > \frac{\partial F_N}{\partial \rho_2}$，$\frac{\partial Z_1}{\partial \rho_1} > \frac{\partial Z_2}{\partial \rho_2}$，其他情形類似的方法分析。

因此，兩種可能的均衡情形為：$\rho_1 = 1$，$0 < \rho_2 < 1$ 和 $0 < \rho_1 < 1$，$\rho_2 = 0$。

當 $\rho_1 = 1$，$0 < \rho_2 < 1$，在這種情況下，式（4.10）、式（4.12）、式（4.21）和式（4.24）必須為0，且式（4.11）>0，式（4.26）>0。有：

$$\rho_2^* = \frac{\mu - \beta(1+r)P_D^I}{\beta(1-P_D^I-rP_D^I)} = \frac{\varepsilon P_D^F}{1-P_D^F-\varepsilon+\varepsilon P_D^F} \tag{4.30}$$

$$\psi^* = \frac{c(1-P_F^I)}{d\varphi(1-P_D^I-rP_D^I)-c(P_F^I-P_D^I-rP_D^I)}$$

$$= \frac{c(2-P_F^I-P_F^F)}{(d\varphi-c)(2-P_D^I-rP_D^I-P_D^F)+c(2-P_F^I-P_F^F)} \quad (4.31)$$

其中 $P_D^F = \dfrac{[\mu-\beta(1+r)P_D^I](1-\varepsilon)}{\mu-\beta(1+r)P_D^I-(\mu-\beta)\varepsilon}$,

$P_F^F = \dfrac{(2-P_F^I)[1-P_D^I-rP_D^I]-(1-P_F^I)(2-P_D^I-rP_D^I-P_D^F)}{1-P_D^I-rP_D^I}$ 且

$\dfrac{\mu}{\beta} > P_D^I(1+r)$, $1-\varepsilon > P_D^F$.

類似的證明 $0 < \rho_1 < 1$, $\rho_2 = 0$ 的情形，得：

$$\rho_1^* = \frac{\mu}{\beta(1+r)P_D^I} \quad (4.32)$$

$$\psi^* = \frac{cP_F^I}{\varphi d(1+r)P_D^I+cP_F^I-c(1+r)P_D^I}$$

$$= \frac{c(P_F^I+P_F^F)}{c(P_F^I+P_F^F)+(\varphi d-c)(P_D^I+rP_D^I+P_D^F)} \quad (4.33)$$

其中, $P_D^F = 0$, $\varepsilon = 0$ 或 $P_F^F = \dfrac{P_F^I P_D^F}{(1+r)P_D^I}$

且 $\dfrac{\mu}{\beta} < P_D^I(1+r)$, $1-\varepsilon < P_D^F$。 證畢

由式（4.25）和式（4.26）得到推論 4.3。

推論 4.3：為資訊系統增加配置防火牆技術會影響駭客和企業的收益。但比較情況（i）和情況（ii），駭客的最優策略沒有改變。除了 $P_F^I = (1+r)P_D^I = P_D^F = P_F^F = \dfrac{1}{2}$ 情況，IDS 的調查策略也沒有改變。

令定理 4.3 中 $r = 0$，可以推導出防火牆和 IDS 的參數交互問題。

定理 4.4：配置防火牆和 IDS 的納什均衡混合策略：

若 $\dfrac{\mu}{\beta} > P_D^I$, $1-\varepsilon > P_D^F$，則

$$P_D^F = \frac{(\mu - \beta P_D^I)(1-\varepsilon)}{\mu - \beta P_D^I - (\mu - \beta)\varepsilon}, \quad P_F^F = \frac{1-(1-P_F^I)(1-P_D^F)}{1-P_D^I}。$$

若 $\frac{\mu}{\beta} < P_D^I$，$1-\varepsilon < P_D^F$，則 $P_D^F = P_F^F = 0$ 或 $\varepsilon = 0$。

若 $P_F^I = P_D^I = P_D^F = P_F^F = \frac{1}{2}$，則 $(2-\varepsilon)\rho_1^* + (1-\varepsilon)\rho_2^* = \frac{2\mu}{\beta}$，$\psi^* = \frac{c}{\varphi d}$。

推論 4.4：當 IDS 的檢測概率較低時，防火牆的檢測概率隨 IDS 的檢測概率降低而增大，隨外部用戶比例的減少而增大。當 IDS 的檢測概率較高時，企業不配置防火牆①。當防火牆和 IDS 的檢測概率和誤報率都為 $\frac{1}{2}$ 時，則當幾乎沒有外部用戶②時，IDS 發出警報時企業的調查概率應為 IDS 未發出警報時的 2 倍；當有大量外部用戶③時，IDS 未發出警報的情況下企業不需要採用人工調查，IDS 發出警報的情況下企業採用人工調查的概率為 $\frac{2\mu}{\beta}$。

進一步假設外部用戶中的 ζ 為合法用戶，且合法用戶對企業的效益貢獻為 ω，其他參數與之前的假設相同，則：

$$P(用戶能訪問系統) = (1-\varepsilon) + \varepsilon[(1-P_D^F) + (1-P_F^F)] = P_e \quad (4.34)$$

$$P(用戶是內部用戶) = \frac{1-\varepsilon}{(1-\varepsilon)+(\varepsilon[(1-\zeta)(1-P_D^F)+\zeta(1-P_F^F)])} = P_{in} \quad (4.35)$$

$$P(用戶是外部合法的) = \frac{\varepsilon\zeta(1-P_F^F)}{(1-\varepsilon)+(\varepsilon[(1-\zeta)(1-P_D^F)+\zeta(1-P_F^F)])} = P_{eout} \quad (4.36)$$

防火牆在報警 F_A^F 和未報警 F_N^F 的情況下給企業帶來的效益為：

---

① 特別地，防火牆的檢測概率為 0 或沒有外部用戶時，意味著配置防火牆沒有任何意義。
② 特別地，有 $\varepsilon = 0$ 的情況。
③ 特別地，有 $\varepsilon = 1$ 的情況。

$$F_A^F = \omega\left(\frac{P_F^I(1-\psi)P_{\text{in}}}{(1+r)P_D^I\psi + P_F^I(1-\psi)} + \frac{P_F^I(1-\psi)P_{\text{eout}}}{(1+r)P_D^I\psi + P_F^I(1-\psi)}\right)$$

(4.37)

$$F_N^F = \omega\left(\frac{(1-P_F^I)(1-\psi)P_{\text{in}}}{1-(1+r)P_D^I\psi - P_F^I(1-\psi)} + \frac{(1-P_F^I)(1-\psi)P_{\text{eout}}}{1-(1+r)P_D^I\psi - P_F^I(1-\psi)}\right)$$

(4.38)

則企業的期望損失值（報警 F'_A 和不報警 F'_N 分別為）：

$$F'_A(\rho_1, \psi) = \rho_1 c + \eta_1(1-\rho_1)d + \eta_1\rho_1(1-\varphi)d + c_S - \eta_1\rho_1 d\varphi_S -$$
$$\omega\left(\frac{P_F^I(1-\psi)P_{\text{in}}}{(1+r)P_D^I\psi + P_F^I(1-\psi)} + \frac{P_F^I(1-\psi)P_{\text{eout}}}{(1+r)P_D^I\psi + P_F^I(1-\psi)}\right) \quad (4.39)$$

$$F_N'(\rho_2, \psi) = \rho_2 c + \eta_2(1-\rho_2)d + \eta_2\rho_2(1-\varphi)d + c_S - \eta_2\rho_2 d\varphi_S -$$
$$\omega\left(\frac{(1-P_F^I)(1-\psi)P_{\text{in}}}{1-(1+r)P_D^I\psi - P_F^I(1-\psi)} + \frac{(1-P_F^I)(1-\psi)P_{\text{eout}}}{1-(1+r)P_D^I\psi - P_F^I(1-\psi)}\right) \quad (4.40)$$

企業總的期望損失為：

$$F'(\rho_1, \rho_2, \psi) = P_e\left[(P_F^I + \psi((1+r)P_D^I - P_F^I))F'_A(\rho_1, \psi) + (1 - P_F^I - \psi((1+r)P_D^I - P_F^I))F_N'(\rho_2, \psi)\right] \quad (4.41)$$

駭客的期望利潤為：

$$H'(\rho_1, \rho_2, \psi) = \psi\mu - \psi\beta(\rho_1(1+r)P_D^I + \rho_2(1-(1+r)P_D^I)) \quad (4.42)$$

定理 4.5：配置防火牆、IDS 和漏洞掃描技術的均衡策略和定理 4.1 相同。

證明：為求平衡點，計算 $\frac{\partial H}{\partial \psi} = 0$，$\frac{\partial F'_A}{\partial \rho_1} = 0$，$\frac{\partial F_N'}{\partial \rho_2} = 0$。

觀察發現，(4.37) 式和 (4.38) 式中無 ρ_1，ρ_2 參數，對其求導為 0，即 $\frac{\partial F'_A}{\partial \rho_1} = \frac{\partial F_A}{\partial \rho_1}$，$\frac{\partial F_N'}{\partial \rho_2} = \frac{\partial F_N}{\partial \rho_2}$，

得證情況（ⅰ）和（ⅱ）的納什均衡策略相同。 證畢

推論 4.5：雖然情況（ⅰ）和（ⅱ）的納什均衡策略相同，但由於 $F_A^F \geq 0$，$F_N^F \geq 0$，所以合理的防火牆配置會減少企業總的期望損失。若原預期

的企業損失值給定，則加入防火牆技術減少的部分可以用於對其他技術的配置或升級，從而改善企業的資訊安全環境。

推論 4.6：無論是情況（ⅰ）還是（ⅱ），漏洞掃描中的 $d\varphi_S$ 都對駭客入侵策略有影響。$d\varphi_S$ 越大，駭客的入侵概率越小，對資訊系統的保護功能越強，所以漏洞掃描系統應及時更新數據庫，合理設置掃描週期，幫助企業減少駭客入侵的概率。

但這並不意味著 $d\varphi_S$ 的取值越大越好，在非納什均衡策略中，企業的期望損失並不是最小的，漏洞掃描系統修復所有的漏洞並不是最優策略，而應依據企業的安全級別要求，合理修補系統漏洞。不合理的漏洞修復甚至會出現藍屏、死機等現象，反而給企業帶來不便。

4.4 防火牆、入侵檢測和漏洞掃描技術交互的經濟學分析

資訊網絡的發展本身就是資訊安全防護技術和資訊安全攻擊技術不斷博弈的過程。在博弈中，假設使用防護技術的參與人為企業，使用攻擊技術的參與人為駭客，那麼資訊安全博弈就會轉化為企業與駭客之間的博弈。企業期望安全漏洞帶來的損失最小化，駭客期望成功入侵企業資訊系統的效益最大化。制定合理的策略、配置合理的技術參數是博弈達到平衡的關鍵。

4.4.1 資訊安全金三角模型

Davies（2002）提出了防火牆、IDS 和漏洞評估技術[1]組合的商業價值，研究了這三種主要的技術的交互方式，並試圖回答一個問題：這是個簡單的資訊安全技術組合越多、成本越高的問題，還是個資訊安全技術組

---

[1] Davies 在文章中將漏洞評估技術和漏洞掃描技術定義為相同的技術。

合越多、收益越高的問題。Dragon soft 是臺灣著名的資訊安全軟件企業，它提出了資訊安全金三角的概念（見圖4.2），強調以防火牆為中心，通過 IDS 和漏洞掃描技術彌補防火牆規則，使位於最前線的防火牆可阻擋更多的入侵攻擊行為，從而增加網絡防護的可靠性。現實中，應根據網絡拓撲的特徵和安全要求，配置合適的防火牆，通過 IDS 即時檢測網絡的關鍵點，發現入侵後通過系統管理員或安全策略調整系統配置，定期掃描系統並及時修復因配置改變帶來的脆弱環節。由 Cavusoglu（2009）的文章可知，合理配置防火牆終會減少企業的期望損失。因此，我們可以總結出企業配置安全技術的策略，記為 $S^F \in \{$（防火牆，漏洞掃描），（防火牆，IDS），（防火牆，IDS，漏洞掃描）$\}$，駭客的策略記為 $S^H \in \{$入侵，不入侵$\}$，下面討論企業與駭客的博弈過程。

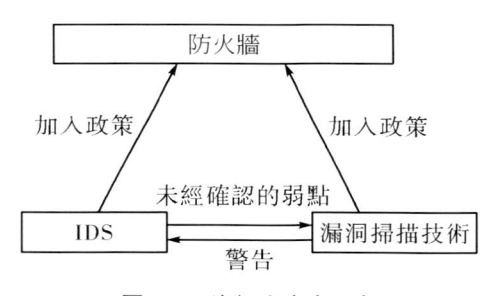

圖 4.2　資訊安全金三角

4.4.2　模型的參數與假設

假設所有參與人都可以獲得對方的資訊，由於研究三種資訊安全技術交互的經濟學問題是一個複雜的系統性問題，對模型中的關鍵參數進行簡化，定義如下：

（1）防火牆的檢測概率為 $P_D^F = P$（認為是駭客 | 用戶是駭客），即防火牆阻止非法用戶入侵的概率；防火牆的漏檢概率為 $1 - P_D^F$，即防火牆未阻止非法用戶入侵的概率；其配置成本為 c_F；防火牆阻止入侵為企業帶來的收益為 α；其中，$\alpha > c_F$，$P_D^F \leq 1$。

（2）同理，定義 IDS 的檢測概率為 P_D^I，即駭客入侵時發出報警的概

率；IDS 的漏檢概率為 $1 - P_D^I$，即駭客入侵時未發出報警的概率；其配置成本為 c_I；IDS 阻止入侵為企業帶來的收益為 γ；其中，$\gamma > c_I$，$P_D^I \leq 1$。

（3）漏洞掃描技術的掃描頻率為 P_S；其配置成本為 c_S；漏洞掃描對資訊安全系統補充所帶來的收益為 ω_S；其中，$P_S \omega_S > c_S$，$P_S \geq 1$。

（4）如果駭客入侵成功，企業的損失為 d。

（5）企業選擇技術組合配置的概率為 $\theta_i (i = 1, 2, 3)$。其中，θ_1 為選擇組合（防火牆，漏洞掃描）的概率；θ_2 為選擇組合（防火牆，IDS）的概率；θ_3 為選擇組合（防火牆，IDS，漏洞掃描）的概率。

（6）駭客的入侵成本為 c；入侵成功後的收益為 μ；入侵被檢測到的懲罰為 β。

（7）駭客入侵的概率為 ψ，則不入侵的概率為 $1 - \psi$。

表 4.2　模型的參數和博弈雙方的決策變量表

模型的參數	
d	駭客成功攻擊造成的損失，資訊安全技術阻擋了合法資訊流造成的損失
c	駭客的入侵成本
μ	駭客攻擊的收益
β	駭客攻擊被發現時受到的懲罰
P_D^F	防火牆正確報警，防火牆阻止非法外部用戶入侵的概率
$1 - P_D^F$	防火牆的漏檢概率，防火牆未阻止非法用戶入侵的概率
c_F	防火牆的配置成本
α	防火牆阻止入侵為企業帶來的收益
P_D^I	IDS 正確報警，駭客入侵時 IDS 發出報警的概率
$1 - P_D^I$	IDS 的漏檢概率，駭客入侵時 IDS 未發出報警的概率
c_I	IDS 的配置成本
γ	IDS 阻止入侵為企業帶來的收益
P_S	漏洞掃描技術的掃描概率
c_S	漏洞掃描系統的配置成本
ω_S	漏洞掃描為資訊安全系統帶來的收益

表4.2(續)

博弈雙方的決策變量	
ψ	駭客對系統發動攻擊的概率
θ_1	企業選擇組合（防火牆，漏洞掃描）的概率
θ_2	企業選擇組合（防火牆，IDS）的概率
θ_3	企業選擇組合（防火牆，IDS，漏洞掃描）的概率

引理4.1：當企業選擇配置技術組合 {((防火牆，漏洞掃描)，只配置防火牆)}，駭客選擇（入侵，不入侵）時，混合戰略納什均衡為：$\psi^* = \dfrac{c_S}{P_S \omega_S}$，$\theta_1^*$ 可取任意值。

證明：在這種情況下，企業與駭客的博弈過程如下：

表4.3 博弈雙方配置（(防火牆，漏洞掃描)，只配置防火牆）時的支付矩陣

<table>
<tr><td colspan="2"></td><td colspan="2">駭客支付</td></tr>
<tr><td colspan="2"></td><td>入侵</td><td>不入侵</td></tr>
<tr><td rowspan="2">企業支付</td><td>配置（防火牆，漏洞掃描）</td><td>$P_D^F\alpha - c_F - (1-P_D^F)d + P_S\omega_S - c_S$，$(1-P_D^F)\mu - c - P_D^F\beta$</td><td>$\alpha - c_F - c_S$，$0$</td></tr>
<tr><td>只配置防火牆</td><td>$P_D^F\alpha - c_F - (1-P_D^F)d$，$(1-P_D^F)\mu - c - P_D^F\beta$</td><td>$\alpha - c_F$，$0$</td></tr>
</table>

當企業配置（防火牆，漏洞掃描）的概率 $\theta_1 = 1$，只配置防火牆的概率為 $\pi_G(0, \psi)$ 時，令企業的收益分別為 $\pi_G(1, \psi)$ 和 $\pi_G(0, \psi)$：

$$\pi_G(1,\psi) = [P_D^F\alpha - c_F - (1-P_D^F)d + P_S\omega_S - c_S]\psi + (\alpha - c_F - c_S)(1-\psi)$$
$$= (P_D^F - 1)(\alpha + d)\psi + P_S\omega_S\psi + \alpha - c_F - c_S \qquad (4.43)$$

$$\pi_G(0,\psi) = [P_D^F\alpha - c_F - (1-P_D^F)d]\psi + (\alpha - c_F)(1-\psi)$$
$$= (P_D^F - 1)(\alpha + d)\psi + \alpha - c_F \qquad (4.44)$$

解 $\pi_G(1, \psi) = \pi_G(0, \psi)$ 得：

$$\psi^* = \frac{c_S}{P_S\omega_S};$$

當駭客入侵概率 $\psi = 1$，不入侵的概率為 $1 - \psi = 0$ 時，

令駭客的收益分別為 $\pi_H(\theta_1, 1)$ 和 $\pi_H(\theta_1, 0)$：

$$\pi_H(\theta_1, 1) = [(1-P_D^F)\mu - c - P_D^F\beta]\theta_1 + [(1-P_D^F)\mu - c - P_D^F\beta](1-\theta_1) \tag{4.45}$$

$$\pi_H(\theta_1, 0) = 0 \tag{4.46}$$

解 $\pi_H(\theta_1, 1) = \pi_H(\theta_1, 0)$ 得：

$$P_D^{F*} = \frac{\mu - c}{\mu + \beta}。\qquad 證畢$$

引理 4.2：當企業選擇配置技術組合 $\{((防火牆，IDS)，只配置防火牆)\}$，駭客選擇（入侵，不入侵）時，混合戰略納什均衡為：

$$(\theta_2^*, \psi^*) = \left(\frac{(\mu+\beta)P_D^F + c - \mu}{P_D^F P_D^I(\mu+\beta) - P_D^I\mu - P_D^F\beta}, \frac{c_I}{P_D^I d + P_D^I \gamma - d}\right)。$$

證明：在這種情況下，企業與駭客的博弈過程如下：

表 4.4 博弈雙方配置（(防火牆，IDS)，只配置防火牆）時的支付矩陣

		駭客支付 入侵	不入侵
企業支付	配置（防火牆，IDS）	$P_D^F\alpha - c_F - 2(1-P_D^F)d + P_D^I\gamma - c_I$, $(1-P_D^F)(1-P_D^I)\mu - c - P_D^F P_D^I\beta - P_D^F(1-P_D^I)\beta - P_D^I(1-P_D^F)\beta$	$\alpha - c_F - c_I$, 0
	只配置防火牆	$P_D^F\alpha - c_F - (1-P_D^F)d$, $(1-P_D^F)\mu - c - P_D^F\beta$	$\alpha - c_F$, 0

當企業配置（防火牆，IDS）的概率 $\theta_2 = 1$，只配置防火牆的概率為 $1 - \theta_2 = 0$ 時，

令企業的收益分別為 $\pi_G'(1, \psi)$ 和 $\pi_G'(0, \psi)$：

$$\pi_G'(1, \psi) = (P_D^F - 1)(\alpha + d)\psi + (P_D^I d + P_D^I\gamma - d)\psi + \alpha - c_F - c_I \tag{4.47}$$

$$\pi_G'(0, \psi) = (P_D^F - 1)(\alpha + d)\psi + \alpha - c_F \tag{4.48}$$

解 $\pi_G'(1, \psi) = \pi_G'(0, \psi)$ 得：

$$\psi^* = \frac{c_I}{P_D^I d + P_D^I \gamma - d};$$

當駭客入侵概率 $\psi = 1$，不入侵的概率為 $1 - \psi = 0$ 時，令駭客的收益分別為 $\pi_H{'}(\theta_2, 1)$ 和 $\pi_H{'}(\theta_2, 0)$：

$$\pi_H{'}(\theta_2, 1) = [(1 - P_D^F)(1 - P_D^I)\mu - c - P_D^F P_D^I \beta - P_D^F(1 - P_D^I)\beta - P_D^I(1 - P_D^F)\beta]\theta_2 + [(1 - P_D^F)\mu - c - P_D^F \beta](1 - \theta_2) \quad (4.49)$$

$$\pi_H{'}(\theta_2, 0) = 0 \quad (4.50)$$

解 $\pi_H{'}(\theta_2, 1) = \pi_H{'}(\theta_2, 0)$ 得：

$$\theta_2^* = \frac{(\mu + \beta)P_D^F + c - \mu}{P_D^F P_D^I(\mu + \beta) - P_D^I \mu - P_D^I \beta}。 \quad 證畢$$

引理4.3：當企業選擇配置技術組合 {((防火牆，IDS，漏洞掃描)，只配置防火牆)}，駭客選擇（入侵，不入侵）時，混合戰略納什均衡為：

$$(\theta_3^*, \psi^*) = (\frac{(\mu + \beta)P_D^F + c - \mu}{P_D^F P_D^I(\mu + \beta) - P_D^I \mu - P_D^I \beta}, \frac{c_S + c_I}{P_D^I d + P_D^I \gamma - d + P_S \omega_S})。$$

證明：在這種情況下，企業與駭客的博弈過程如下：

表 4.5　博弈雙方配置 ((防火牆，IDS，漏洞掃描)，只配置防火牆) 時的支付矩陣

<table>
<tr><td colspan="2"></td><td colspan="2" align="center">駭客支付</td></tr>
<tr><td colspan="2"></td><td align="center">入侵</td><td align="center">不入侵</td></tr>
<tr><td rowspan="2">企業支付</td><td>配置（防火牆，IDS，漏洞掃描）</td><td>$P_D^F \alpha - c_F - 2(1-P_D^F)d + P_D^I \gamma - c_I + P_S \omega_S - c_S$, $(1-P_D^F)(1-P_D^I)\mu - c - P_D^F P_D^I \beta - P_D^F(1-P_D^I)\beta - P_D^I(1-P_D^F)\beta$</td><td>$\alpha - c_F - c_I - c_S$, 0</td></tr>
<tr><td>只配置防火牆</td><td>$P_D^F \alpha - c_F - (1 - P_D^F)d$, $(1 - P_D^F)\mu - c - P_D^F \beta$</td><td>$\alpha - c_F$, 0</td></tr>
</table>

當企業配置（防火牆，IDS，漏洞掃描）的概率 $\theta_3 = 1$，只配置防火牆的概率為 $1 - \theta_3 = 0$ 時，

令企業的收益分別為 $\pi_G{''}(1, \psi)\, or\, \pi_G{''}(0, \psi)$：

$$\pi_G{''}(1, \psi) = (P_D^F - 1)(\alpha + d)\psi + (P_D^I d + P_D^I \gamma - d)\psi + P_S \omega_S \psi + \alpha - c_F - c_S - c_I \quad (4.51)$$

$$\pi_G{''}(0, \psi) = (P_D^F - 1)(\alpha + d)\psi + \alpha - c_F \quad (4.52)$$

解 $\pi_G''(1, \psi) = \pi_G''(0, \psi)$ 得：

$$\psi^* = \frac{c_S + c_I}{P_D^I d + P_D^I \gamma - d + P_S \omega_S};$$

當駭客入侵概率 $\psi = 1$，不入侵的概率為 $1 - \psi = 0$ 時，

令駭客的收益分別為 $\pi_H''(\theta_3, 1)$ 和 $\pi_H''(\theta_3, 0)$：

$$\pi_H''(\theta_3, 1) = [(1-P_D^F)(1-P_D^I)\mu - c - P_D^F P_D^I \beta - P_D^F(1-P_D^I)\beta - P_D^I(1-P_D^F)\beta]\theta_3 + [(1-P_D^F)\mu - c - P_D^F \beta](1-\theta_3) \quad (4.53)$$

$$\pi_H''(\theta_3, 0) = 0 \quad (4.54)$$

解 $\pi_H''(\theta_3, 1) = \pi_H''(\theta_3, 0)$ 得：

$$\theta_3^* = \frac{(\mu + \beta)P_D^F + c - \mu}{P_D^F P_D^I (\mu + \beta) - P_D^I \mu - P_D^I \beta}。 \quad 證畢$$

4.4.3 三種資訊安全技術組合交互的經濟學分析

下面，我們將用三個定理總結討論技術之間的交互情況。在此之前，做如下定義：

定義 4.1：當配置技術（A，B）的企業收益大於配置技術 A 的企業收益時，稱技術 A 與技術 B 是互補的。

定義 4.2：當配置技術（A，B）的企業收益小於配置技術 A 的企業收益時，稱技術 A 與技術 B 是衝突的。

定理 4.6：當 $\psi < \dfrac{c_S}{P_S \omega_S}$ 時，防火牆技術與漏洞掃描技術是相互衝突的；當 $\psi > \dfrac{c_S}{P_S \omega_S}$ 時，防火牆技術與漏洞掃描技術是互補的。

由引理 4.1 可知，比較技術組合（（防火牆，漏洞掃描），只配置防火牆）時，混合戰略納什均衡為 $\psi^* = \dfrac{c_S}{P_S \omega_S}$。所以當 $\psi < \dfrac{c_S}{P_S \omega_S}$ 時，配置技術組合（防火牆，漏洞掃描）的企業收益小於只配置防火牆的企業收益。由定義 4.2 可知，此時防火牆技術和漏洞掃描技術相互衝突。同理，當 $\psi > \dfrac{c_S}{P_S \omega_S}$ 時，此時的防火牆技術與漏洞掃描技術是互補的。

θ_1^* 取任意值表明，漏洞掃描技術僅可對資訊安全系統進行評估，不能阻止入侵，而對駭客的決策有影響作用的是防火牆的參數 P_D^F。由引理 4.1 可知，由於 $P_D^{F*} = \dfrac{\mu - c}{\mu + \beta}$，所以當 $P_D^F < \dfrac{\mu - c}{\mu + \beta}$ 時，駭客會選擇入侵；當 $P_D^F > \dfrac{\mu - c}{\mu + \beta}$ 時，則駭客不會選擇入侵。所以，企業應根據這個條件合理地配置防火牆的相關參數。

因此，當企業有條件配置防火牆和漏洞掃描技術時，為了安全和經濟效益的最大化，首先應對資訊安全風險和資訊安全技術進行評估，利用蜜罐、日誌等技術對駭客的入侵行為做一個估計（即判別駭客入侵概率和手段等）。當用戶的入侵概率較低時（$\psi < \dfrac{c_S}{P_S \omega_S}$），防火牆和漏洞掃描技術是衝突的，此時企業沒有必要同時配置兩種技術，會造成經濟上的浪費，企業僅配置防火牆即可抵禦入侵。但若駭客的入侵概率較高時（$\psi > \dfrac{c_S}{P_S \omega_S}$），為了保證一定的安全水準，企業需要同時配置兩種技術來達到效益最大化，因為此時配置兩種技術是互補的。

另外，若企業想對駭客的入侵行為進行威懾，關鍵取決於防火牆的參數配置（即 P_D^F 大於或小於 $\dfrac{\mu - c}{\mu + \beta}$）。企業對用戶入侵行為做出評估後，可以以資訊批露等形式讓駭客瞭解自己的防禦能力，從而打消駭客入侵的想法。

同理，由引理 4.2、引理 4.3，我們可以得到定理 4.7 和定理 4.8。

定理 4.7：當 $\psi < \dfrac{c_I}{P_D^I d + P_D^I \gamma - d}$ 時，防火牆技術與 IDS 是相互衝突的；當 $\psi > \dfrac{c_I}{P_D^I d + P_D^I \gamma - d}$ 時，防火牆技術與 IDS 是互補的。

由此可見，雖然防火牆和 IDS 的技術交互性可以應對脆弱性警告並防禦入侵，但由於 IDS 技術本身存在一定的漏檢概率，企業在考慮配置決策

時應先評估操作環境和威脅。當入侵概率較小時（$\psi < \dfrac{c_I}{P_D^I d + P_D^I \gamma - d}$），企業額外配置 IDS 所帶來的收益小於 IDS 技術本身的缺陷（如人工維護成本等），此時，企業的最優配置策略為只配置防火牆技術。而當駭客入侵概率較高時（$\psi > \dfrac{c_I}{P_D^I d + P_D^I \gamma - d}$），IDS 的防禦效果及其與防火牆技術交互效應突出，對比資訊價值和技術的成本費用，同時配置 IDS 和防火牆會給企業帶來更多的收益，此時企業的最優策略為同時配置兩種技術。

定理 4.8：當 $\psi < \dfrac{c_S + c_I}{P_D^I d + P_D^I \gamma - d + P_S \omega_S}$ 時，防火牆技術與 IDS、漏洞掃描技術是相互衝突的；當 $\psi > \dfrac{c_S + c_I}{P_D^I d + P_D^I \gamma - d + P_S \omega_S}$ 時，防火牆技術與 IDS、漏洞掃描技術是互補的。

通過比較引理 4.2、4.3 和定理 4.7、4.8，對於不同的入侵概率 ψ，組合（防火牆，IDS）的最優配置概率 θ_2^* 和組合（防火牆，IDS，漏洞掃描）的最優配置概率 θ_3^* 是相同的，但額外配置漏洞掃描技術後對入侵概率的影響是不同的。當配置組合（防火牆，IDS）概率為 θ_2^* 時，$\psi^* = \dfrac{c_I}{P_D^I d + P_D^I \gamma - d}$，此時記 $\psi = \psi \mid_{\theta_2^*}$；當配置組合（防火牆，IDS，漏洞掃描）概率為 θ_3^* 時，$\psi^* = \dfrac{c_I + c_S}{P_D^I d + P_D^I \gamma - d + P_S \omega_S}$，此時記 $\psi = \psi \mid_{\theta_3^*}$。比較 $\psi \mid_{\theta_2^*}$ 與 $\psi \mid_{\theta_3^*}$ 的大小，即比較 $\psi \mid_{\theta_3^*} - \psi \mid_{\theta_2^*}$ 與 0 的關係。通過證明我們得到如下結論：

當 $c_S(P_D^I d + P_D^I \gamma - d) = c_I P_S \omega_S$ 時，$\psi \mid_{\theta_3^*} = \psi \mid_{\theta_2^*}$，說明此時配置兩種技術組合與配置三組技術組合對駭客入侵概率的決策是等效的；此時，很難辨別運行三種資訊安全技術組合是否會為資訊系統帶來更大的好處。

當 $c_S(P_D^I d + P_D^I \gamma - d) > c_I P_S \omega_S$ 時，$\psi \mid_{\theta_3^*} > \psi \mid_{\theta_2^*}$，說明配置（防火牆，IDS，漏洞掃描）時，駭客的最優入侵概率比配置（防火牆，IDS）的最優入侵概率大，額外配置漏洞掃描技術反而對資訊安全系統的貢獻具有負

效應;

當 $c_S(P_D^I d + P_D^I \gamma - d) < c_I P_S \omega_S$ 時, $\psi|_{\theta_3^*} < \psi|_{\theta_2^*}$, 說明此時額外配置漏洞掃描技術對企業的決策而言是優於只配置防火牆和 IDS 技術組合的。

通過對定理 4.6、定理 4.7、定理 4.8 的分析可知, 在不同條件下, 企業與駭客的最優博弈策略也不同。企業若想獲得效益最大化, 應首先通過以往經驗數據估計駭客的相應決策參數, 然後決定企業應配置哪些技術組合來有效抵禦駭客入侵。漏洞掃描技術對資訊安全系統雖然沒有阻止入侵的作用, 但通過對技術組合交互的作用進行研究後發現, 在特定情況下, 在資訊安全系統中額外配置漏洞掃描技術同樣會對系統產生正的效應。三個定理的結論也再次向我們驗證: 並不是配置越多的技術系統的安全性越高, 不恰當的配置反而會給系統帶來經濟損失和安全漏洞, 影響企業的效益。

4.5 算例分析

4.5.1 數值模擬

我們採用數值模擬的方法分別對資訊安全技術組合——防火牆, 漏洞掃描、防火牆, IDS 和防火牆, IDS, 漏洞掃描的配置進行研究, 比較在什麼情況下技術是互補的, 什麼情況下是衝突的。

情況 1: 配置資訊安全技術組合（防火牆, 漏洞掃描）與只配置防火牆的策略比較。

令: $P_D^F = 0.6$, $c_F = 5$, $\alpha = 40$, $P_S = 2$, $c_S = 5$, $\omega = 4$, $d = 30$, $c = 15$, $\mu = 25$, $\beta = 30$, $\psi_i = \frac{i}{10}$, ($i = 1, \cdots, 10$) 則企業的收益與入侵概率的關係如圖 4.3 所示。

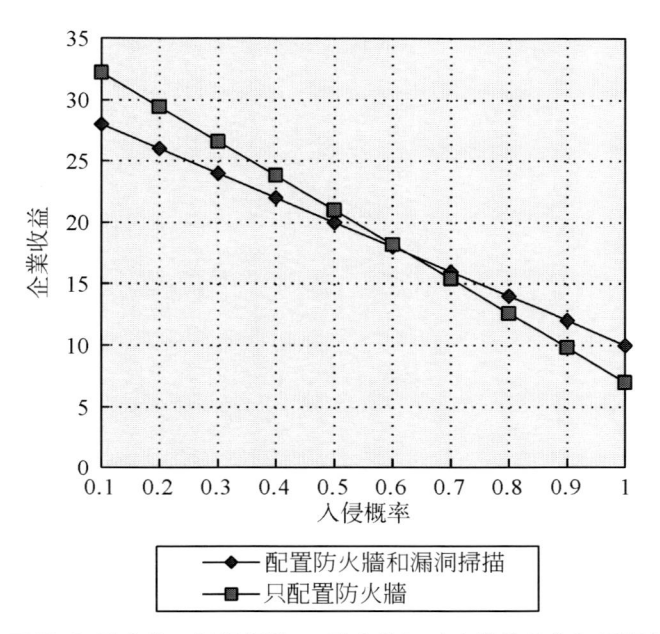

4 三種資訊安全技術組合的最優配置策略及交互分析

图 4.3 配置 [（防火牆，漏洞掃描），防火牆] 時企業收益與入侵概率的關係

由引理 4.1，賦值得到 $\psi^* = \dfrac{c_S}{P_S \omega_S} = \dfrac{5}{8}$。由定理 4.6，當 $\psi^* < \dfrac{5}{8}$ 時，防火牆與漏洞掃描技術是相互衝突的，從圖 4.3 中看出，配置（防火牆，漏洞掃描）技術組合曲線低於僅配置防火牆的企業收益曲線。當 $\psi^* > \dfrac{5}{8}$ 時，防火牆與漏洞掃描技術是互補的，此時配置（防火牆，漏洞掃描）技術組合曲線高於僅配置防火牆的企業收益曲線。同理可解釋情況 2 和情況 3 的曲線。

情況 2：配置資訊安全技術組合（防火牆，IDS）與只配置防火牆的策略比較。

令 $P_D^I = 0.4$，$\gamma = 80$，$c_I = 5$，其他參數設置與情況 1 相同，則企業的收益與入侵概率的關係如圖 4.4 所示。由引理 4.2，$\psi^* = \dfrac{c_I}{P_D^I d + P_D^I \gamma - d} = \dfrac{5}{14}$，圖中曲線趨勢與定理 4.7 一致。

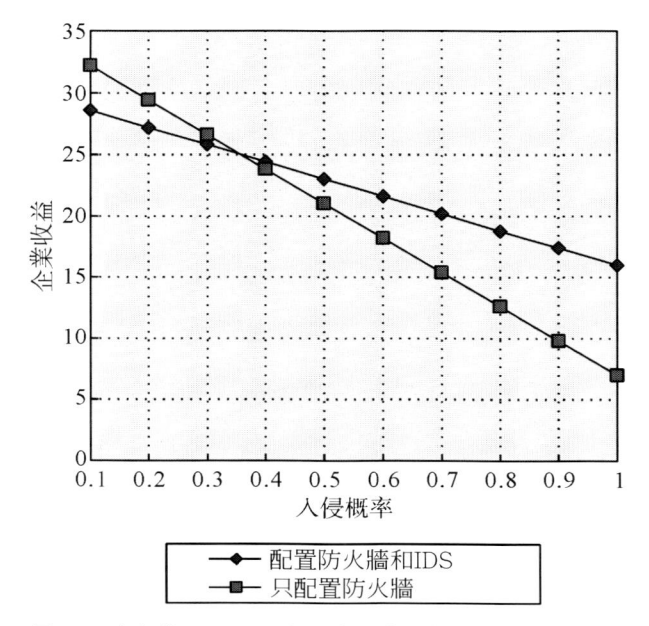

圖 4.4 配置 [（防火牆，IDS），防火牆] 時企業收益與入侵概率之間的關係

情況 3：配置資訊安全技術組合（防火牆，IDS，漏洞掃描）與只配置防火牆的策略比較。

令參數設置與情況 1、情況 2 相同，則企業的收益與入侵概率的關係如圖 4.5 所示。由引理 4.3，$\psi^* = \dfrac{c_S + c_I}{P_D^I d + P_D^I \gamma - d + P_S \omega_S} = \dfrac{5}{11}$，圖中曲線趨勢與定理 4.8 一致。

情況 4：當具有相同的參數設置時，比較三種技術組合的有效性。

從圖 4.6 中可以發現，並不是配置的技術越多，企業的效益越高。例如，當 $\psi < \dfrac{5}{14}$ 時，組合（防火牆，IDS，漏洞掃描）的配置效果不如（防火牆，IDS）和（防火牆，漏洞掃描）的配置效果。但當入侵概率增大時，例如，當 $\psi > \dfrac{5}{8}$ 時，（防火牆，IDS，漏洞掃描）的組合對企業而言是最優的配置。圖 4.6 為企業在面對不同的駭客入侵策略時應配置的技術組合提供了理論依據。

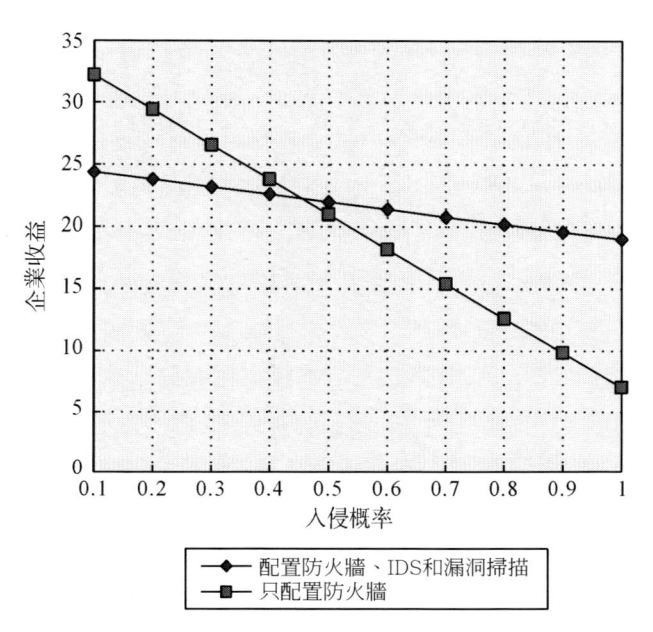

4　三種資訊安全技術組合的最優配置策略及交互分析

圖 4.5　配置（（防火牆，IDS，漏洞掃描），防火牆）時企業收益與入侵概率之間的關係

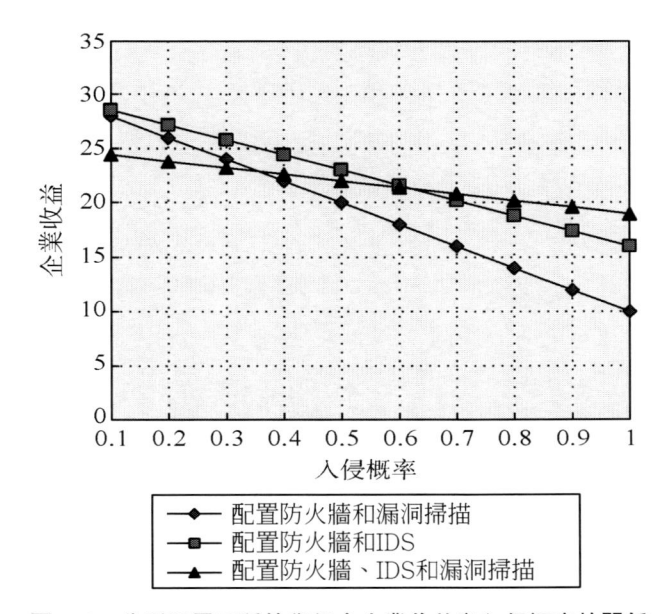

圖 4.6　分別配置三種技術組合企業收益與入侵概率的關係

4.5.2　案例分析

下面將舉例說明文中的引理和定理是如何指導現實中的問題的。

某企業決定購買資訊安全技術來降低其資訊系統的安全風險。企業的目標為面對不同威脅時，使其達到利潤最大化和成本最小化[1]，或當駭客所追求的效益一定時，降低資訊系統被入侵的概率。

首先，通過雇傭安全審計部門估計安全破壞產生的潛在損失，本例中設企業的潛在損失金額為 30。由於用戶日誌和蜜罐技術可以記錄駭客的行為和入侵的頻率，因此可以評估駭客入侵的成本為 15。如果駭客成功入侵，他所獲得的利潤為 25；如果駭客入侵系統時可以取證，被管理員「抓住」，他所受到的懲罰為 30。在安全軟件市場中，防火牆、IDS 和漏洞掃描的技術特徵如下：

①防火牆的檢測概率為 0.6。如果企業選擇配置防火牆，則其配置成本為 5。防火牆由於成功入侵為資訊系統帶來的效益為 40。

②IDS 的檢測概率為 0.4。如果企業選擇配置 IDS，則其配置成本為 5。IDS 成功阻擋入侵為資訊系統帶來的效益為 80。

③漏洞掃描技術的掃描頻率為 2。如果企業選擇配置漏洞掃描技術，其配置成本為 5。資訊安全系統由於漏洞掃描技術的修復功能所獲得的收益為 4。

一般而言，似乎配置三種資訊安全技術組合對資訊系統是最優策略。但是由圖 4.6 可知，更多的資訊安全技術組合不一定總是會使企業利潤最大化。最優的配置策略取決於駭客的入侵概率。

若企業的目標是面對不同的威脅，使其利潤最大化和成本最小化，則企業的最優策略是：當駭客的入侵概率低於 0.625 時，企業應配置防火牆和 IDS 技術組合。因為在這種情況下，與其他資訊安全技術組合相比較，同時配置防火牆和 IDS 為資訊系統帶來的效益最大。當駭客的入侵概率高於 0.625 時，企業的最優策略是配置防火牆、IDS 和漏洞掃描技術組合。

---

[1]　下文實例中，所有成本和利潤的單位均為千美元。

若企業的目標是當駭客所追求的效益一定時，降低資訊系統被入侵的概率。例如，企業需要保證自身的效益為20，則其最優策略是配置防火牆和漏洞掃描技術。因為在這種情況下，與其他資訊安全技術組合相比較，配置防火牆和漏洞掃描技術組合被入侵的概率最小。若企業需要保證自身的效益為24，則此時企業的最優策略是同時配置防火牆、IDS 和漏洞掃描技術。但是，如果企業需要保證自身的效益為28.6，企業的最優策略是同時配置防火牆和 IDS，因為與其他資訊安全技術組合相比較，僅當配置防火牆和 IDS 技術組合時才可以保證企業的效益達到28.6。

4.6　本章小結

以往的研究多數集中在防火牆和 IDS 兩種技術上，但對三種及三種以上的技術研究得很少。此外，以前的研究幾乎沒有從經濟學、管理學的角度對漏洞掃描技術的研究，也沒有研究防火牆、IDS 和漏洞掃描三種技術組合的策略和配置問題。

本章建立了防火牆、入侵檢測和漏洞掃描技術組合的安全模型，應用博弈論知識分析了企業與駭客的博弈過程，通過對其混合戰略納什均衡的求解，研究了三種技術組合的最優配置策略，討論了三種技術衝突與互補的情況。本章還以防火牆技術為中心，分析了額外配置 IDS 和漏洞掃描技術對資訊安全系統的影響，討論了三種技術間的交互問題，為企業的決策人制定合理的安全策略提供理論指導。最後，通過數值模擬，驗證了本章的結論。

通過對三種技術組合配置的博弈分析得到以下主要結論：

並不是將所有的技術配置在一起就是最優的，在一定條件下配置所有的技術並不能為企業創造效益，反而會帶來損失。

同僅配置 IDS 和漏洞掃描技術組合相比較，為資訊系統增加配置防火牆能顯著地影響企業和駭客的收益，但不會改變駭客的最優策略。企業的

調查策略僅在特定情況下發生改變，對資訊安全政策的最優配置有重要的意義。

漏洞掃描系統中的技術參數對駭客的入侵策略有影響作用，但並不意味著漏洞修復得越多越好。

通過對三種技術組合交互的經濟學分析得到以下主要結論：

不是配置越多的技術對資訊安全系統越有利。特別地，以漏洞掃描技術為例，定理 4.6、定理 4.8 的分析結果表明，不恰當地配置漏洞掃描技術會給資訊安全系統帶來負效應。雖然漏洞掃描技術沒有阻止入侵的作用，但在一定條件下，配置漏洞掃描技術仍會減少駭客入侵的概率。這是因為漏洞掃描對防火牆和 IDS 的彌補作用提高了其檢測效率，起到了間接阻止入侵的作用。

5 基於風險偏好的防火牆和入侵檢測的最優配置策略

在資訊系統安全管理中，安全技術的配置不僅需要考慮技術自身的特性，而且需要考慮系統中所涉及的相關主體的特性，企業和駭客的風險偏好就是其中一個重要因素。本章研究的是在考慮參與人的風險偏好情況下的安全技術配置策略。首先，指出了制定資訊系統安全技術配置策略時考慮風險偏好的必要性，接著以防火牆和 IDS 技術組合為例，研究三種配置策略：只配置 IDS；只配置防火牆；同時配置 IDS 和防火牆。本章還構建了包含參與人風險偏好參數的兩種資訊安全技術組合的博弈模型，研究了同時配置兩種資訊安全技術組合時，駭客的最優入侵策略和企業風險偏好之間的關係、企業的人工調查策略和駭客風險偏好之間的關係；引進了資訊安全技術對資訊系統的檢測貢獻係數，分析了已配置 IDS 後是否需要增加配置防火牆技術，以及已配置防火牆後是否需要增加配置 IDS 技術；研究了當企業的預算只能支持配置一種安全技術時應如何做出決策。最後，應用 MATLAB 工具數值模擬了本章的結論。

5.1 問題的提出

為了實現目標，企業在承擔風險的種類、大小等方面往往持有不同的

態度。根據人們對風險的偏好程度，可將其分為風險厭惡者、風險追求者和風險中立者。其中，風險厭惡者面對相同預期收益率時，偏好於具有低風險的資產；而對於具有同樣風險的資產，則鐘情於具有高預期收益率的資產。風險追求者通常主動追求風險，選擇資產的原則是當預期收益相同時，選擇風險大的，因為這會給他們帶來更大的效益。風險中立者通常既不迴避風險，也不主動追求風險，其選擇資產的唯一標準是預期收益的大小，而不管風險狀況如何。

駭客的風險偏好取決於其入侵動機。動機是引起個體產生某種目的並促使其實施一定行為的內心起因，它是由人體的某種需要引起的有意識的行為傾向，激勵或推動人去行動以達到一定的目的，常以願望、興趣、理想等形式表現出來。駭客危害網絡社會的動機主要為：

（1）追求刺激，刺探偷窺。

許多駭客的行為只是為了顯示自己高人一等的才能，他們喜歡研究新技術、發現新問題、探索軟件系統的漏洞，並從中增長自己的才干。他們通過成功入侵別人的計算機獲得成功的快感，其動機往往是出於好奇或好玩。這類駭客普遍為風險中立者或風險厭惡者，他們並不希望因這種特殊「嗜好」而進監獄。

（2）惡意侵入，貪財圖利。

有些駭客非法侵入或干擾破壞他人的網站是為了表達對雇主的不滿或對社會的憤恨。另外，網絡低廉的成本和超越時空限制的經營方式使駭客的動機轉為被金錢驅使，這些入侵多發生在與金融、財務有關的網絡資訊系統中。駭客利用金融詐騙、竊取和挪用公款等方式進行經濟犯罪，謀取不法的財產和利益。這類駭客的風險偏好普遍為風險追求型，他們通過不正當手段竊取經濟資訊和商業秘密，不達目的不罷休。

企業的風險偏好取決於資訊價值、對企業信譽重視的程度、企業規模、企業類型等多種因素。例如，一些大型諮詢企業的資訊系統保存著重要的客戶資訊，其風險偏好一般為風險厭惡型。而一些宣傳網站或論壇等的營運者，其風險偏好相對中立。以網絡運行業務為主的企業，如大型的C2C網站，其對風險偏好的類型一般為風險厭惡型。因為一旦網絡被入侵

或癱瘓，將影響整個組織的商務運作，從而丟失大量現有的和潛在的客戶。現實中，幾乎沒有一個營運的組織會主動追求風險，因為一旦發生了駭客入侵事件，企業信譽和商業機密的損失將無法挽回。同一個企業的不同部門對資訊安全的風險偏好也不同。例如，企業對人事資訊系統和財務資訊系統的風險偏好普遍為風險厭惡的。

由風險偏好的定義可知，不同風險偏好的駭客其攻擊收益不同，不同風險偏好的企業其人工調查成本也不同。而駭客的攻擊收益和企業的人工調查成本決定著資訊系統安全技術的配置策略。因此，資訊系統安全技術的配置策略既受企業風險偏好的影響，又受駭客入侵策略的影響。在之前大多數的研究文獻中，一個重要的假設是：參與人的風險偏好是中立的。但是，根據實際調查，風險厭惡卻是最普遍的心態。Hulisi（2002）、Gordon（2008）和解慧慧（2012）的文章中也分別提到，理智的參與人對風險的偏好應該有風險中立和風險厭惡兩種情況。Cavusoglu 認為部分入侵者也有追求風險的偏好。防火牆和入侵檢測技術組合可以成為一個較為有效的安全防護體系，解決原先防火牆的粗顆粒防禦和檢測系統只發現入侵時間而難以回應的問題。因此，本書選擇研究風險偏好對防火牆和入侵檢測技術組合配置策略的影響具有重要的意義。

5.2　模型描述

防火牆和 IDS 技術組合的三種配置策略是：只配置 IDS；只配置防火牆；同時配置 IDS 和防火牆。其中，防火牆的作用為阻止入侵，IDS 的作用為檢測入侵。對模型中的參數做如下定義。

令防火牆的檢測概率為 P_D^F，是防火牆阻止非法外部用戶的概率，漏檢概率為 $1-P_D^F$；防火牆的誤檢概率為 P_F^F，是防火牆阻止合法外部用戶的概率。IDS 的檢測概率為 P_D^I，是用戶入侵系統時 IDS 發出警報的概率，漏檢概率為 $1-P_D^I$；IDS 的誤檢概率為 P_F^I，是沒有入侵時 IDS 發出警報的

概率。一般地，參數滿足條件：$P_D^F \geq P_F^F$，$P_D^I \geq P_F^I$。

設駭客的入侵概率為 ψ，$\psi \in [0, 1]$。若駭客入侵系統時被檢測出，它所受的懲罰為 β。若駭客入侵系統時未被檢測，其所得的利潤函數為 $H(\mu) = \mu^{r_1}$，其中 μ 為駭客的期望利潤，$r_1 > 0$ 為駭客的風險參數。其中，$r_1 < 1$ 為風險厭惡型駭客，$r_1 = 1$ 為風險中立型駭客，$r_1 > 1$ 為風險追求型駭客。令 $\mu^{r_1} \leq \beta$，即駭客入侵系統被抓到後無正收益。

設企業每次執行人工調查的成本函數為 $F(c) = c^{r_2}$，其中 c 為企業的人工調查期望成本，$r_2 > 0$ 為企業的風險參數。其中，$r_2 > 1$ 為風險厭惡型企業，$r_2 = 1$ 為風險中立型企業。在資訊安全背景下，我們假設企業的風險偏好為風險厭惡或風險中立。設駭客入侵系統但未被檢測出，企業的損失為 d。若企業檢測出入侵，可以挽回的損失為 $d\varphi$，$\varphi \in [0, 1]$。令 $c \leq d\varphi$，即若檢測出駭客入侵，企業的調查成本不高於其挽回的收益。

表 5.1　模型的參數和博弈雙方的決策變量表

模型的參數	
企業參數	
d	駭客成功攻擊造成的損失，資訊安全技術阻擋了合法資訊流造成的損失
c^{r_2}	企業人工調查的成本
r_2	企業的風險偏好參數
$d\varphi$	企業檢測到入侵，修復損失所得的收益
用戶參數	
β	駭客攻擊被發現受到的懲罰
μ^{r_1}	駭客攻擊的收益
r_1	駭客的風險偏好參數
資訊安全技術參數	
P_D^F	防火牆正確報警，防火牆阻止非法外部用戶入侵的概率
$1 - P_D^F$	防火牆的漏檢概率，防火牆未阻止非法用戶入侵的概率
P_F^F	防火牆誤報率，防火牆阻止合法外部用戶的概率

表5.1(續)

P_D^I	IDS 正確報警，駭客入侵時 IDS 發出報警的概率
$1 - P_D^I$	IDS 的漏檢概率，駭客入侵時 IDS 未發出報警的概率
P_F^I	IDS 誤報，駭客沒有入侵時 IDS 發出報警的概率
博弈雙方的決策變量	
駭客的決策變量	
ψ	對系統發動攻擊的概率
企業的決策變量	
ρ_1	IDS 發出報警時管理員調查的概率
ρ_2	IDS 沒有報警時管理員調查的概率

下面用逆序歸納法求駭客和企業完全資訊博弈的納什均衡。

5.3 模型分析

模型中博弈的雙方是駭客和企業，其中駭客的策略為 $S^U \in \{H, NH\}$，H 表示入侵，NH 表示不入侵；企業的策略為 $S^F \in \{(I, I), (I, NI), (NI, I), (NI, NI)\}$，$I$ 表示採用人工調查，NI 表示不採用人工調查。例如，(I, NI) 表示報警時企業採用人工調查，未報警時企業不採用人工調查。令 ρ_1 和 ρ_2 分別為報警和未報警時企業採用人工調查的概率。一般地，假設 $\rho_2 \leq \rho_1$，即報警時採用人工調查的概率高於未報警時採用人工調查的概率，否則資訊安全技術對受保護系統無意義。

5.3.1 同時配置防火牆和入侵檢測系統的博弈分析

為了計算納什均衡，由貝葉斯公式定義如下的概率函數：

$$\eta_1 = P(入侵 | 報警) = \frac{(P_D^I + P_D^F)\psi}{(P_D^I + P_D^F)\psi + (P_F^I + P_F^F)(1 - \psi)} \quad (5.1)$$

$$\eta_2 = P(入侵|不報警) = \frac{(2-P_D^I-P_D^F)\psi}{(2-P_D^I-P_D^F)\psi+(2-P_F^I-P_F^F)(1-\psi)}$$
(5.2)

$$P(報警) = P_F^I + P_F^F + \psi(P_D^I + P_D^F - P_F^I - P_F^F) \tag{5.3}$$

$$P(不報警) = 2 - P_F^I - P_F^F - \psi(P_D^I + P_D^F - P_F^I - P_F^F) \tag{5.4}$$

$$P(駭客被檢測) = \rho_1(P_D^I + P_D^F) + \rho_2(2 - P_D^I - P_D^F) \tag{5.5}$$

則企業報警和不報警時的期望成本分別為：

$$F_A(\rho_1, \psi) = \rho_1 c^{r2} + \eta_1(1-\rho_1)d + \eta_1\rho_1(1-\varphi)d \tag{5.6}$$

$$F_N(\rho_2, \psi) = \rho_2 c^{r2} + \eta_2(1-\rho_2)d + \eta_2\rho_2(1-\varphi)d \tag{5.7}$$

由式（5.6）和式（5.7），企業的總期望成本為：

$$F(\rho_1, \rho_2, \psi) = (P_F^I + P_F^F + \psi(P_D^I + P_D^F - P_F^I - P_F^F))F_A(\rho_1, \psi) +$$
$$(2 - P_F^I - P_F^F - \psi(P_D^I + P_D^F - P_F^I - P_F^F))F_N(\rho_2, \psi) \tag{5.8}$$

駭客的期望收益為：

$$H(\rho_1, \rho_2, \psi) = \psi\mu^{r1} - \psi\beta[\rho_1(P_D^I + P_D^F) + \rho_2(2 - P_D^I - P_D^F)]$$
(5.9)

定理 5.1：企業同時配置防火牆和 IDS 時的混合策略納什均衡為：

當 $\dfrac{\mu^{r1}}{\beta} > P_D^I + P_D^F$ 時，

$$[(\rho_1^*, \rho_2^*), \psi^*] =$$

$$\left\{\left[1, \frac{\mu^{r1}-\beta(P_D^I+P_D^F)}{\beta(2-P_D^I-P_D^F)}\right], \frac{c^{r2}(2-P_F^I-P_F^F)}{d\varphi(2-P_D^I-P_D^F)-c^{r2}(P_F^I+P_F^F-P_D^I-P_D^F)}\right\};$$

當 $\dfrac{\mu^{r1}}{\beta} \leqslant P_D^I + P_D^F$ 時，

$$[(\rho_1^*, \rho_2^*), \psi^*] = \left\{\left[\frac{\mu^{r1}}{\beta(P_D^I+P_D^F)}, 0\right], \frac{c^{r2}(P_F^I+P_F^F)}{\varphi d(P_D^I+P_D^F)+c^{r2}(P_F^I+P_F^F-P_D^I-P_D^F)}\right\}.$$

證明：對式（5.6）、式（5.7）、式（5.9）求一階偏導數有

$$\frac{\partial H}{\partial \psi} = \mu^{r1} - \beta[\rho_1(P_D^I+P_D^F) + \rho_2(2-P_D^I-P_D^F)] \tag{5.10}$$

$$\frac{\partial F_A}{\partial \rho_1} = c^{r2} - \eta_1 d + \eta_1(1-\varphi)d \tag{5.11}$$

$$\frac{\partial F_N}{\partial \rho_2} = c^{r_2} - \eta_2 d + \eta_2(1-\varphi)d \tag{5.12}$$

若 $\dfrac{\partial F_A}{\partial \rho_1} = \dfrac{\partial F_N}{\partial \rho_2} = 0$,

則 $\eta_1 = \eta_2$, $P_D^I + P_D^F = P_F^I + P_F^F = \dfrac{1}{2}$。可得：

$$\rho_1^* + \rho_2^* = \frac{2\mu^{r_1}}{\beta} \tag{5.13}$$

$$\psi^* = \eta_1 = \eta_2 = \frac{c^{r_2}}{\varphi d} \tag{5.14}$$

可以證明式（5.13）和式（5.14）的結果是下面情況的一個特例。

若 $\dfrac{\partial F_A}{\partial \rho_1} = 0$, $\dfrac{\partial F_N}{\partial \rho_2} = 0$ 不能同時成立，可以證明 $\dfrac{\partial F_A}{\partial \rho_1} > \dfrac{\partial F_N}{\partial \rho_2}$。

若達到平衡點，有 $\dfrac{\partial F_A}{\partial \rho_1} > 0$, $\dfrac{\partial F_N}{\partial \rho_2} = 0$, 或 $\dfrac{\partial F_A}{\partial \rho_1} = 0$, $\dfrac{\partial F_N}{\partial \rho_2} < 0$。

因此有兩種平衡條件：$\rho_1 = 1$, $0 < \rho_2 < 1$ 和 $0 < \rho_1 < 1$, $\rho_2 = 0$。

當 $\rho_1 = 1$, $0 < \rho_2 < 1$ 時，式（5.10）和式（5.12）必須為0，式（5.11）大於0。

求解式（5.10）和式（5.12）分別得到 ρ_2 和 ψ，有

$$\rho_2^* = \frac{\mu^{r_1} - \beta(P_D^I + P_D^F)}{\beta(2 - P_D^I - P_D^F)} \tag{5.15}$$

$$\psi^* = \frac{c^{r_2}(2 - P_F^I - P_F^F)}{d\varphi(2 - P_D^I - P_D^F) - c^{r_2}(P_F^I + P_F^F - P_D^I - P_D^F)} \tag{5.16}$$

將式（5.15）代入 $0 < \rho_2 < 1$，得 $P_D^I + P_D^F < \dfrac{\mu^{r_1}}{\beta}$。

所以，當 $\dfrac{\mu^{r_1}}{\beta} > P_D^I + P_D^F$ 時，參與人的納什均衡混合策略為：

$$((\rho_1^*, \rho_2^*), \psi^*) =$$

$$\left\{ \left[1, \frac{\mu^{r_1} - \beta(P_D^I + P_D^F)}{\beta(2 - P_D^I - P_D^F)} \right], \frac{c^{r_2}(2 - P_F^I - P_F^F)}{d\varphi(2 - P_D^I - P_D^F) - c^{r_2}(P_F^I + P_F^F - P_D^I - P_D^F)} \right\}。$$

同理，可以證明當 $0 < \rho_1 < 1$，$\rho_2 = 0$ 的情況。　　　　　證畢

由定理 5.1 可知，當 $\frac{\mu^{r_1}}{\beta} > P_D^I + P_D^F$ 時，較低的 IDS 和防火牆檢測率會導致較高的入侵概率，此時企業不僅需要檢測每個報警用戶，還要檢測一部分未報警的用戶。當 $\frac{\mu^{r_1}}{\beta} \leq P_D^I + P_D^F$ 時，足夠高的 IDS 和防火牆檢測率會減少入侵，此時企業不需要檢測未報警的用戶，而只需檢測一部分報警的用戶。

推論 5.1：當企業的期望成本很低（$|c| < 1$）時，有 $\psi^*|_{r_2=1} > \psi^*|_{r_2>1}$，即駭客的最優策略是更偏向於入侵風險中立型的企業；當企業的期望成本較高（$|c| > 1$）時，有 $\psi^*|_{r_2=1} < \psi^*|_{r_2>1}$，即此時駭客的最優策略是更偏向於入侵風險厭惡型的企業。

推論 5.2：當駭客所獲得的期望收益相當小（$|\mu| < 1$），$\frac{\mu^{r_1}}{\beta} > P_D^I + P_D^F$ 時，有 $\rho_2^*|_{r_1<1} > \rho_2^*|_{r_1=1} > \rho_2^*|_{r_1>1}$；而當 $\frac{\mu^{r_1}}{\beta} \leq P_D^I + P_D^F$ 時，有 $\rho_1^*|_{r_1<1} > \rho_1^*|_{r_1=1} > \rho_1^*|_{r_1>1}$，即企業對風險厭惡型駭客的檢測比率應最大，對風險追求型駭客的檢測比率應最小；當駭客所獲的期望收益較大（$|\mu| > 1$）時，企業對風險追求型駭客的檢測比率應最大，對風險厭惡型駭客的檢測比率應最小。

可分析上述結論是符合現實的。駭客的入侵策略取決於企業對駭客的威懾程度。若 $|c| < 1$，則 $c^{r_2}|_{r_2=1} > c^{r_2}|_{r_2>1}$，說明風險厭惡型的企業人工調查成本偏低，其採用人工調查比風險中立型的企業更具有優勢，因此風險厭惡型的企業對駭客更具有威懾性。所以，此時駭客的最優策略更偏向於入侵風險中立型的企業。若 $|c| > 1$，則 $c^{r_2}|_{r_2=1} < c^{r_2}|_{r_2>1}$，說明此時風險中立型的企業人工調查成本偏低，此時駭客的最優策略更偏向於入侵風

險厭惡型的企業。

而企業的人工調查策略對真正有動機入侵系統的駭客更有價值，否則調查未入侵系統的駭客對企業的人力、財力、時間等資源是一種浪費。若 $|\mu| < 1$，則 $\mu^{r_1}|_{r_1<1} > \mu^{r_1}|_{r_1=1} > \mu^{r_1}|_{r_1>1}$，此時風險追求型駭客成功入侵系統的期望收益最小，則其動機比風險厭惡型和風險中立型駭客的動機要小，因此，企業檢測風險厭惡型駭客更有價值。若 $|\mu| > 1$，則 $\mu^{r_1}|_{r_1<1} < \mu^{r_1}|_{r_1=1} < \mu^{r_1}|_{r_1>1}$，即當 $\dfrac{\mu^{r_1}}{\beta} > P_D^I + P_D^F$ 時有 $\rho_2^*|_{r_1<1} < \rho_2^*|_{r_1=1} < \rho_2^*|_{r_1>1}$；而 $\dfrac{\mu^{r_1}}{\beta} \leq P_D^I + P_D^F$ 時有 $\rho_1^*|_{r_1<1} < \rho_1^*|_{r_1=1} < \rho_1^*|_{r_1>1}$，此時風險厭惡型駭客成功入侵系統的期望收益最小，其動機比風險追求型和風險中立型駭客的動機要小，此時企業檢測風險追求型駭客更有價值。

5.3.2 配置 IDS 後增加配置防火牆的策略分析

首先研究企業只配置 IDS 的混合策略納什均衡。

令式（5.1）至式（5.9）中的 $P_D^F = P_F^F = 0$ 為企業只配置 IDS 技術的情況，有下列結論。

定理 5.2：企業只配置 IDS 時的混合策略納什均衡為：

當 $\dfrac{\mu^{r_1}}{\beta} > P_D^I$ 時，$[(\rho_1^*, \rho_2^*), \psi^*] = \left\{\left[1, \dfrac{\mu^{r_1} - \beta P_D^I}{\beta(1-P_D^I)}\right], \dfrac{c^{r_2}(1-P_F^I)}{d\varphi(1-P_D^I) - c^{r_2}(P_F^I - P_D^I)}\right\}$；

當 $\dfrac{\mu^{r_1}}{\beta} \leq P_D^I$ 時，$[(\rho_1^*, \rho_2^*), \psi^*] = \left[\left(\dfrac{\mu^{r_1}}{\beta P_D^I}, 0\right), \dfrac{c^{r_2} P_F^I}{\varphi d P_D^I + c^{r_2}(P_F^I - P_D^I)}\right]$。

由定理 5.2 可以分析，推論 5.1 和推論 5.2 的結論同樣適用於只配置 IDS 技術的情況。

技術對企業的價值體現在兩個方面：檢測和防禦。一般而言，防火牆的主要作用為防禦入侵，IDS 的主要作用為檢測入侵。但這兩種技術並不是相互獨立的，防火牆可以將防禦的資訊反饋給 IDS，改變 IDS 的檢測率；IDS 也可將檢測入侵的行為反饋給防火牆，改變防火牆抵禦駭客入侵的概率。因此，當增加配置另外一種技術時，該技術既會改變資訊系統的防禦

性能，同時會改變其檢測性能。其中，檢測表現在採取人工調查的比例，防禦表現在對駭客入侵概率的控制（即威懾程度）。比較定理 5.1 和定理 5.2 的結果，當博弈雙方達到納什均衡，IDS 檢測概率較低時，防火牆對資訊系統的防禦貢獻為 a_1，防火牆對資訊系統的檢測貢獻為 b_1，定義 a_1 和 b_1 分別為：

$$a_1 = \frac{c^{r2}(2 - P_F^I - P_F^F)}{c^{r2}(P_D^I + P_D^F - P_F^I - P_F^F) - d\varphi(2 - P_D^I - P_D^F)} - \frac{c^{r2}(1 - P_F^I)}{c^{r2}(P_D^I - P_F^I) - d\varphi(1 - P_D^I)} \quad (5.17)$$

$$b_1 = \frac{\mu^{r1} - \beta(P_D^I + P_D^F)}{\beta(2 - P_D^I - P_D^F)} - \frac{\mu^{r1} - \beta P_D^I}{\beta(1 - P_D^I)} \quad (5.18)$$

當 IDS 檢測概率較高時，防火牆對資訊系統的防禦貢獻為 a_2，防火牆對資訊系統的檢測貢獻為 b_2，定義 a_2 和 b_2 分別為：

$$a_2 = \frac{c^{r2}(P_F^I + P_F^F)}{d\varphi(P_D^I + P_D^F) + c^{r2}(P_F^I + P_F^F - P_D^I - P_D^F)} - \frac{c^{r2}P_F^I}{d\varphi P_D^I + c^{r2}(P_F^I - P_D^I)} \quad (5.19)$$

$$b_2 = \frac{\mu^{r1}}{\beta(P_D^I + P_D^F)} - \frac{\mu^{r1}}{\beta P_D^I} \quad (5.20)$$

推論 5.3：當企業已配置了 IDS 技術，考慮是否需要額外增加配置防火牆技術時，應考慮式（5.17）~式（5.20）的結果。

通過式（5.17）、式（5.18）、式（5.19）、式（5.20）可見，防火牆對資訊系統的防禦或檢測的貢獻可正、可負，也可為零。在下文的數值模擬中將舉例說明，在所有變量一定的情況下，不同的防火牆技術參數及駭客不同的風險偏好對企業額外配置防火牆技術的決策的影響。例如，設防禦策略為企業帶來的經濟效益為 A，檢測為企業帶來的經濟效益為 B，則當 $Aa_1 + Bb_1 > 0$（或 $Aa_2 + Bb_2 > 0$），即額外配置防火牆後總經濟效益為正值時，企業應增加配置防火牆技術；否則，企業應只配置 IDS 技術。

5.3.3 配置防火牆後增加配置 IDS 的策略分析

首先研究企業只配置防火牆技術的混合策略納什均衡。

令式（5.1）至式（5.9）中的 $P_D^I = P_F^I = 0$ 為企業只配置防火牆技術的情況，有下列結論。

定理 5.3：企業只配置防火牆時的混合策略納什均衡為：

當 $\dfrac{\mu^{r_1}}{\beta} > P_D^F$ 時，$[(\rho_1^*, \rho_2^*), \psi^*] = \left\{ \left[1, \dfrac{\mu^{r_1} - \beta P_D^F}{\beta(1 - P_D^F)} \right], \dfrac{c^{r_2}(1 - P_F^F)}{d\varphi(1 - P_D^F) - c^{r_2}(P_F^F - P_D^F)} \right\}$；

當 $\dfrac{\mu^{r_1}}{\beta} \leqslant P_D^F$ 時，$[(\rho_1^*, \rho_2^*), \psi^*] = \left[\left(\dfrac{\mu^{r_1}}{\beta P_D^F}, 0 \right), \dfrac{c^{r_2} P_F^F}{\varphi d P_D^F + c^{r_2}(P_F^F - P_D^F)} \right]$。

由之前的分析方法可得，企業只配置防火牆時是博弈雙方的最優策略。

當企業已配置了防火牆技術，考慮是否需要額外增加配置 IDS 技術時的策略。比較定理 5.1 和定理 5.3 的結果，當博弈雙方達到納什均衡，防火牆、IDS 檢測概率較低時，IDS 對資訊系統的防禦貢獻為 a_3，IDS 對資訊系統的檢測貢獻為 b_3，定義 a_3 和 b_3 分別為：

$$a_3 = \dfrac{c^{r_2}(2 - P_F^I - P_F^F)}{d\varphi(2 - P_D^I - P_D^F) - c^{r_2}(P_F^I + P_F^F - P_D^I - P_D^F)} - \dfrac{c^{r_2}(1 - P_F^F)}{d\varphi(1 - P_D^F) - c^{r_2}(P_F^F - P_D^F)} \tag{5.21}$$

$$b_3 = \dfrac{\mu^{r_1} - \beta(P_D^I + P_D^F)}{\beta(2 - P_D^I - P_D^F)} - \dfrac{\mu^{r_1} - \beta P_D^F}{\beta(1 - P_D^F)} \tag{5.22}$$

當防火牆、IDS 檢測概率較高時，IDS 對資訊系統的防禦貢獻為 a_4，IDS 對資訊系統的檢測貢獻為 b_4，定義 a_4 和 b_4 分別為：

$$a_4 = \dfrac{c^{r_2}(P_F^I + P_F^F)}{d\varphi(P_D^I + P_D^F) + c^{r_2}(P_F^I + P_F^F - P_D^I - P_D^F)} - \dfrac{c^{r_2} P_F^F}{d\varphi P_D^F + c^{r_2}(P_F^F - P_D^F)} \tag{5.23}$$

$$b_4 = \dfrac{\mu^{r_1}}{\beta(P_D^I + P_D^F)} - \dfrac{\mu^{r_1}}{\beta P_D^F} \tag{5.24}$$

推論 5.4：當企業已配置了防火牆技術，考慮是否需要額外增加配置 IDS 技術時，應考慮式（5.21）—式（5.24）的結果。

通過式（5.21）、式（5.22）、式（5.23）、式（5.24）可知，防火牆

對資訊系統的防禦或檢測的貢獻可正、可負，也可為零。推論 5.4 的數值模擬方法類似於推論 5.3，在後面的數值模擬中，將以推論 5.3 為例說明企業是否應額外配置一種資訊安全技術的最優策略。

5.3.4 只配置一種資訊系統安全技術的最優策略

由定理 5.2 和定理 5.3 的結果，當博弈雙方達到納什均衡時，比較單獨配置 IDS 和單獨配置防火牆，哪種技術能更有效地保護資訊系統，即若企業只能配置一種資訊安全技術時應如何做出決策。接下來將分別討論「防火牆和 IDS 檢測概率均較低」「防火牆檢測率較高、IDS 檢測率較低、防火牆檢測率較低、IDS 檢測率較高」和「防火牆和 IDS 檢測概率均較高」四種情況下企業的最優配置策略。

當防火牆和 IDS 檢測概率均較低時，

由式（5.8）可知，當 $P_D^I = P_F^I = 0$ 時，企業只配置防火牆時的期望成本為 $F_f(\rho_1, \rho_2, \psi)$；

當 $P_D^F = P_F^F = 0$ 時，企業只配置 IDS 時的期望成本為 $F_I(\rho_1, \rho_2, \psi)$。

令 $\Delta = F_f(\rho_1, \rho_2, \psi) - F_I(\rho_1, \rho_2, \psi)$，其中

$$F_f(\rho_1, \rho_2, \psi) = F_f\left[1, \frac{\mu^{r_1} - \beta P_D^F}{\beta(1 - P_D^F)}, \frac{c^{r_2}(1 - P_F^F)}{d\varphi(1 - P_D^F) - c^{r_2}(P_F^F - P_D^F)}\right] \tag{5.25}$$

$$F_I(\rho_1, \rho_2, \psi) = F_I\left[1, \frac{\mu^{r_1} - \beta P_D^I}{\beta(1 - P_D^I)}, \frac{c^{r_2}(1 - P_F^I)}{d\varphi(1 - P_D^I) - c^{r_2}(P_F^I - P_D^I)}\right] \tag{5.26}$$

當防火牆檢測概率較高，IDS 檢測概率較低時，

令 $\Delta = F_f(\rho_1, \rho_2, \psi) - F_I(\rho_1, \rho_2, \psi)$，其中

$$F_f(\rho_1, \rho_2, \psi) = F_f\left[\frac{\mu^{r_1}}{\beta P_D^F}, 0, \frac{c^{r_2} P_F^F}{\varphi d P_D^F + c^{r_2}(P_F^F - P_D^F)}\right] \tag{5.27}$$

$$F_I(\rho_1, \rho_2, \psi) = F_I\left[1, \frac{\mu^{r_1} - \beta P_D^I}{\beta(1 - P_D^I)}, \frac{c^{r_2}(1 - P_F^I)}{d\varphi(1 - P_D^I) - c^{r_2}(P_F^I - P_D^I)}\right] \tag{5.28}$$

當防火牆檢測概率較低，IDS 檢測概率較高時，

令 $\Delta = F_f(\rho_1, \rho_2, \psi) - F_I(\rho_1, \rho_2, \psi)$，其中

$$F_f(\rho_1, \rho_2, \psi) = F_f\left[1, \frac{\mu^{r_1} - \beta P_D^F}{\beta(1 - P_D^F)}, \frac{c^{r_2}(1 - P_F^F)}{d\varphi(1 - P_D^F) - c^{r_2}(P_F^F - P_D^F)}\right] \tag{5.29}$$

$$F_I(\rho_1, \rho_2, \psi) = F_I\left[\frac{\mu^{r_1}}{\beta P_D^I}, 0, \frac{c^{r_2} P_F^I}{\varphi d P_D^I + c^{r_2}(P_F^I - P_D^I)}\right] \tag{5.30}$$

當防火牆和 IDS 檢測概率均較高時，

令 $\Delta = F_f(\rho_1, \rho_2, \psi) - F_I(\rho_1, \rho_2, \psi)$，其中

$$F_f(\rho_1, \rho_2, \psi) = F_f\left[\frac{\mu^{r_1}}{\beta P_D^F}, 0, \frac{c^{r_2} P_F^F}{\varphi d P_D^F + c^{r_2}(P_F^F - P_D^F)}\right] \tag{5.31}$$

$$F_I(\rho_1, \rho_2, \psi) = F_I\left[\frac{\mu^{r_1}}{\beta P_D^I}, 0, \frac{c^{r_2} P_F^I}{\varphi d P_D^I + c^{r_2}(P_F^I - P_D^I)}\right] \tag{5.32}$$

推論 5.5：若 $\Delta > 0$，則企業只配置防火牆時的期望成本較高，此時單獨配置 IDS 技術為企業的最優策略；若 $\Delta < 0$，則企業只配置防火牆時的期望成本較低，此時單獨配置防火牆技術為企業的最優策略；若 $\Delta = 0$，則企業配置任何一項技術的效果都相同。

在下文的數值模擬中將舉例說明，在所有變量一定的情況下，參與人不同的風險偏好對企業選擇配置何種技術決策的影響。

5.4　算例分析

為深入比較企業和駭客的風險偏好對資訊安全技術配置策略的影響，以及防火牆和 IDS 的防禦和檢測經濟效用等問題，我們借助數學工具 MAT-LAB 進行數值模擬分析，對參數賦值如下。

首先對推論 5.1 的結論進行數值模擬。

令 $P_F^I = 0.3$，$P_F^F = 0.4$，$P_D^I = 0.7$，$P_D^F = 0.6$，$d = 40$，$\mu = 20$，$\beta = 400$，

$\varphi = 0.5$, $c \in [0, 2]$，特殊的，取 $r_2 = 2$ 為風險厭惡型企業，$r_2 = 1$ 為風險中立型企業。c 為橫坐標，ψ^* 為縱坐標。以較高的 IDS 和防火牆檢測率為例說明，在企業調查成本很低和較高兩種條件下，駭客的最優入侵策略。企業人工調查期望成本與駭客入侵概率之間的關係如圖 5.2 所示。

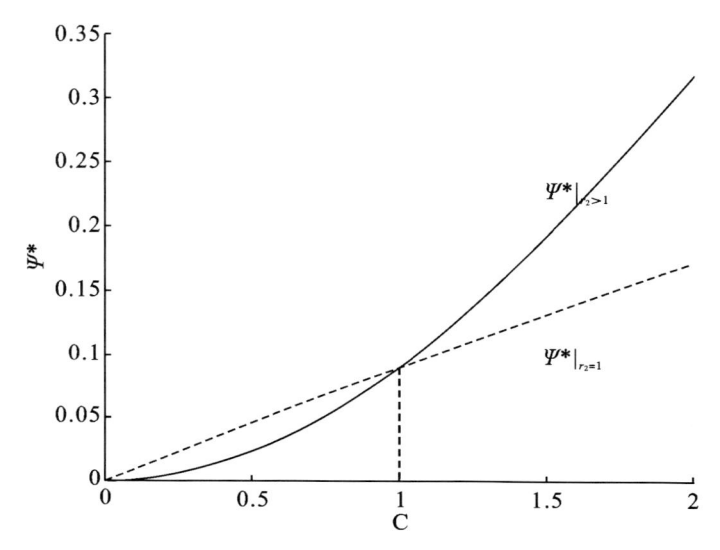

圖 5.2　企業人工調查期望成本與駭客入侵概率之間的關係

圖 5.2 說明，企業人工調查的期望成本越大，駭客的入侵概率越大，但對入侵不同風險偏好類型的企業的策略仍然有區別。在已知參數取值下，當 $|c| < 1$ 時，$\psi^*|_{r_2=1} > \psi^*|_{r_2>1}$，即駭客的最優策略是更偏向於入侵風險中立型的企業；當 $|c| > 1$ 時，$\psi^*|_{r_2=1} < \psi^*|_{r_2>1}$，即駭客的最優策略是更偏向於入侵風險厭惡型的企業。

接著對推論 5.2 的結論進行數值模擬。

令 $P_F^I = 0.3$，$P_F^F = 0.4$，$P_D^I = 0.7$，$P_D^F = 0.6$，$d = 40$，$\beta = 400$，$\varphi = 0.5$，$\mu \in [0, 2]$，特殊的，取 $r_1 = 2$ 為風險追求型駭客，$r_1 = 1$ 為風險中立型駭客，$r_1 = 0.5$ 為風險厭惡型駭客。μ 為橫坐標，ρ^* 為縱坐標。以較高的 IDS 和防火牆檢測率為例說明，在駭客所獲得的期望收益很低和較高兩種條件下，企業的最優檢測策略。駭客期望收益與企業檢測概率之間的關係如圖 5.3 所示。

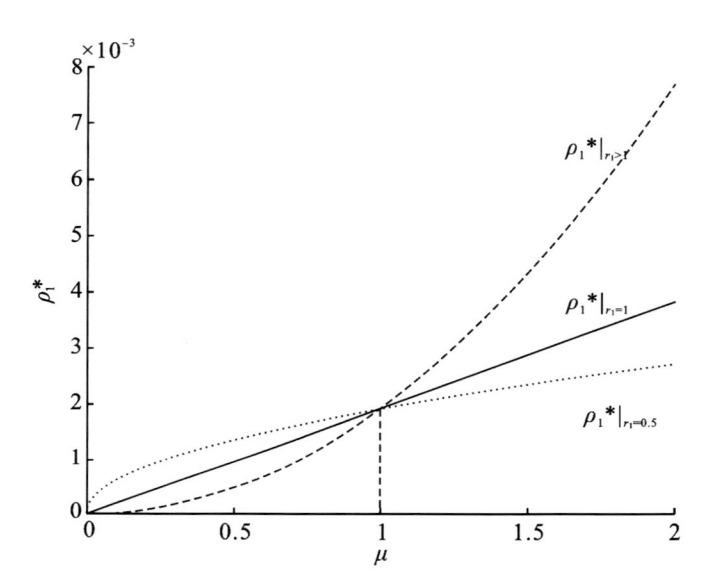

圖 5.3 駭客期望收益與企業檢測概率之間的關係

圖 5.3 說明，在已知參數取值下，當 $|\mu| < 1$ 時，$\rho_1^*|_{r_1=0.5} > \rho_1^*|_{r_1=1} > \rho_1^*|_{r_1>1}$，即企業對風險厭惡型駭客的檢測比率應最大，對風險追求型駭客的檢測比率應最小；當 $|\mu| > 1$ 時，$\rho_1^*|_{r_1=0.5} < \rho_1^*|_{r_1=1} < \rho_1^*|_{r_1>1}$，即企業對風險追求型駭客的檢測比率應最大，對風險厭惡型駭客的檢測比率應最小。

推論 5.3 和推論 5.4 可以用類似的方法進行討論研究，下面以推論 5.3 為例進行數值模擬，說明研究的結論。

令 $P_F^I = 0.3$，$P_D^I = 0.7$，$P_F^F \in [0, 1]$，$P_D^F \in [0, 1]$，$d = 40$，$\mu = 20$，$\beta = 400$，$\varphi = 0.5$，$c = 0.5$，$A = 100$，$B = 100$。三個坐標軸分別為 P_F^F、P_D^F 和 $Aa_2 + Bb_2$。

以 IDS 檢測率較高、企業的風險偏好為中立型為例分析，當駭客的風險偏好類型不同且已配置 IDS 技術時，是否需要額外配置防火牆技術的最優策略。當風險厭惡型駭客入侵系統時，防火牆的技術參數與企業的總經濟效益的關係如圖 5.4 所示；當風險中立型駭客入侵系統時，防火牆的技術參數與企業的總經濟效益的關係如圖 5.5 所示；當風險追求型駭客入侵系統時，防火牆的技術參數與企業的總經濟效益的關係如圖 5.6 所示。

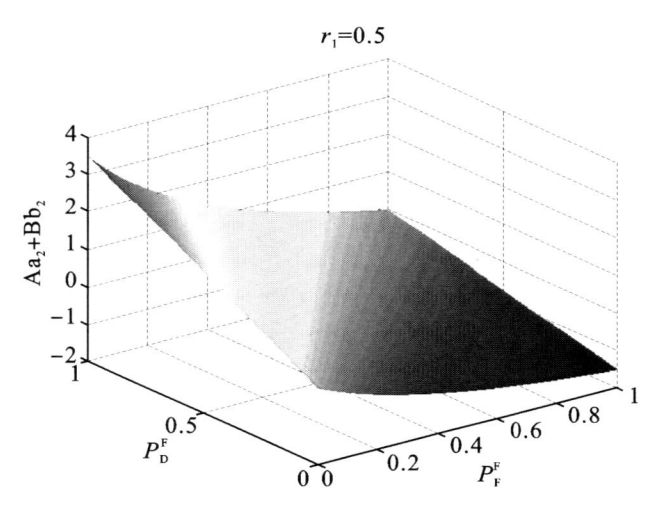

圖 5.4　防火牆的技術參數與企業總經濟效益之間的關係
（風險厭惡型駭客入侵系統）

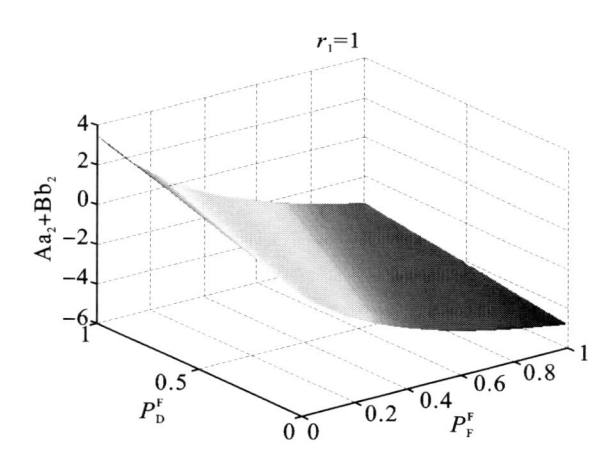

圖 5.5　防火牆的技術參數與企業總經濟效益之間的關係
（風險中立型駭客入侵系統）

$r_1=2$

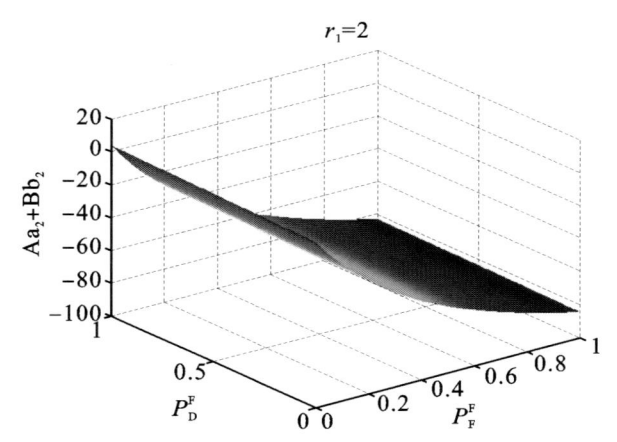

图 5.6 防火墙的技术参数与企业总经济效益之间的关系
（风险追求型骇客入侵系统）

在上述已知条件下，图 5.4 说明，当骇客是风险厌恶型时，额外配置较高的防火墙检测率和较低的防火墙误报率可以使企业的总经济效益大于 0，此时额外配置防火墙为企业的最优策略。图 5.5 说明，当骇客是风险中立型时，额外配置较高的防火墙检测率和较低的防火墙误报率也可以使企业的总经济效益大于 0。但比较图 5.4 和图 5.5 发现，当防火墙误报率较高，即便防火墙技术的其他参数相同，风险中立型骇客入侵系统对企业造成总经济效益的损失要大于风险厌恶型骇客入侵系统。图 5.6 说明，对于风险追求型骇客入侵系统，此时企业的最优策略是只配置 IDS，不再配置防火墙技术。因为即便防火墙的技术性能再好，额外配置防火墙后企业的总经济效益几乎总小于 0。

上述结论说明，在企业的资讯安全投资固定的情况下，当企业面临的是风险厌恶型骇客入侵系统时，企业的最优策略可以额外配置防火墙来抵御入侵；当企业面临的是风险追求型骇客入侵系统时，企业的最优策略是只配置 IDS，并将所有的资讯安全投资用于人工调查，来抵御骇客入侵，减少企业的损失。

用类似的方法可以分析当企业已配置了防火墙技术后是否需要额外增加配置 IDS 技术（即推论 5.4）。

最後，數值模擬推論 5.5 的結論。

令 $P_D^I = 0.3$，$P_F^I = 0.7$，$P_F^F = 0.6$，$P_D^F = 0.4$，$d = 40$，$\mu = 20$，$\beta = 400$，$\varphi = 0.5$，$c = 0.5$，$r_1 \in [0, 3]$。駭客的風險偏好 r_1 為橫坐標，$\Delta = F_f(\rho_1, \rho_2, \psi) - F_I(\rho_1, \rho_2, \psi)$ 為縱坐標。

以防火牆和 IDS 檢測概率均較低，企業的風險偏好分別為中立型、厭惡型為例，分析企業只能配置一種技術時的最優選擇策略。駭客的風險偏好與這兩種技術的期望成本差額之間的關係如圖 5.7 所示。

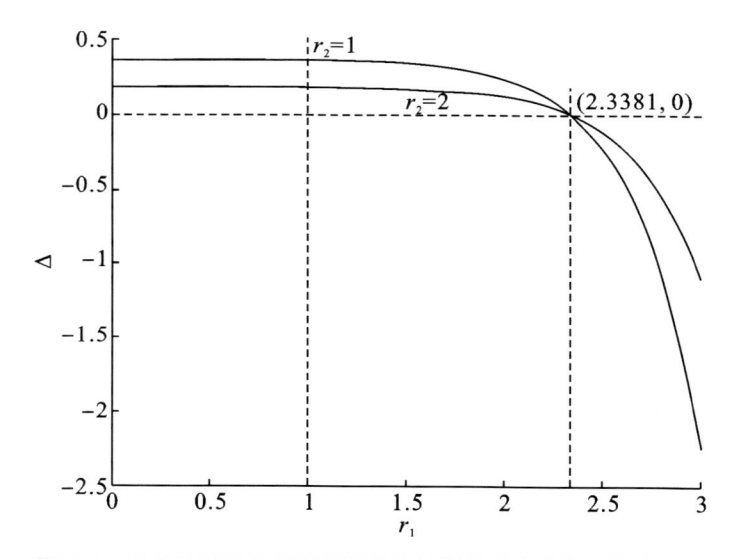

圖 5.7 駭客的風險偏好與兩種技術的期望成本差額之間的關係

圖 5.7 說明，若 $\Delta = F_f(\rho_1, \rho_2, \psi) - F_I(\rho_1, \rho_2, \psi) > 0$，有 $r_1 \in [0, 2.3381]$，此時企業只配置防火牆時的期望成本較高，則單獨配置 IDS 技術為企業的最優策略；若 $\Delta < 0$，有 $r_1 \in [2.3381, 3]$，此時企業只配置防火牆時的期望成本較低，則單獨配置防火牆技術為企業的最優策略；若 $\Delta = 0$，即在兩條曲線的交點處，企業配置任何一項技術的效果都是相同的。

可以分析：①駭客的風險偏好對企業選擇只能配置一種技術策略的影響。在給定上述參數的條件下，風險厭惡型、風險中立型駭客入侵系統，企業配置 IDS 技術為最優策略；對於一部分追求風險的駭客，用 IDS 技術

實施系統保護仍是企業的最優策略,但當駭客追求風險的參數很大時(現實中,冒巨大的風險、不擇手段而成功入侵系統的駭客也占一定的比重),用防火牆技術實施系統保護為企業的最優策略。②企業的風險偏好對選擇配置一種技術策略的影響。在防火牆和IDS檢測概率均較低且配置相同的技術時,風險中立型企業比風險厭惡型企業的成本更低,效果更好。

5.4　本章小結

　　防火牆和IDS是兩種主流的資訊安全技術。已有的成果僅研究了參與人對風險的偏好為風險中立型時防火牆和IDS的技術配置策略,然而理智的參與人對風險的偏好應該有風險中立和風險厭惡兩種情況,部分受經濟利益驅動的駭客也有追求風險的偏好。本章關於企業和駭客的風險偏好對兩種技術組合配置策略的研究是一個新的嘗試:

　　(1)當企業的人工調查期望成本較低時,風險中立型企業更易被入侵;當企業的人工調查期望成本較高時,風險厭惡型企業更易被入侵。當駭客的期望收益較低時,風險厭惡型駭客被檢測的概率最大;當駭客的期望收益較高時,風險追求型駭客被檢測的概率最大。

　　(2)定量研究了防火牆和IDS的防禦和檢測的經濟效用,給出企業是否需要增配另一種資訊安全技術,以及企業只能配置一種資訊安全技術時的最優策略。結論對企業制定合理的資訊安全策略非常重要,例如,當企業知道自己的調查成本較低時,可以向外界媒體公布一定的資訊,讓駭客誤認為企業的風險偏好是厭惡型的,此時駭客的最優策略則是不入侵資訊系統。

　　(3)企業通過用戶日誌、蜜罐等技術對用戶行為的風險偏好進行評估,並根據資訊的價值對駭客的期望收益進行估計,從而制定最優的人工調查策略。

6 基於演化博弈的防火牆和入侵檢測的配置策略分析

資訊系統安全管理人員在與駭客博弈的過程中，既不可能做到完全理性，又不可能完全正確地預測對方的行為。為此，本章研究了基於演化博弈的兩種資訊系統安全技術組合的配置策略。首先，總結了傳統博弈的研究缺陷以及演化博弈解決資訊安全問題的可行性。接著，以防火牆和 IDS 技術組合為例，應用演化博弈論分別對入侵檢測系統、防火牆、防火牆和入侵檢測系統模型的穩定性進行了分析，通過研究博弈雙方的複製動態和穩定性，得到博弈雙方的配置策略的動態變化趨勢，分析了影響演化穩定策略的條件。

6.1 問題的提出

在預測經濟主體行為方面，傳統博弈理論存在三大缺陷：

（1）在求解子博弈精煉納什均衡時所利用的後向歸納法不但要求參與人完全理性，而且還要求參與人的行為是序貫理性的。

（2）在處理不完全資訊問題時，必須假定參與人知道世界的各種可能狀態，必須假定參與人知道在隨機抽取狀態上的客觀概率分佈，必須假定參與人具有很強的計算、推理能力，且能夠在一個大的狀態空間中應用貝

葉斯法則解決相當複雜的問題。很顯然，這三個假定與現實是不相符的。

（3）作為預測工具的理論基礎是納什均衡及其精煉。這一理論不但要求各參與人完全理性，而且還要求參與人的預期滿足一致性原則。所謂一致性原則，就是要求每個參與人正確地知道其他參與人將會如何選擇。

在資訊安全問題中，由於攻擊的不確定性和多樣性，入侵檢測系統的預見能力較差，而且入侵檢測系統的一些誤報和漏報的自我調節無法在傳統博弈的方法中體現。入侵檢測系統和用戶之間不可能完全正確預測對方的行為，不能對每一次的人工調查策略都進行正確的判斷，因此需要引入一種有限理性條件下的博弈模型對入侵檢測系統做進一步的分析。

由進化生物學發展起來的演化博弈論，運用有限理性假設來解釋社會經濟現象並預測人的群體行為，極大地增強了傳統博弈論的現實解釋力。首先，由於資訊系統安全技術和駭客之間的交互關係不可能做到博弈過程中雙方完全理性，不能完全正確預測對方的行為和收益，且安全策略學習和動態調整的速度不快，這符合「複製動態」的機制，因此演化博弈可以很好的解決這一缺陷。其次，資訊系統安全技術和用戶之間的相互作用是一個反應時間的過程，表現了動態的特性，並不是每次都能達到靜態博弈的平衡點。資訊系統安全技術的配置策略是一個不斷調整的過程，長期來看並不會有明確的趨向最優策略的路徑，並且資訊系統安全技術和駭客的交互行為實際上是隨著時間不斷變化的動態行為，技術配置策略的選擇是不穩定且動態變化的。所以，利用演化博弈理論研究資訊系統的安全技術配置策略，從長期的分析系統自我調整策略來看，更貼近現實。

在之前大多數的研究文獻中，一個重要的假設是：博弈方是完全理性的，得到的結果是博弈雙方的最優策略。但是在現實中，當系統檢測出有入侵行為後，入侵檢測系統對此情形的關注度會增加，對下一次產生此類入侵行為的人工調查策略的可能性也會增加。駭客也可以觀察或模仿成功入侵者並試驗新的策略。另外，在重複博弈的過程中，入侵檢測系統和用戶之間不可能完全正確預測對方的行為，雙方不可能每一次都做出各自正確的策略，它們往往不能做到博弈雙方完全理性。因此，本書研究基於演化博弈的資訊系統安全技術的配置策略具有重要的意義。

6.2 模型描述

本章研究資訊系統隨著駭客入侵過程中調整策略和學習趨勢的發展，以及 IDS 的人工調查策略和駭客入侵策略的穩定性分析。為了和上一章進行比較，本章同樣研究了防火牆和 IDS 技術組合的三種配置策略：只配置 IDS；只配置防火牆；同時配置 IDS 和防火牆。其中，防火牆的作用為報警則阻止入侵，IDS 的作用為報警則檢測入侵。不同的是，防火牆和入侵檢測系統在長期的聯動後，會調整其聯動系統後的檢測概率[①]；駭客群體在入侵資訊系統時會不斷地總結經驗，產生了一些基於模仿和學習的成本。

表 6.1 模型的參數和博弈雙方的決策變量表

模型的參數	
企業參數	
d	駭客成功攻擊造成的損失，資訊安全技術阻擋了合法資訊流造成的損失
c	企業人工調查的成本
$d\varphi$	企業檢測到入侵，修復損失所得的收益
用戶參數	
β	駭客攻擊被發現受到的懲罰
μ	駭客攻擊的收益
c_h	駭客入侵的成本
資訊安全技術參數	
P_D^F	防火牆正確報警，防火牆阻止非法外部用戶入侵的概率
$1-P_D^F$	防火牆的漏檢概率，防火牆未阻止非法用戶入侵的概率
P_D^I	IDS 正確報警，駭客入侵時 IDS 發出報警的概率

---

① 與前一章不同的是，本章中將引入新的參數聯動系統的檢測概率 P。

表6.1(續)

$1-P_D^I$	IDS 的漏檢概率，駭客入侵時 IDS 未發出報警的概率
P	聯動系統正確報警，防火牆阻止非法外部用戶入侵，且 IDS 發出報警的概率
$1-P$	聯動系統的漏檢概率，防火牆未阻止非法用戶入侵，且入侵時 IDS 未發出報警的概率
博弈雙方的決策變量	
駭客的決策變量	
ψ	對系統發動攻擊的概率
企業的決策變量	
ρ	管理員調查的概率

在前一章的討論中，博弈的雙方是駭客和企業，其中駭客的策略為 $S^U \in \{H, NH\}$，H 表示入侵，NH 表示不入侵；企業的策略為 $S^F \in \{(I,I), (I,NI), (NI,I), (NI,NI)\}$，$I$ 表示採用人工調查，NI 表示不採用人工調查。為了方便討論，假設企業的策略為直接觸發後續的行為，令 ρ 為採取人工調查的概率。對模型中的參數做如下定義。

令防火牆的檢測概率為 P_D^F，它指的是防火牆阻止非法外部用戶的概率，漏檢概率為 $1-P_D^F$。IDS 的檢測概率為 P_D^I，它指的是用戶入侵系統時 IDS 發出警報的概率，漏檢概率為 $1-P_D^I$。當防火牆和 IDS 技術組合應用於資訊系統時，聯動系統的檢測概率為 P，漏檢概率為 $1-P$。

設駭客的入侵概率為 ψ，$\psi \in [0,1]$。若駭客入侵系統時被檢測出，它所受的懲罰為 β。成功入侵資訊系統後駭客的期望利潤為 μ，一般地，$\mu \le \beta$，即駭客入侵系統被抓到後無正收益。將駭客因模仿和學習而產生的成本定義為入侵成本 c_h，$\mu \ge c_h$。

設企業的人工調查期望成本為 c。駭客入侵系統但未被檢測出，企業的損失為 d。若企業檢測出入侵，可以挽回的損失為 $d\varphi$，$\varphi \in [0,1]$。一般地，$c \le d\varphi$，即若檢測出駭客入侵，企業的調查成本不高於其挽回的收益。

6.3 模型分析

6.3.1 只配置入侵檢測系統的演化博弈模型

由參數假設，駭客的入侵概率為 ψ，不入侵的概率為 $1-\psi$；管理員採用人工調查的概率為 ρ，不採用人工調查的概率為 $1-\rho$。為求駭客和入侵檢測系統的複製動態方程，首先求得博弈雙方的期望收益和平均收益，需要分析駭客和入侵檢測系統演化博弈的收益矩陣，見表 6.2。

表 6.2 駭客和入侵檢測系統的演化博弈收益矩陣

入侵檢測系統收益

駭客收益		報警,人工調查	報警,不調查	不報警,調查	不報警,不調查
	入侵	$P_D^I(-\beta+\mu-c_h)$, $P_D^I(d\varphi-c)$	$P_D^I(\mu-c_h)$, $-P_D^I d$	$(1-P_D^I)(-\beta+\mu-c_h)$, $(1-P_D^I)(d\varphi-c)$	$(1-P_D^I)(\mu-c_h)$, $-(1-P_D^I)d$
	不入侵	0, $-P_D^I c$	0, 0	0, $-(1-P_D^I)c$	0, 0

IDS 報警時採取人工調查策略的收益為：

$$F_{I11} = \psi P_D^I(d\varphi - c) - (1-\psi)P_D^I c \tag{6.1}$$

IDS 報警時不採取人工調查策略的收益為：

$$F_{I12} = -\psi P_D^I d \tag{6.2}$$

IDS 報警時的平均期望收益為：

$$\overline{F_{I1}} = \rho F_{I11} + (1-\rho) \cdot F_{I12} \tag{6.3}$$

IDS 不報警時採取人工調查策略的收益為：

$$F_{I21} = \psi(1-P_D^I)(d\varphi - c) - (1-\psi)(1-P_D^I)c \tag{6.4}$$

IDS 不報警時不採取人工調查策略的收益為：

$$F_{I22} = -\psi(1-P_D^I)d \tag{6.5}$$

IDS 不報警時的平均期望收益為：

$$\overline{F_{I2}} = \rho F_{I21} + (1-\rho) \cdot F_{I22} \qquad (6.6)$$

IDS 報警時駭客採取入侵策略的收益為：

$$H_{I11} = \rho P_D^I(-\beta + \mu - c_h) + (1-\rho)P_D^I(\mu - c_h) \qquad (6.7)$$

IDS 報警時駭客不採取入侵策略的收益為：

$$H_{I12} = 0 \qquad (6.8)$$

IDS 報警時駭客的平均期望收益為：

$$\overline{H_{I1}} = \psi H_{I11} + (1-\psi) \cdot H_{I12} = \psi H_{I11} \qquad (6.9)$$

IDS 不報警時駭客採取入侵策略的收益為：

$$H_{I21} = \rho(1-P_D^I)(-\beta + \mu - c_h) + (1-\rho)(1-P_D^I)(\mu - c_h) \qquad (6.10)$$

IDS 不報警時駭客不採取入侵策略的收益為：

$$H_{I22} = 0 \qquad (6.11)$$

IDS 不報警時駭客的平均期望收益為：

$$\overline{H_{I2}} = \psi H_{I21} + (1-\psi) \cdot H_{I12} = \psi H_{I21} \qquad (6.12)$$

可得：

在 IDS 報警時，入侵檢測系統的複製動態方程為：

$$\frac{d\rho}{dt} = F_{I1}(\rho) = \rho(F_{I11} - \overline{F_{I1}}) = \rho(1-\rho)[\psi P_D^I d(\varphi+1) - P_D^I c] \qquad (6.13)$$

在 IDS 報警時，駭客的複製動態方程為：

$$\frac{d\psi}{dt} = H_{I1}(\psi) = \psi(1-\psi)[-\rho\beta P_D^I + P_D^I(\mu - c_h)] \qquad (6.14)$$

在 IDS 不報警時，入侵檢測系統的複製動態方程為：

$$\frac{d\rho}{dt} = F_{I2}(\rho) = \rho(F_{I21} - \overline{F_{I2}})$$
$$= \rho(1-\rho)[\psi(1-P_D^I)d(\varphi+1) - (1-P_D^I)c] \qquad (6.15)$$

在 IDS 不報警時，駭客的複製動態方程為：

$$\frac{d\psi}{dt} = H_{I2}(\psi) = \psi(1-\psi)[-\rho\beta(1-P_D^I) + (1-P_D^I)(\mu - c_h)] \qquad (6.16)$$

下面求解博弈雙方的演化穩定策略。首先求出複製動態的穩定狀態，然後討論這些穩定狀態的鄰域穩定性，即對於偶然偏離的穩健性。

定理 6.1：當 IDS 報警，且 $0 < \dfrac{P'_D c}{P'_D d(\varphi + 1)} < 1$，$0 < \dfrac{P'_D (\mu - c_h)}{\beta P'_D} < 1$ 時，企業採取人工調查策略和駭客採取入侵策略的複製動態和穩定性如圖 6.1 所示；

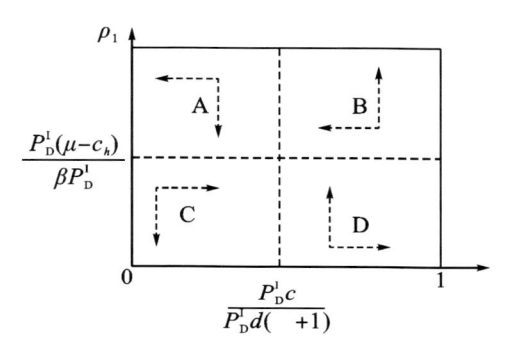

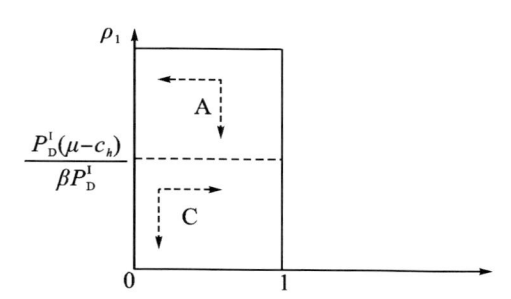

圖 6.1 當 $0 < \dfrac{P'_D c}{P'_D d(\varphi + 1)} < 1$，$0 < \dfrac{P'_D (\mu - c_h)}{\beta P'_D} < 1$ 時博弈雙方的複製動態和穩定性

當 IDS 報警，且 $\dfrac{P'_D c}{P'_D d(\varphi + 1)} \geq 1$，$0 < \dfrac{P'_D (\mu - c_h)}{\beta P'_D} < 1$ 時，企業的人工調查策略和駭客採取入侵策略的複製動態和穩定性如圖 6.2 所示；

圖 6.2 當 $\dfrac{P'_D c}{P'_D d(\varphi + 1)} \geq 1$，$0 < \dfrac{P'_D (\mu - c_h)}{\beta P'_D} < 1$ 時博弈雙方的複製動態和穩定性

當 IDS 報警，且 $0 < \dfrac{P'_D c}{P'_D d(\varphi + 1)} < 1$，$\dfrac{P'_D (\mu - c_h)}{\beta P'_D} \leq 0$ 時，企業人工調查策略和駭客的入侵策略複製動態和穩定性如圖 6.3 所示；

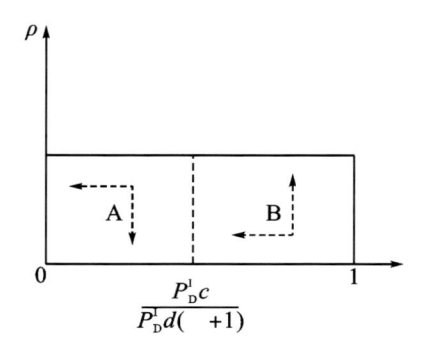

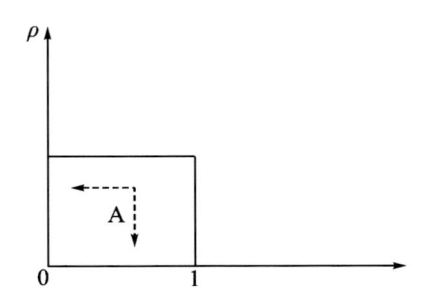

圖 6.3 當 $0 < \dfrac{P'_D c}{P'_D d(\varphi + 1)} < 1$，$\dfrac{P'_D(\mu - c_h)}{\beta P'_D} \leqslant 0$ 時博弈雙方的複製動態和穩定性

當 IDS 報警，且 $\dfrac{P'_D c}{P'_D d(\varphi + 1)} \geqslant 1$，$\dfrac{P'_D(\mu - c_h)}{\beta P'_D} \leqslant 0$ 時，企業的人工調查策略和駭客的入侵策略的複製動態和穩定性如圖 6.4 所示。

圖 6.4 當 $\dfrac{P'_D c}{P'_D d(\varphi + 1)} \geqslant 1$，$\dfrac{P'_D(\mu - c_h)}{\beta P'_D} \leqslant 0$ 時博弈雙方的複製動態和穩定性

證明：令複製狀態方程中的 $F_{I1}(\rho) = 0$，$H_{I1}(\psi) = 0$，$F_{I2}(\rho) = 0$，$H_{I2}(\psi) = 0$，可解出所有的穩定狀態。

設 ρ_1^*，ψ_1^* 分別為 IDS 報警時企業和駭客策略的穩定狀態；ρ_2^*，ψ_2^* 分別為 IDS 不報警時企業和駭客策略的穩定狀態，則 $F_{I1}'(\rho_1^*) < 0$，$H_{I1}'(\psi_1^*) < 0$，$F_{I2}'(\rho_2^*) < 0$，$H_{I2}'(\psi_2^*) < 0$ 為穩定狀態。

由圖 6.5 可得 IDS 報警時，企業人工調查策略的複製狀態方程的穩定狀態。

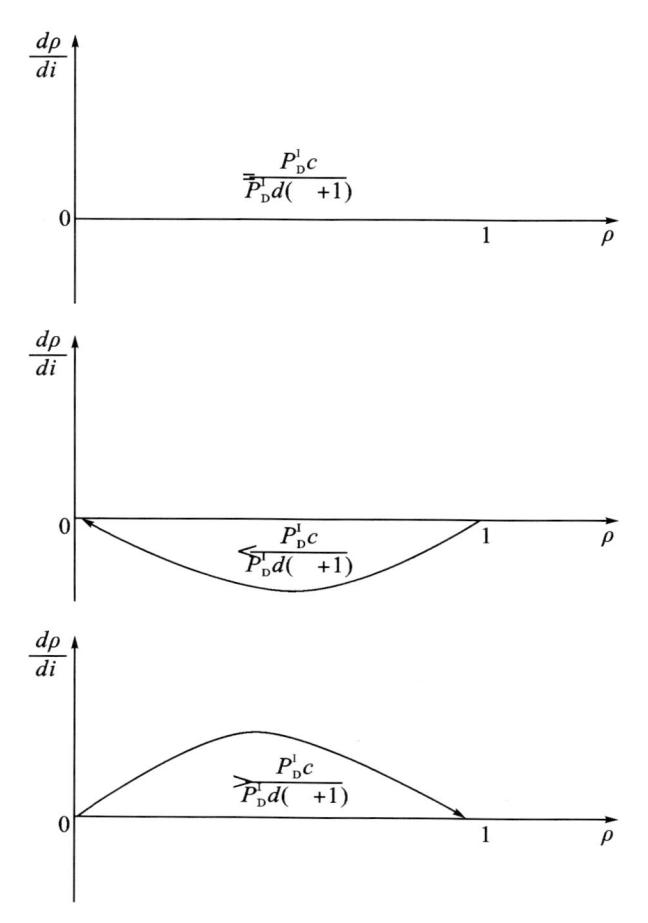

圖 6.5 IDS 報警時企業人工調查策略的複製狀態方程的函數圖像

當 $\psi = \dfrac{P'_D c}{P'_D d(\varphi + 1)}$ 時，$F_{I1}(\rho_1) = 0$ 始終成立，則對於任意的 ρ_1 都是企業人工調查策略的穩定狀態；

當 $\psi < \dfrac{P'_D c}{P'_D d(\varphi + 1)}$ 時，$\rho_1^* = 0$ 是企業人工調查策略的穩定狀態；

當 $\psi > \dfrac{P'_D c}{P'_D d(\varphi + 1)}$ 時，$\rho_1^* = 1$ 是企業人工調查策略的穩定狀態。

同理分析，當 IDS 報警時，駭客入侵策略的複製狀態方程的穩定狀態。

當 $\rho = \dfrac{P_D^I(\mu - c_h)}{\beta P_D^I}$ 時，$H_\Pi(\psi) = 0$ 始終成立，則對於任意的 ψ 都是駭客入侵策略的穩定狀態；

當 $\rho > \dfrac{P_D^I(\mu - c_h)}{\beta P_D^I}$ 時，$\psi^* = 0$ 是駭客入侵策略的穩定狀態；

當 $\rho < \dfrac{P_D^I(\mu - c_h)}{\beta P_D^I}$ 時，$\psi^* = 1$ 是駭客入侵策略的穩定狀態。

接下來，根據參數不同的取值範圍的四種情形：

(1) $0 < \dfrac{P_D^I c}{P_D^I d(\varphi + 1)} < 1$ 且 $0 < \dfrac{P_D^I(\mu - c_h)}{\beta P_D^I} < 1$；

(2) $\dfrac{P_D^I c}{P_D^I d(\varphi + 1)} \geqslant 1$ 且 $0 < \dfrac{P_D^I(\mu - c_h)}{\beta P_D^I} < 1$；

(3) $0 < \dfrac{P_D^I c}{P_D^I d(\varphi + 1)} < 1$ 且 $\dfrac{P_D^I(\mu - c_h)}{\beta P_D^I} \leqslant 0$；

(4) $\dfrac{P_D^I c}{P_D^I d(\varphi + 1)} \geqslant 1$ 且 $\dfrac{P_D^I(\mu - c_h)}{\beta P_D^I} \leqslant 0$。

分析並討論當 IDS 報警時，博弈雙方動態變化的趨勢，得到定理 6.1。

證畢

推論 6.1：博弈雙方自身的初始條件——企業的調查成本與入侵後受損的關係、駭客入侵成功後的收益與被檢測所受懲罰的關係、駭客入侵成功後的收益與學習、模仿入侵系統的成本之間的關係——的不同影響著雙方的演化穩定策略。

由定理 6.1 可分析以下四個結論，解釋說明推論 6.1。

(1) 當 IDS 報警，且 $0 < \dfrac{P_D^I c}{P_D^I d(\varphi + 1)} < 1$，$0 < \dfrac{P_D^I(\mu - c_h)}{\beta P_D^I} < 1$ 時，條件等價為 $c < d(\varphi + 1)$，$\mu - c_h - \beta < 0$。本章中模型描述的對現實的假設 $c_h \leqslant \mu \leqslant \beta$，$c \leqslant d\varphi$，等價的條件與現實狀態相吻合。當雙方的初始博弈在圖 6.1 的 A 區時，參與人的博弈狀態會收斂於 $(\psi^*, \rho^*) = (0, 0)$，此時博弈雙方的策略為企業不採取人工調查策略，駭客不入侵系統；當雙

方的初始博弈在圖 6.1 的 D 區時，參與人的博弈狀態會收斂於 (ψ^*, ρ^*) = (1, 1)，此時博弈雙方的策略為企業採取人工調查策略，駭客入侵系統；當雙方的初始博弈在圖 6.1 的 B 區或 C 區時，駭客的入侵概率和企業的人工調查概率分別向交叉點集中，以不同概率收斂於 (ψ^*, ρ^*) = (0, 1) 和 (ψ^*, ρ^*) = (1, 0)，表現演化博弈過程的動態性。由此可見，博弈雙方狀態的變化影響著企業人工調查策略和駭客入侵策略的選擇，決定著資訊系統的安全。

（2）當 IDS 報警，且 $\frac{P'_D c}{P'_D d(\varphi+1)} \geq 1$，$0 < \frac{P'_D(\mu - c_h)}{\beta P'_D} < 1$ 時，條件等價為 $c \geq d(\varphi+1)$，$\mu - c_h - \beta < 0$。其中，企業的人工調查成本高於入侵後的損失和檢測後所能修復受損的收益，說明人工調查成本過高，超出了企業所能承受的範圍。當雙方的初始博弈在圖 6.2 的 A 區時，參與人的博弈狀態會收斂於 (ψ^*, ρ^*) = (0, 0)，此時博弈雙方的策略為企業不採取人工調查策略，駭客不入侵系統；當雙方的初始博弈在圖 6.2 的 C 區時，駭客的入侵概率和企業的人工調查概率以不同概率收斂於 (ψ^*, ρ^*) = (1, 0)。企業的人工調查策略始終是不採取調查，攻擊者都會逐步採取入侵的策略。由此可見，此種情形下 A 區的狀態是不穩定的，系統最終的演化穩定狀態為 (ψ^*, ρ^*) = (1, 0)。

（3）當 IDS 報警，且 $0 < \frac{P'_D c}{P'_D d(\varphi+1)} < 1$，$\frac{P'_D(\mu - c_h)}{\beta P'_D} \leq 0$ 時，條件等價為 $c < d(\varphi+1)$，$\mu \leq c_h$。其中，駭客入侵後的收益低於其入侵成本，說明駭客沒有動力入侵資訊系統。當雙方的初始博弈在圖 6.3 的 A 區時，參與人的博弈狀態會收斂於 (ψ^*, ρ^*) = (0, 0)；當雙方的初始博弈在圖 6.3 的 B 區時，駭客的入侵概率和企業的人工調查概率以不同概率收斂於 (ψ^*, ρ^*) = (0, 1)。駭客的入侵策略始終是不入侵，企業最終會逐步採取不進行人工調查的策略。由此可見，此種情形下 B 區的狀態是不穩定的，系統最終的演化穩定狀態為 (ψ^*, ρ^*) = (0, 0)。

（4）當 IDS 報警，且 $\frac{P'_D c}{P'_D d(\varphi+1)} \geq 1$，$\frac{P'_D(\mu - c_h)}{\beta P'_D} \leq 0$ 時，條件等價

為 $c \geq d(\varphi+1)$，$\mu \leq c_h$。其中，企業的人工調查成本高於入侵後的損失和檢測後所能修復受損的收益，駭客入侵成本高於其入侵收益。雙方的初始博弈在圖 6.4 的 A 區，參與人的博弈狀態會收斂於 $(\psi^*, \rho^*) = (0, 0)$，企業因調查成本過高而放棄人工調查的策略，駭客則因入侵成本過高放棄入侵的策略。

推論 6.2：IDS 的入侵檢測概率影響著演化穩定策略的閾值。當 IDS 報警時，較高的入侵檢測概率使得雙方收斂於 $(\psi^*, \rho^*) = (1, 0)$ 的概率降低，即經過長期的學習和策略的調整，駭客入侵系統的概率大大降低；較低的入侵檢測概率使得雙方收斂於 $(\psi^*, \rho^*) = (0, 1)$ 的概率降低，即在入侵檢測概率較低的情況下，企業採用人工調查的概率大大降低。

證明：由定理 6.1 可知，當 IDS 的檢測概率較高時，穩定性的閾值 $\dfrac{P_D^I c}{P_D^I d(\varphi+1)}$ 和 $\dfrac{P_D^I(\mu - c_h)}{\beta P_D^I}$ 會分別向左和向下移動，A、B、D 區的面積均變大，C 區的面積變小，交叉點向左下方平移，如圖 6.6 所示。因此博弈雙方收斂到 $(\psi^*, \rho^*) = (1, 0)$ 的概率降低，即此時駭客入侵系統的概率大大降低。

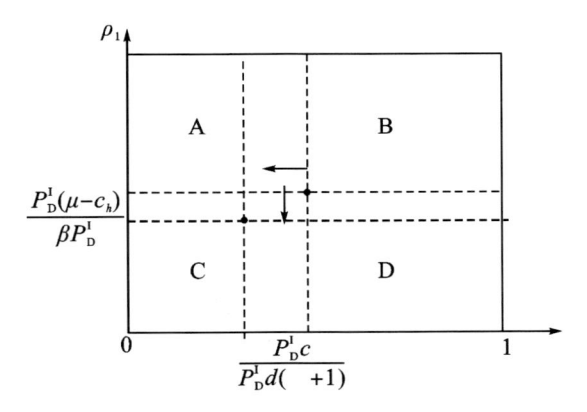

圖 6.6 當 IDS 報警且 P_D^I 較高時，博弈雙方的複製動態和穩定性閾值的變化趨勢

當 IDS 的檢測概率較低時，穩定性的閾值 $\dfrac{P_D^I c}{P_D^I d(\varphi+1)}$ 和 $\dfrac{P_D^I(\mu - c_h)}{\beta P_D^I}$ 會分別向右和向上移動，A、C、D 區的面積均變大，B 區的面積變小，交

叉點向右上方平移。因此博弈雙方收斂到 $(\psi^*, \rho^*) = (0, 1)$ 的概率降低，即此時企業採用人工調查的概率大大降低。　　　　　　　　　證畢

同理可以分析，當 IDS 不報警時，企業人工調查策略的複製狀態方程的穩定狀態：

當 $\psi = \dfrac{(1 - P'_D)c}{d(1 - P'_D)(\varphi + 1)}$ 時，$F_{l2}(\rho_2) = 0$ 始終成立，則對於任意的 ρ_2 都是企業人工調查策略的穩定狀態；

當 $\psi < \dfrac{(1 - P'_D)c}{d(1 - P'_D)(\varphi + 1)}$ 時，$\rho_2^* = 0$ 是企業人工調查策略的穩定狀態；

當 $\psi > \dfrac{(1 - P'_D)c}{d(1 - P'_D)(\varphi + 1)}$ 時，$\rho_2^* = 1$ 是企業人工調查策略的穩定狀態。

駭客入侵策略的複製狀態方程的穩定狀態：

當 $\rho = \dfrac{(1 - P'_D)(\mu - c_h)}{\beta(1 - P'_D)}$ 時，$H_{l2}(\psi) = 0$ 始終成立，則對於任意的 ψ 都是駭客入侵策略的穩定狀態；

當 $\rho > \dfrac{(1 - P'_D)(\mu - c_h)}{\beta(1 - P'_D)}$ 時，$\psi^* = 0$ 是駭客入侵策略的穩定狀態；

當 $\rho < \dfrac{(1 - P'_D)(\mu - c_h)}{\beta(1 - P'_D)}$ 時，$\psi^* = 1$ 是駭客入侵策略的穩定狀態。

根據參數不同的取值範圍的四種情形：

(1) $0 < \dfrac{(1 - P'_D)c}{d(1 - P'_D)(\varphi + 1)} < 1$ 且 $0 < \dfrac{(1 - P'_D)(\mu - c_h)}{\beta(1 - P'_D)} < 1$；

(2) $\dfrac{(1 - P'_D)c}{d(1 - P'_D)(\varphi + 1)} \geqslant 1$ 且 $0 < \dfrac{(1 - P'_D)(\mu - c_h)}{\beta(1 - P'_D)} < 1$；

(3) $0 < \dfrac{(1 - P'_D)c}{d(1 - P'_D)(\varphi + 1)} < 1$ 且 $\dfrac{(1 - P'_D)(\mu - c_h)}{\beta(1 - P'_D)} \leqslant 0$；

(4) $\dfrac{(1 - P'_D)c}{d(1 - P'_D)(\varphi + 1)} \geqslant 1$ 且 $\dfrac{(1 - P'_D)(\mu - c_h)}{\beta(1 - P'_D)} \leqslant 0$。

分析並討論當 IDS 不報警時，博弈雙方動態變化的趨勢，得到的演化穩定策略圖如定理 6.1，只不過閾值發生了相應的變化，分別為 $\psi = \dfrac{(1-P_D^I)c}{d(1-P_D^I)(\varphi+1)}$ 和 $\rho = \dfrac{(1-P_D^I)(\mu-c_h)}{\beta(1-P_D^I)}$。

推論 6.3：當 IDS 不報警時，較高的入侵檢測概率使得雙方收斂於 $(\psi^*, \rho^*) = (0, 1)$ 的概率降低，即企業採用人工調查的概率大大降低。較低的入侵檢測概率使得雙方收斂於 $(\psi^*, \rho^*) = (1, 0)$ 的概率降低，即經過長期的學習和策略的調整，在入侵檢測概率較低情況下駭客入侵系統的概率大大降低。

6.3.2 只配置防火牆的演化博弈模型

研究只配置防火牆技術的演化博弈模型，同上一節中只配置 IDS 的演化博弈模型的討論方法類似。由參數假設，駭客的入侵概率為 ψ，不入侵的概率為 $1-\psi$；管理員採用人工調查概率為 ρ，不採用人工調查的概率為 $1-\rho$。為了得到博弈雙方的期望收益和平均收益，首先分析駭客和防火牆演化博弈的收益矩陣，見表 6.3。

表 6.3　駭客和防火牆演化博弈的收益矩陣

		防火牆			
		報警,人工調查	報警,不調查	不報警,調查	不報警,不調查
駭客	入侵	$P_D^F(-\beta-c_h)$, $P_D^F(d\varphi-c)$	$-P_D^F c_h, 0$	$(1-P_D^F)(-\beta-c_h)$, $(1-P_D^F)(d\varphi-c)$	$(1-P_D^F)(\mu-c_h)$, $-(1-P_D^F)d$
	不入侵	$0, -P_D^F c$	$0, 0$	$0, -(1-P_D^F)c$	$0, 0$

可得：

在防火牆報警時，入侵檢測系統的複製動態方程為：

$$\dfrac{d\rho}{dt} = F_{F1}(\rho) = \rho(1-\rho)[\psi P_D^F d\varphi - P_D^F c] \tag{6.17}$$

在防火牆報警時，駭客的複製動態方程為：

$$\dfrac{d\psi}{dt} = H_{F1}(\psi) = \psi(1-\psi)(-\rho\beta P_D^F - P_D^F c_h) \tag{6.18}$$

在防火牆不報警時，入侵檢測系統的複製動態方程為：

$$\frac{d\rho}{dt} = F_{F2}(\rho) = \rho(1-\rho)[\psi(1-P_D^F)d(\varphi+1) - (1-P_D^F)c] \quad (6.19)$$

在防火牆不報警時，駭客的複製動態方程為：

$$\frac{d\psi}{dt} = H_{F2}(\psi) = \psi(1-\psi)[-\rho(\beta+\mu)(1-P_D^F) + (1-P_D^F)(\mu-c_h)] \quad (6.20)$$

定理 6.2：當防火牆報警，且 $0 < \frac{c}{d\varphi} < 1$ 時，企業的人工調查策略和駭客的入侵策略的複製動態和穩定性如圖 6.7 所示。

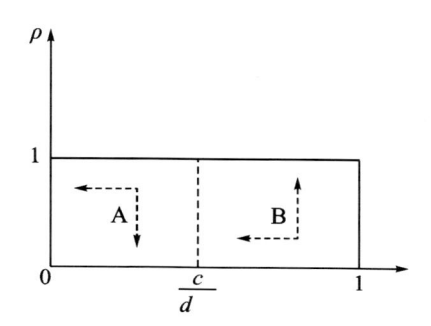

圖 6.7 當 $0 < \frac{c}{d\varphi} < 1$ 時博弈雙方的複製動態和穩定性

當防火牆報警，且 $\frac{c}{d\varphi} \geq 1$ 時，企業的人工調查策略和駭客的入侵策略的複製動態和穩定性如圖 6.8 所示。

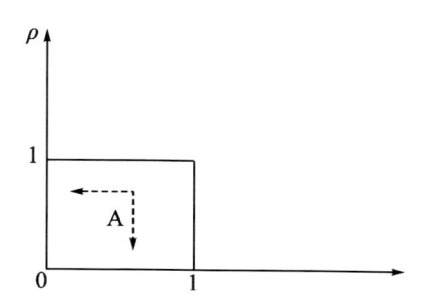

圖 6.8 當 $\frac{c}{d\varphi} \geq 1$ 時博弈雙方的複製動態和穩定性

證明：令複製狀態方程中的 $F_{F1}(\rho) = 0$，$H_{F1}(\psi) = 0$，$F_{F2}(\rho) = 0$，

$H_{F2}(\psi) = 0$ 可解出所有的穩定狀態。

設 ρ_1^*，ψ_1^* 分別為防火牆報警時企業和駭客策略的穩定狀態；ρ_2^*，ψ_2^* 分別為防火牆不報警時企業和駭客策略的穩定狀態，則 $F_{F1}'(\rho_1^*) < 0$，$H_{F1}'(\psi_1^*) < 0$，$F_{F2}'(\rho_2^*) < 0$，$H_{F2}'(\psi_2^*) < 0$ 為穩定狀態。

防火牆報警時，企業人工調查策略的複製狀態方程的穩定狀態如下：

當 $\psi = \dfrac{c}{d\varphi}$ 時，$F_{F1}(\rho_1) = 0$ 始終成立，則對於任意的 ρ_1 都是企業人工調查策略的穩定狀態；

當 $\psi < \dfrac{c}{d\varphi}$ 時，$\rho_1^* = 0$ 是企業人工調查策略的穩定狀態；

當 $\psi > \dfrac{c}{d\varphi}$ 時，$\rho_1^* = 1$ 是企業人工調查策略的穩定狀態。

同理分析，當防火牆報警時，駭客入侵策略的複製狀態方程的穩定狀態。

$\rho = -\dfrac{c_h}{\beta} < 0$，$\psi^* = 0$ 是駭客入侵策略的穩定狀態；

接下來，根據參數不同的取值範圍的兩種情形，即 $0 < \dfrac{c}{d\varphi} < 1$ 和 $\dfrac{c}{d\varphi} \geqslant 1$，分析並討論當防火牆報警時，博弈雙方動態變化的趨勢，得到定理 6.2。 證畢

推論 6.4：當防火牆報警時，演化穩定策略的閾值與防火牆檢測概率 P_D^F 無關。無論企業的人工調查成本與檢測入侵後所能修復的損失關係如何，系統的演化穩定狀態為駭客不入侵系統，企業不採取人工調查。

由定理 6.2 可分析以下兩個結論，解釋說明推論 6.4。

（1）當防火牆報警，且 $0 < \dfrac{c}{d\varphi} < 1$ 時，條件等價為 $c < d\varphi$。當雙方的初始博弈在圖 6.7 的 A 區時，參與人的博弈狀態會收斂於 $(\psi^*, \rho^*) = (0, 0)$；當雙方的初始博弈在圖 6.7 的 B 區時，駭客的入侵概率和企業的人工調查概率以不同概率收斂於 $(\psi^*, \rho^*) = (0, 1)$。駭客的入侵策略始終是不入侵，企業的人工調查最終會逐步採取不進行人工調查的策略。由此可

183

見，此種情形下 B 區的狀態是不穩定的，系統最終的演化穩定狀態為 $(\psi^*, \rho^*) = (0,0)$。

（2）當防火牆報警，且 $\dfrac{c}{d\varphi} \geq 1$ 時，條件等價為 $c \geq d\varphi$，駭客的入侵成本高於其入侵收益。雙方的初始博弈在圖 6.8 的 A 區，參與人的博弈狀態會收斂於 $(\psi^*, \rho^*) = (0, 0)$，駭客因入侵成本過高而放棄入侵的策略。

同理可以分析，當防火牆不報警時，企業人工調查策略的複製狀態方程的穩定狀態。

當 $\psi = \dfrac{(1-P_D^F)c}{d(1-P_D^F)(\varphi+1)}$ 時，$F_{F2}(\rho_2) = 0$ 始終成立，則對於任意的 ρ_2 都是企業人工調查策略的穩定狀態；

當 $\psi < \dfrac{(1-P_D^F)c}{d(1-P_D^F)(\varphi+1)}$ 時，$\rho_2^* = 0$ 是企業人工調查策略的穩定狀態；

當 $\psi > \dfrac{(1-P_D^F)c}{d(1-P_D^F)(\varphi+1)}$ 時，$\rho_2^* = 1$ 是企業人工調查策略的穩定狀態。

駭客入侵策略的複製狀態方程的穩定狀態：

當 $\rho = \dfrac{(1-P_D^F)(\mu-c_h)}{(\beta+\mu)(1-P_D^F)}$ 時，$H_{F2}(\psi) = 0$ 始終成立，則對於任意的 ψ 都是駭客入侵策略的穩定狀態；

當 $\rho > \dfrac{(1-P_D^F)(\mu-c_h)}{(\beta+\mu)(1-P_D^F)}$ 時，$\psi^* = 0$ 是駭客入侵策略的穩定狀態；

當 $\rho < \dfrac{(1-P_D^F)(\mu-c_h)}{(\beta+\mu)(1-P_D^F)}$ 時，$\psi^* = 1$ 是駭客入侵策略的穩定狀態。

根據不同參數，取值範圍有四種情形：

（1）$0 < \dfrac{(1-P_D^F)c}{d(1-P_D^F)(\varphi+1)} < 1$ 且 $0 < \dfrac{(1-P_D^F)(\mu-c_h)}{(\beta+\mu)(1-P_D^F)} < 1$；

（2）$\dfrac{(1-P_D^F)c}{d(1-P_D^F)(\varphi+1)} \geq 1$ 且 $0 < \dfrac{(1-P_D^F)(\mu-c_h)}{(\beta+\mu)(1-P_D^F)} < 1$；

（3）$0 < \dfrac{(1-P_D^F)c}{d(1-P_D^F)(\varphi+1)} < 1$ 且 $\dfrac{(1-P_D^F)(\mu-c_h)}{(\beta+\mu)(1-P_D^F)} \leq 0$；

(4) $\dfrac{(1-P_D^F)c}{d(1-P_D^F)(\varphi+1)} \geq 1$ 且 $\dfrac{(1-P_D^F)(\mu-c_h)}{(\beta+\mu)(1-P_D^F)} \leq 0$。

分析並討論當防火牆不報警時，博弈雙方動態變化的趨勢，得到演化穩定策略圖如定理6.1，只不過閾值發生了相應的變化，分別為：$\psi = \dfrac{(1-P_D^F)c}{d(1-P_D^F)(\varphi+1)}$ 和 $\rho = \dfrac{(1-P_D^F)(\mu-c_h)}{(\beta+\mu)(1-P_D^F)}$。

推論6.5：當防火牆不報警時，較高的防火牆檢測概率使得雙方收斂於 $(\psi^*, \rho^*) = (0, 1)$ 的概率降低，即企業採用人工調查的概率大大降低；較低的防火牆檢測概率使得雙方收斂於 $(\psi^*, \rho^*) = (1, 0)$ 的概率降低，即經過長期的學習和策略的調整，在防火牆檢測概率較低的情況下駭客入侵系統的概率大大降低。

將防火牆不報警與IDS不報警的系統演化穩定閾值做對比，可以得到推論6.6。

推論6.6：當系統分別只配置防火牆或IDS，且防火牆不報警、IDS不報警時，較高的防火牆檢測率降低人工調查概率的程度大於較高的IDS檢測率降低人工調查概率的程度；較低的防火牆檢測率降低入侵概率的程度大於較低的IDS檢測率降低入侵概率的程度。

推論6.6說明，當只配置一種資訊安全技術且此技術不報警時，防火牆對節省人工成本的作用和對阻止入侵的作用優於IDS。這是由防火牆和IDS本身的技術特性決定的。當防火牆不報警時（包括正常訪問系統和對駭客入侵的漏報），訪問特徵與防火牆的特徵庫相匹配，管理員無須對正常訪問系統的用戶進行人工調查；而當IDS不報警時，通常還需要抽樣檢測部分未報警訪問的用戶。較高的防火牆檢測率可以提高訪問特徵與防火牆特徵庫的匹配率，確保正常訪問系統的用戶無須使用人工調查的準確率。另外，防火牆具有阻止入侵的功能，IDS是即時監測入侵行為，當兩種技術的檢測概率均較低時，IDS的即時監測成本很高，往往對駭客的威懾力不如在相同狀態下的防火牆技術。推論6.6也說明了，在現實中，當企業在只能選擇一種默認配置的技術時，為什麼會傾向於選擇防火牆技術而不是IDS技術。

6.3.3 配置防火牆和入侵檢測技術組合的演化博弈模型

在接下來的內容中,考慮默認配置時的資訊安全技術組合的聯動系統和單獨配置一種技術的策略。設駭客的入侵概率為 ψ,不入侵的概率為 $1-\psi$;採用兩種資訊安全技術組合的概率為 θ,採用只配置 IDS 的概率為 $1-\theta$。為了得到博弈雙方的期望收益和平均收益,需要分析駭客和資訊安全技術配置策略演化博弈的收益矩陣,見表 6.4 和表 6.5。首先比較兩種技術組合和只配置 IDS 策略下的系統演化穩定性。

表 6.4 駭客和資訊安全技術配置策略演化博弈的收益矩陣

駭客		資訊系統安全技術配置策略	
		資訊安全技術組合聯動系統	只配置 IDS
	入侵	$P(-\beta-c_h)+(1-P)(\mu-c_h)$, $Pd\varphi-c$	$P'_D(-\beta+\mu-c_h)+(1-P'_D)(\mu-c_h)$, $P'_D d\varphi-c$
	不入侵	$0, -c$	$0, -c$

表 6.5 駭客和資訊安全技術配置策略的演化博弈收益矩陣

駭客		資訊系統安全技術配置策略	
		資訊安全技術組合聯動系統	只配置防火牆
	入侵	$P(-\beta-c_h)+(1-P)(\mu-c_h)$, $Pd\varphi-c$	$-P_D^F c_h+(1-P_D^F)(\mu-c_h)$, $-(1-P_D^F)d$
	不入侵	$0, -c$	$0, 0$

駭客採取入侵策略的收益為:

$$H_{11} = \theta[P(-\beta-c_h)+(1-P)(\mu-c_h)] + \\ (1-\theta)[P'_D(-\beta+\mu-c_h)+(1-P'_D)(\mu-c_h)] \quad (6.21)$$

駭客不採取入侵策略的收益為:

$$H_{12} = 0 \quad (6.22)$$

駭客的平均期望收益為:

$$\overline{H_1} = \psi H_{11} + (1 - \psi) \cdot H_{12} = \psi H_{11} \tag{6.23}$$

可得：駭客的複製動態方程為：

$$\frac{d\psi}{dt} = H_1(\psi) = \psi(H_{11} - \overline{H_1})$$

$$= \psi(1 - \psi)[\theta[-P(\beta + \mu) + P'_D\beta] + \mu - c_h - P'_D\beta] \tag{6.24}$$

企業採用兩種資訊安全技術組合的收益為：

$$F_{11} = \psi(Pd\varphi - c) - (1 - \psi)c \tag{6.25}$$

企業採用只配置 IDS 的收益為：

$$F_{12} = \psi(P'_D d\varphi - c) - (1 - \psi)c \tag{6.26}$$

平均期望收益為：

$$\overline{F_1} = \theta F_{11} + (1 - \theta) \cdot F_{12} \tag{6.27}$$

企業技術配置的複製動態方程為：

$$\frac{d\theta}{dt} = F_1(\theta) = \theta(F_{11} - \overline{F_1}) = \theta(1 - \theta)d\varphi\psi(P - P'_D) \tag{6.28}$$

下面求解博弈雙方的演化穩定策略。首先求出複製動態的穩定狀態，然後討論這些穩定狀態的鄰域穩定性，即對於偶然偏離的穩健性。

定理 6.3：當 $0 < \dfrac{P'_D\beta - \mu + c_h}{-P(\beta + \mu) + \beta P'_D} < 1$ 時，企業的技術配置策略和駭客的入侵策略的複製動態和穩定性如圖 6.9 所示。

當 $\dfrac{P'_D\beta - \mu + c_h}{-P(\beta + \mu) + \beta P'_D} \geq 1$ 時，企業的技術配置策略和駭客的入侵策略的複製動態和穩定性如圖 6.10 所示。

當 $\dfrac{P'_D\beta - \mu + c_h}{-P(\beta + \mu) + \beta P'_D} \leq 0$ 時，企業的技術配置策略和駭客的入侵策略無穩定狀態。

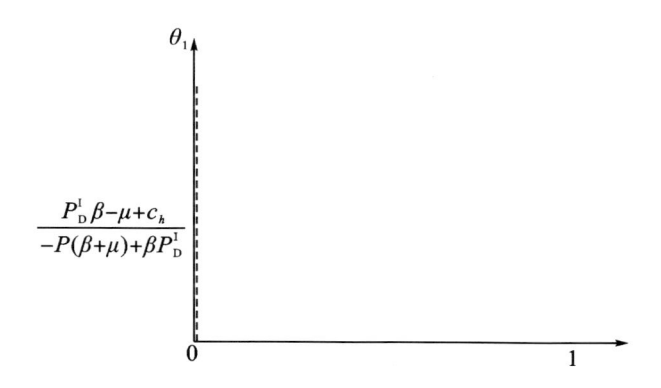

图 6.9 当 $0 < \dfrac{P_D'\beta - \mu + c_h}{-P(\beta+\mu) + \beta P_D'} < 1$ 时博弈双方的复制动态和稳定性

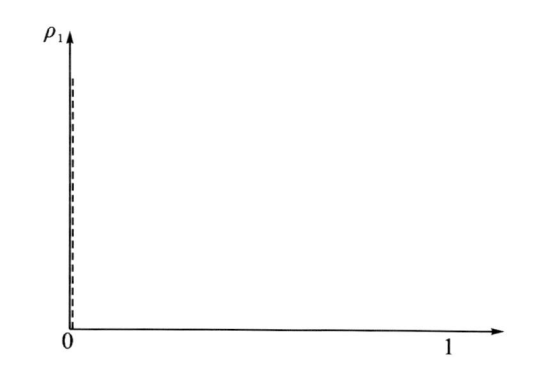

图 6.10 当 $\dfrac{P_D'\beta - \mu + c_h}{-P(\beta+\mu) + \beta P_D'} \geqslant 1$ 时博弈双方复制动态和稳定性

證明：令複製狀態方程中的 $F_1(\theta) = 0$，$H_1(\psi) = 0$，可解出所有的穩定狀態。

設 θ^*，ψ^* 分別為企業和駭客策略的穩定狀態，則 $F_1'(\theta^*) < 0$，$H_1'(\psi^*) < 0$，為穩定狀態。

當 $\psi = 0$ 時，$F_1(\theta) = 0$ 始終成立，則對於任意的 θ 都是企業技術配置策略的穩定狀態；

同理分析駭客入侵策略的複製狀態方程的穩定狀態。

當 $\theta = \dfrac{P_D'\beta - \mu + c_h}{-P(\beta+\mu) + \beta P_D'}$ 時，對於任意的 ψ 都是駭客入侵策略的穩定

狀態；

當 $\theta > \dfrac{P'_D\beta - \mu + c_h}{-P(\beta + \mu) + \beta P'_D}$ 時，$\psi^* = 0$ 是駭客入侵策略的穩定狀態；

當 $\theta < \dfrac{P'_D\beta - \mu + c_h}{-P(\beta + \mu) + \beta P'_D}$ 時，$\psi^* = 1$ 是駭客入侵策略的穩定狀態。

接下來，根據參數不同的取值範圍的三種情形：

(1) $0 < \dfrac{P'_D\beta - \mu + c_h}{-P(\beta + \mu) + \beta P'_D} < 1$；

(2) $\dfrac{P'_D\beta - \mu + c_h}{-P(\beta + \mu) + \beta P'_D} \geq 1$；

(3) $\dfrac{P'_D\beta - \mu + c_h}{-P(\beta + \mu) + \beta P'_D} \leq 0$。

分析並討論博弈雙方動態變化的趨勢，得到定理 6.3。　　證畢

推論 6.7：當資訊安全技術組合的聯動檢測概率大於 IDS 的入侵檢測概率時，系統的穩定狀態為企業配置兩種資訊安全聯動技術，駭客不入侵系統；當聯動檢測概率較小時，系統的穩定狀態為只配置 IDS 技術，駭客入侵系統；當 IDS 檢測概率較高時，企業和駭客無穩定狀態。

由定理 6.3 可分析以下三個結論，解釋說明推論 6.7。

(1) 當 $0 < \dfrac{P'_D\beta - \mu + c_h}{-P(\beta + \mu) + \beta P'_D} < 1$ 時，條件等價為 $P'_D < \dfrac{\mu - c_h}{\beta}$，$\dfrac{\mu - c_h}{\beta - \mu} < P$，則 $P'_D < P$，即資訊安全技術組合聯動系統的檢測概率大於單獨配置 IDS 的入侵檢測概率。參與人的博弈狀態會收斂於 $(\psi^*, \theta^*) = (0, 1)$，此時博弈雙方的策略為企業配置資訊安全技術組合策略，駭客不入侵系統。

(2) 當 $\dfrac{P'_D\beta - \mu + c_h}{-P(\beta + \mu) + \beta P'_D} \geq 1$ 時，條件等價為 $P \leq \dfrac{\mu - c_h}{\beta + \mu}$。即聯動系統後的檢測概率較小。參與人的博弈狀態會收斂於 $(\psi^*, \theta^*) = (0, 0)$，此時博弈雙方的策略為企業配置 IDS 技術，駭客不入侵系統。

189

（3）當 $\dfrac{P_D^I \beta - \mu + c_h}{-P(\beta + \mu) + \beta P_D^I} \leqslant 0$ 時，條件等價為 $P_D^I \geqslant \dfrac{\mu - c_h}{\beta}$，即 IDS 的檢測概率較高，此時參與人無演化博弈的穩定狀態。

同理比較兩種技術組合和只配置防火牆策略下的系統演化穩定性。

駭客採取入侵策略的收益為：

$$H_{21} = \theta [P(-\beta - c_h) + (1-P)(\mu - c_h)] + (1-\theta)[-P_D^F c_h + (1-P_D^F)(\mu - c_h)] \quad (6.29)$$

駭客不採取入侵策略的收益為：

$$H_{22} = 0 \quad (6.30)$$

駭客的平均期望收益為：

$$\overline{H_2} = \psi H_{21} + (1-\psi) \cdot H_{22} = \psi H_{21} \quad (6.31)$$

可得：駭客的複製動態方程為：

$$\dfrac{d\psi}{dt} = H_2(\psi) = \psi(H_{21} - \overline{H_2})$$
$$= \psi(1-\psi)[\theta[-P(\beta + \mu) + P_D^F \mu] + \mu - c_h - P_D^F \mu] \quad (6.32)$$

企業採用兩種資訊安全技術組合的收益為：

$$F_{21} = \psi(Pd\varphi - c) - (1-\psi)c \quad (6.25)$$

企業採用只配置 IDS 的收益為：

$$F_{22} = -\psi(1 - P_D^F)d \quad (6.33)$$

平均期望收益為：

$$\overline{F_2} = \theta F_{21} + (1-\theta) \cdot F_{22} \quad (6.34)$$

企業技術配置的複製動態方程為：

$$\dfrac{d\theta}{dt} = F_2(\theta) = \theta(F_{21} - \overline{F_2}) = \theta(1-\theta)[d\psi(P\varphi + 1 - P_D^F) - c] \quad (6.35)$$

下面求解博弈雙方的演化穩定策略。首先求出複製動態的穩定狀態，然後討論這些穩定狀態的鄰域穩定性，即對於偶然偏離的穩健性。

定理6.4：當 $0 < \dfrac{c}{d(P\varphi + 1 - P_D^F)} < 1$ 且 $0 < \dfrac{P_D^I \mu - \mu + c_h}{-P(\beta + \mu) + \mu P_D^F} < 1$ 時，企業的技術配置策略和駭客的入侵策略的複製動態和穩定性如圖 6.11

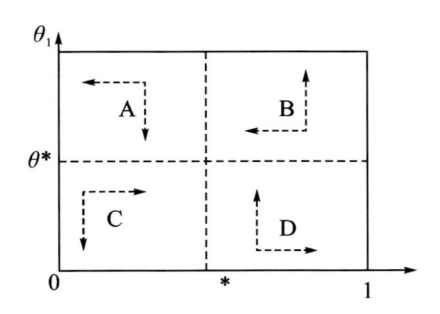

所示。

當 $\dfrac{c}{d(P\varphi + 1 - P_D^F)} \geq 1$ 且 $0 < \dfrac{P_D^I\mu - \mu + c_h}{-P(\beta + \mu) + \mu P_D^F} < 1$ 時，企業的技術配置策略和駭客的入侵策略的複製動態和穩定性如圖 6.12 所示。

當 $0 < \dfrac{c}{d(P\varphi + 1 - P_D^F)} < 1$ 且 $\dfrac{P_D^I\mu - \mu + c_h}{-P(\beta + \mu) + \mu P_D^F} \leq 0$ 時，企業的技術配置策略和駭客的入侵策略的複製動態和穩定性如圖 6.13 所示。

當 $\dfrac{c}{d(P\varphi + 1 - P_D^F)} \geq 1$ 且 $\dfrac{P_D^I\mu - \mu + c_h}{-P(\beta + \mu) + \mu P_D^F} \leq 0$ 時，企業的技術配置策略和駭客的入侵策略的複製動態和穩定性如圖 6.14 所示。

當 $0 < \dfrac{c}{d(P\varphi + 1 - P_D^F)} < 1$ 且 $\dfrac{P_D^I\mu - \mu + c_h}{-P(\beta + \mu) + \mu P_D^F} \geq 1$ 時，企業的技術配置策略和駭客的入侵策略的複製動態和穩定性如圖 6.15 所示。

當 $\dfrac{c}{d(P\varphi + 1 - P_D^F)} \geq 1$ 且 $\dfrac{P_D^I\mu - \mu + c_h}{-P(\beta + \mu) + \mu P_D^F} \geq 1$ 時，企業的技術配置策略和駭客的入侵策略的複製動態和穩定性如圖 6.16 所示。

其中，令 $\psi^* = \dfrac{c}{d(P\varphi + 1 - P_D^F)}$，$\theta^* = \dfrac{P_D^I\mu - \mu + c_h}{-P(\beta + \mu) + \mu P_D^F}$。

圖 6.11 當 $0 < \dfrac{c}{d(P\varphi + 1 - P_D^F)} < 1$ 且 $0 < \dfrac{P_D^I\mu - \mu + c_h}{-P(\beta + \mu) + \mu P_D^F} < 1$ 時博弈雙方的複製動態和穩定性

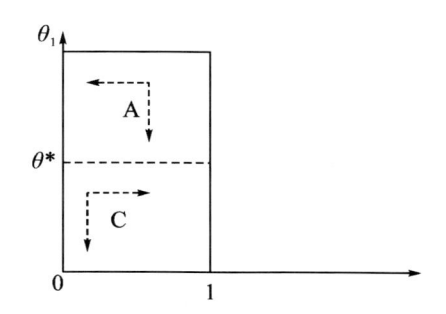

圖 6.12　當 $\dfrac{c}{d(P\varphi + 1 - P_D^F)} \geqslant 1$ 且 $0 < \dfrac{P_D^I \mu - \mu + c_h}{-P(\beta + \mu) + \mu P_D^F} < 1$ 時
博弈雙方的複製動態和穩定性

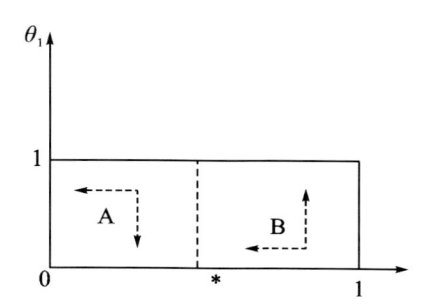

圖 6.13　當 $0 < \dfrac{c}{d(P\varphi + 1 - P_D^F)} < 1$ 且 $\dfrac{P_D^I \mu - \mu + c_h}{-P(\beta + \mu) + \mu P_D^F} \leqslant 0$ 時
博弈雙方的複製動態和穩定性

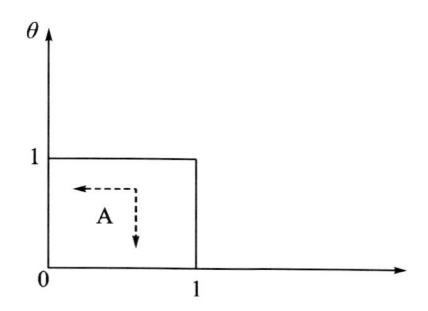

圖 6.14　當 $\dfrac{c}{d(P\varphi + 1 - P_D^F)} \geqslant 1$ 且 $\dfrac{P_D^I \mu - \mu + c_h}{-P(\beta + \mu) + \mu P_D^F} \leqslant 0$ 時
博弈雙方的複製動態和穩定性

6 基於演化博弈的防火牆和入侵檢測的配置策略分析

圖 6.15 當 $0 < \dfrac{c}{d(P\varphi + 1 - P_D^F)} < 1$ 且 $\dfrac{P_D^I\mu - \mu + c_h}{-P(\beta + \mu) + \mu P_D^F} \geq 1$ 時博弈雙方的複製動態和穩定性

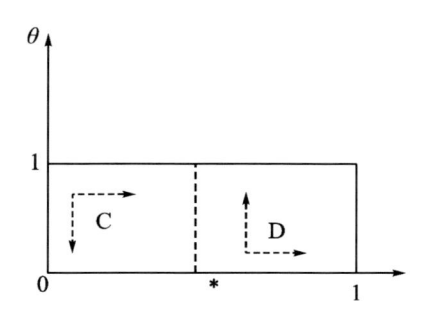

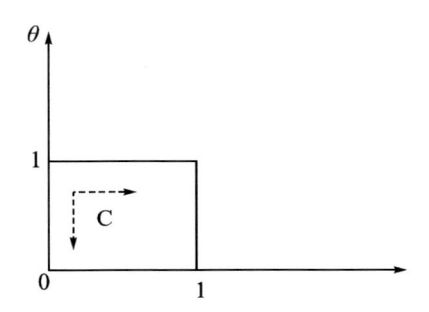

圖 6.16 當 $\dfrac{c}{d(P\varphi + 1 - P_D^F)} \geq 1$ 且 $\dfrac{P_D^I\mu - \mu + c_h}{-P(\beta + \mu) + \mu P_D^F} \geq 1$ 時博弈雙方的複製動態和穩定性

證明： 令複製狀態方程中的 $F_2(\theta) = 0$，$H_2(\psi) = 0$，可解出所有的穩定狀態。

設 θ^*，ψ^* 分別為企業和駭客策略的穩定狀態，則 $F_2'(\theta^*) < 0$，$H_2'(\psi^*) < 0$，為穩定狀態。

當 $\psi = \dfrac{c}{d(P\varphi + 1 - P_D^F)}$ 時，則對於任意的 θ 都是企業技術配置策略的穩定狀態；

當 $\psi < \dfrac{c}{d(P\varphi + 1 - P_D^F)}$ 時，$\theta^* = 0$ 是企業技術配置策略的穩定狀態；

當 $\psi > \dfrac{c}{d(P\varphi + 1 - P_D^F)}$ 時，$\theta^* = 1$ 是企業技術配置策略的穩定狀態。

同理分析駭客入侵策略的複製狀態方程的穩定狀態。

當 $\theta = \dfrac{P_D^I \mu - \mu + c_h}{-P(\beta + \mu) + \mu P_D^F}$ 時，對於任意的 ψ 都是駭客入侵策略的穩定狀態；

當 $\theta > \dfrac{P_D^I \mu - \mu + c_h}{-P(\beta + \mu) + \mu P_D^F}$ 時，$\psi^* = 0$ 是駭客入侵策略的穩定狀態；

當 $\theta < \dfrac{P_D^I \mu - \mu + c_h}{-P(\beta + \mu) + \mu P_D^F}$ 時，$\psi^* = 1$ 是駭客入侵策略的穩定狀態。

接下來，根據參數不同取值範圍的六種情形：

(1) $0 < \dfrac{c}{d(P\varphi + 1 - P_D^F)} < 1$ 且 $0 < \dfrac{P_D^I \mu - \mu + c_h}{-P(\beta + \mu) + \mu P_D^F} < 1$；

(2) $\dfrac{c}{d(P\varphi + 1 - P_D^F)} \geqslant 1$ 且 $0 < \dfrac{P_D^I \mu - \mu + c_h}{-P(\beta + \mu) + \mu P_D^F} < 1$；

(3) $0 < \dfrac{c}{d(P\varphi + 1 - P_D^F)} < 1$ 且 $\dfrac{P_D^I \mu - \mu + c_h}{-P(\beta + \mu) + \mu P_D^F} \leqslant 0$；

(4) $\dfrac{c}{d(P\varphi + 1 - P_D^F)} \geqslant 1$ 且 $\dfrac{P_D^I \mu - \mu + c_h}{-P(\beta + \mu) + \mu P_D^F} \leqslant 0$；

(5) $0 < \dfrac{c}{d(P\varphi + 1 - P_D^F)} < 1$ 且 $\dfrac{P_D^I \mu - \mu + c_h}{-P(\beta + \mu) + \mu P_D^F} \geqslant 1$；

(6) $\dfrac{c}{d(P\varphi + 1 - P_D^F)} \geqslant 1$ 且 $\dfrac{P_D^I \mu - \mu + c_h}{-P(\beta + \mu) + \mu P_D^F} \geqslant 1$。

分析並討論博弈雙方動態變化的趨勢，得到定理6.4。 證畢

由定理6.4可分析以下六個結論，解釋說明下面的推論6.8。

(1) 當 $0 < \dfrac{c}{d(P\varphi + 1 - P_D^F)} < 1$ 且 $0 < \dfrac{P_D^I \mu - \mu + c_h}{-P(\beta + \mu) + \mu P_D^F} < 1$ 時，雙方的初始博弈在圖6.11的A區時，參與人的博弈狀態會收斂於 $(\psi^*, \theta^*) = (0, 0)$，此時企業不配置資訊安全技術組合策略，駭客不入侵系統；當雙方的初始博弈在圖6.11的D區時，參與人的博弈狀態會收斂於 $(\psi^*, \theta^*) = (1, 1)$，此時博弈雙方的策略為企業採取資訊安全技術

組合策略，駭客入侵系統；當雙方的初始博弈在圖 6.11 的 B 或 C 區時，駭客的入侵概率和企業的人工調查概率分別向交叉點集中，以不同概率收斂於 $(\psi^*, \theta^*) = (0, 1)$ 和 $(\psi^*, \theta^*) = (1, 0)$。其中，B 區沒有入侵但是企業卻配置了兩種資訊安全技術，導致了資源的浪費；C 區有入侵卻沒有很好地利用聯動系統抵禦，造成了系統的威脅。

(2) 當 $\dfrac{c}{d(P\varphi + 1 - P_D^F)} \geq 1$ 且 $0 < \dfrac{P_D^I \mu - \mu + c_h}{-P(\beta + \mu) + \mu P_D^F} < 1$ 時，雙方的初始博弈在圖 6.12 的 A 區時，參與人的博弈狀態會收斂於 $(\psi^*, \theta^*) = (0, 0)$；當雙方的初始博弈在圖 6.12 的 C 區時，駭客的入侵概率和企業的技術配置策略以不同概率收斂於 $(\psi^*, \theta^*) = (1, 0)$。和前節中的判斷類似，在此種情形下 A 區的狀態是不穩定的，系統最終的演化穩定狀態為 $(\psi^*, \theta^*) = (1, 0)$。

(3) 當 $0 < \dfrac{c}{d(P\varphi + 1 - P_D^F)} < 1$ 且 $\dfrac{P_D^I \mu - \mu + c_h}{-P(\beta + \mu) + \mu P_D^F} \leq 0$ 時，雙方的初始博弈在圖 6.13 的 A 區時，參與人的博弈狀態會收斂於 $(\psi^*, \theta^*) = (0, 0)$；當雙方的初始博弈在圖 6.13 的 B 區時，駭客的入侵概率和企業的技術配置策略以不同概率收斂於 $(\psi^*, \theta^*) = (0, 1)$。駭客的入侵策略始終是不入侵，企業的技術配置最終會逐步採取只配置防火牆的策略。由此可見，在此種情形下 B 區的狀態是不穩定的，系統最終的演化穩定狀態為 $(\psi^*, \rho^*) = (0, 0)$。

(4) 當 $\dfrac{c}{d(P\varphi + 1 - P_D^F)} \geq 1$ 且 $\dfrac{P_D^I \mu - \mu + c_h}{-P(\beta + \mu) + \mu P_D^F} \leq 0$ 時，雙方的初始博弈在圖 6.14 的 A 區，參與人的博弈狀態會收斂於 $(\psi^*, \rho^*) = (0, 0)$。

(5) 當 $0 < \dfrac{c}{d(P\varphi + 1 - P_D^F)} < 1$ 且 $\dfrac{P_D^I \mu - \mu + c_h}{-P(\beta + \mu) + \mu P_D^F} \geq 1$ 時，雙方的初始博弈在圖 6.15 的 C 區時，參與人的博弈狀態會收斂於 $(\psi^*, \theta^*) = (1, 0)$；當雙方的初始博弈在圖 6.15 的 D 區時，駭客的入侵概率和企業的技術配置策略收斂於 $(\psi^*, \theta^*) = (1, 1)$。C 區的狀態是不穩定的，系統最終的演化穩定狀態為 $(\psi^*, \theta^*) = (1, 1)$。

(6) 當 $\dfrac{c}{d(P\varphi + 1 - P_D^F)} \geq 1$ 且 $\dfrac{P_D^I \mu - \mu + c_h}{-P(\beta + \mu) + \mu P_D^F} \geq 1$ 時，雙方的初始博弈在圖 6.16 的 C 區，參與人的博弈狀態會收斂於 $(\psi^*, \rho^*) = (1, 0)$。

推論 6.8：防火牆的檢測概率和聯動系統的檢測概率會影響演化穩定策略的閾值。當聯動系統的檢測概率接近於 $\dfrac{1}{\varphi}\left(P_D^F - \dfrac{d-c}{d}\right)$ 時，駭客的演化穩定策略為入侵系統；當防火牆的檢測概率接近於 $\dfrac{\mu - c_h}{\mu}$ 時，企業的演化穩定策略為只配置防火牆技術，而不是配置資訊安全技術組合。

證明：由定理 6.4 可知，$\psi = \dfrac{c}{d(P\varphi + 1 - P_D^F)}$，$\theta = \dfrac{P_D^I \mu - \mu + c_h}{-P(\beta + \mu) + \mu P_D^F}$。

若 $\psi \to 1$，則滿足 $P \to \dfrac{1}{\varphi}\left(P_D^F - \dfrac{d-c}{d}\right)$，表明駭客傾向於入侵系統。

若 $\theta \to 0$，則滿足 $P_D^F \to \dfrac{\mu - c_h}{\mu}$，表明企業傾向於不配置聯動系統。

證畢

6.4 本章小結

已有的成果大多應用傳統博弈的方法對資訊安全技術配置策略進行研究，少數成果應用演化博弈研究資訊安全投資問題，而較少應用演化博弈理論研究資訊安全技術配置策略及技術交互問題。本章分析比較了三種博弈模型——只配置入侵檢測技術、只配置防火牆技術和同時配置資訊安全技術組合聯動系統，通過求解駭客和企業策略的複製動態方程，求得複製動態的穩定狀態，討論了穩定狀態鄰域的穩定性。分析了影響雙方演化穩定策略的條件，以及影響各個模型的演化穩定策略的閾值因素。最後，研究了資訊系統安全技術配置選擇策略，比較了資訊系統安全技術組合聯動系統和只配置 IDS、只配置防火牆時博弈雙方的複製動態和穩定性。

企業只配置入侵檢測系統的演化博弈分析得到以下主要結論：

影響企業和駭客演化穩定策略的因素包括：企業調查成本與入侵後受損的關係、駭客入侵成功後收益與被檢測所受懲罰的關係、駭客入侵成功後收益與學習、模仿入侵系統的成本之間的關係。他們的複製動態和穩定性為定理 6.1 的結論。

當 IDS 報警時，較高的入侵檢測概率使得駭客入侵系統的概率大大降低；較低的入侵檢測概率使得企業採用人工調查的概率大大降低。當 IDS 不報警時，較高的入侵檢測概率使得企業採用人工調查的概率大大降低，較低的入侵檢測概率使得駭客入侵系統的概率大大降低。

企業只配置防火牆的演化博弈分析得到以下主要結論：

當防火牆報警時，系統的演化穩定狀態為駭客不入侵系統，企業不採取人工調查。他們的複製動態和穩定性為定理 6.2 的結論。

當系統分別只配置一種資訊安全技術，且此技術處於未報警的狀態下時，較高的防火牆檢測率降低人工調查概率的程度大於較高的 IDS 檢測率降低人工調查概率的程度，較低的防火牆檢測率降低入侵概率的程度大於較低的 IDS 檢測率降低入侵概率的程度。

企業同時配置防火牆和入侵檢測技術組合的演化博弈分析得到以下主要結論：

當資訊安全技術組合的聯動檢測概率大於 IDS 的入侵檢測概率時，企業的穩定性策略為配置兩種資訊安全聯動技術，駭客不入侵系統；當聯動檢測概率較小時，企業應只配置 IDS 技術，駭客入侵系統。他們的複製動態和穩定性為定理 6.3 的結論。

影響企業和駭客演化穩定策略的因素包括：防火牆的檢測概率和聯動系統的檢測概率。在一定的聯動系統檢測概率下，駭客的演化穩定策略為入侵系統；在一定的防火牆檢測概率下，企業的演化策略為只配置防火牆技術。

7　結論

隨著資訊化在全球的快速發展，資訊技術已成為支撐當今經濟活動和社會生活的基石。考慮到當今存在高威脅的網絡環境，企業越來越需要資訊安全控制來保護他們有價值的資訊。然而安全因素和系統因素相互制約，使得資訊安全具有綜合性、複雜性和不確定性。在嚴峻的資訊安全形勢下，資訊系統安全技術組合的配置策略不只是技術問題，更是管理問題，企業需要綜合考慮駭客的最優入侵策略對資訊系統安全策略的影響，實現資訊系統的安全性和經濟性的平衡。在這樣的背景下，本書比較深入地研究了資訊系統安全技術組合的運用策略、模型和優化方法，並形成了一些有意義的成果，但仍然還存在一些待解決的問題。

7.1　研究結論

本書的主要結論包括以下內容：

（1）基於傳統博弈理論，研究蜜罐和 IDS 技術組合的最優配置策略，結論如下：①構建了蜜罐和 IDS 技術的組合博弈模型，得到只配置 IDS 技術、同時配置蜜罐和 IDS 技術時企業和駭客博弈的納什均衡混合策略。②當企業只配置 IDS 技術時，在 IDS 檢測率較高的情況下，企業不會人工

調查未發出報警的用戶，只會調查部分報警的用戶；在 IDS 檢測率較低的情況下，企業不僅會人工調查所有發出報警的用戶，還會調查部分未報警的用戶。③與單獨配置 IDS 技術比較，企業同時配置蜜罐和 IDS 的人工調查概率更低；當 IDS 的檢測率較高、配置蜜罐個數較多，以及當 IDS 的檢測率較低、配置蜜罐個數較少時，同時配置蜜罐和 IDS 技術為企業的最優策略。④當企業的安全目標是使駭客入侵概率降低到一定值時，可通過定量計算得到配置蜜罐和 IDS 技術組合的預算範圍，且當 IDS 的檢測率較高時，企業的最佳策略是選擇配置交互較低的蜜罐。

（2）基於傳統博弈理論，我們研究 VPN 和 IDS 技術組合的最優配置策略，結論如下：①構建了 VPN 和 IDS 技術組合的博弈模型，得到只配置 IDS 技術、同時配置 VPN 和 IDS 技術時企業和駭客博弈的納什均衡混合策略。②與單獨配置 IDS 技術比較，企業同時配置 VPN 和 IDS 的人工調查策略與單獨配置 IDS 時相同。在一定條件下配置兩種技術組合更容易降低駭客入侵概率，但當企業人工調查成本很低時，單獨配置 IDS 為企業的最優策略。③定量計算得到 VPN 和 IDS 的技術交互係數，並不是 VPN 的工作性能越好，對降低 IDS 誤報率的貢獻越大。④數值模擬分析當 IDS 檢測概率較高，用戶數量較多時，同時配置兩種技術為企業的最優策略。

（3）基於傳統博弈理論，我們研究了防火牆、IDS 和漏洞掃描技術組合的最優配置策略，結論如下：①構建了防火牆、IDS 和漏洞掃描技術組合的博弈模型，得到只配置 IDS 和漏洞掃描技術組合、同時配置防火牆、IDS 和漏洞掃描技術時企業和駭客博弈的納什均衡混合策略。②與單獨配置 IDS 技術比較，當 IDS 檢測概率較高時，同時配置 IDS 和漏洞掃描技術為企業的最優配置策略；當 IDS 的檢測概率較低時，只配置 IDS 技術為企業的最優配置策略。③與只配置 IDS 和漏洞掃描技術組合比較，同時配置防火牆、IDS 和漏洞掃描技術時駭客和企業的收益發生了顯著變化，但是駭客的最優策略沒有變化，且除了防火牆、IDS 的檢測率和誤報率為 0.5 時，IDS 的調查策略也沒有變化。④同時配置防火牆、IDS 和漏洞掃描技術時，當 IDS 的檢測概率較低時，防火牆的檢測概率隨 IDS 檢測概率的降

低而增大，隨外部用戶比例的減少而增大。⑤並不是配置越多的技術對資訊安全系統越有利。以漏洞掃描技術為例，不恰當的配置漏洞掃描會給資訊安全系統帶來負效應，漏洞掃描技術雖然沒有阻止入侵的作用，但在一定條件下，配置漏洞掃描技術仍會減少駭客入侵的概率。⑥定義並定量計算得到三種資訊系統安全技術的互補和衝突條件。當駭客的入侵概率較小時，防火牆與 IDS、漏洞掃描技術是相互衝突的；當駭客入侵概率較大時，防火牆與 IDS、漏洞掃描技術是互補的。

（4）基於傳統博弈理論，我們研究了參與人風險偏好對防火牆和 IDS 技術組合最優配置策略的影響，結論如下：①將駭客和企業的風險偏好系數考慮到防火牆和 IDS 技術組合的博弈模型中，可只配置 IDS 技術、只配置防火牆技術、同時配置防火牆和 IDS 技術時企業和駭客博弈的納什均衡混合策略。②當企業的人工調查期望成本較低時，風險中立型企業更易被入侵；當企業的人工調查期望成本較高時，風險厭惡型企業更易被入侵。當駭客的期望收益較低時，風險厭惡型駭客被檢測的概率最大；當駭客的期望收益較高時，風險追求型駭客被檢測的概率最大。③通過定量計算可得到防火牆和 IDS 的防禦和檢測的經濟效用係數，給出企業配置 IDS 後增配防火牆技術、配置防火牆後增配 IDS 技術，以及企業只能配置一種資訊安全技術時的最優策略。

（5）基於演化博弈理論，研究了防火牆和 IDS 技術組合的配置策略，結論如下：①構建了防火牆和 IDS 技術組合的博弈模型，得到只配置 IDS 技術、只配置防火牆技術、同時配置防火牆和 IDS 技術時企業和駭客博弈的演化穩定策略。②當企業只配置 IDS 技術時，影響企業和駭客演化穩定策略的因素包括：企業調查成本與入侵後受損的關係、駭客入侵成功後收益與被檢測所受懲罰的關係、駭客入侵成功後收益與學習、模仿入侵系統的成本之間的關係。當 IDS 報警時，較高的入侵檢測概率使得駭客入侵系統的概率大大降低，較低的入侵檢測概率使得企業採用人工調查的概率大大降低；當 IDS 不報警時，較高的入侵檢測概率使得企業採用人工調查的概率大大降低，較低的入侵檢測概率使得駭客入侵系統的概率大大降低。

③當企業只配置防火牆技術時，若防火牆報警，系統的演化穩定狀態為駭客不入侵系統，企業不採取人工調查；當系統只配置一種資訊安全技術，且此技術處於未報警的狀態下時，較高的防火牆檢測率降低人工調查概率的程度大於較高的 IDS 檢測率降低人工調查概率的程度，較低的防火牆檢測率降低入侵概率的程度大於較低的 IDS 檢測率降低入侵概率的程度。④當企業同時配置防火牆和入侵檢測技術時，影響企業和駭客演化穩定策略的因素包括：防火牆的檢測概率和聯動系統的檢測概率。在一定的聯動系統檢測概率下，駭客的演化穩定策略為入侵系統；在一定的防火牆檢測概率下，企業的演化策略為只配置防火牆技術。當資訊安全技術組合的聯動檢測概率大於 IDS 的入侵檢測概率時，企業的穩定性策略為配置兩種資訊安全聯動技術，駭客不入侵系統；當聯動檢測概率較小時，企業應只配置 IDS 技術，駭客入侵系統。

7.2　研究展望

資訊系統安全技術管理涉及多個學科，實踐性與應用性非常強，又因資訊系統安全技術處於高速更替和升級的階段，相關領域的知識在快速增長，研究的深度和廣度不斷加大，本書從管理學、博弈論等角度研究了資訊安全技術組合的最優配置策略和模型，而這僅僅是一個開始，即使所涉及的部分也還有許多地方值得進一步深入研究。

（1）對於兩種或兩種以上的技術組合，還可以研究加入包含病毒防護系統、分佈式 IDS 等主流資訊安全技術的組合。

（2）大數據是未來互聯網發展和相關行業工作的基礎，對於在大數據背景下產生的資訊安全問題，如雲安全等問題，不能用傳統的資訊系統安全技術解決，而應考慮專門的資訊安全技術配置策略。

（3）對於影響資訊安全技術配置策略的關鍵因素，除了本書考慮的風

險偏好以外，還可以考慮資訊系統安全水準、資訊價值、資訊系統類型對資訊安全技術組合選擇的影響。

（4）資訊安全管理是動態複雜的過程，本書以靜態分析為主，並以拓展考慮在動態環境下其他主流資訊安全技術配置策略和縱深防禦策略的研究。

（5）目前的研究以數值模擬分析為主，今後可以考慮應用統計工具進行資訊安全的定量分析。

參考文獻

[1] 北京杰馬創新科技有限責任企業. 基準漏洞掃描系統使用手冊 [R]. 2004, 11.

[2] 曹子建, 趙宇峰, 容曉峰. 網絡入侵檢測與防火牆聯動平臺設計 [J]. 資訊網絡安全, 2012, 9 (4): 12-14.

[3] 陳秀真, 鄭慶華, 管曉宏, 等. 層次化網絡安全威脅態勢量化評估方法 [J]. 軟件學報, 2006, 17 (4): 885-897.

[4] 陳志雨. 計算機資訊安全技術應用 [M]. 北京: 電子工業出版社, 2005.

[5] 戴天岫, 馬民虎. 資訊安全服務法若干問題研究 [J]. 湖南科技大學學報 (社會科學版), 2006, 9 (4): 61-64.

[6] 戴宗坤, 唐三平. VPN 與網絡安全 [M]. 北京: 電子工業出版社, 2002.

[7] 郭淵博, 馬建峰. 基於博弈論框架的自適應網絡入侵檢測與回應 [J]. 系統工程與電子技術, 2005, 27 (5): 914-917.

[8] 國家計算機病毒應急處理中心. 第十六次全國計算機和移動終端病毒疫情調查分析報告 [EB/OL]. http://it.rising.com.cn/dongtai/18930.html, 2017-07-24.

[9] 何明耘. 大規模網絡系統的動態安全防禦體系研究——資訊對抗下的控制與決策問題 [D]. 西北工業大學, 2003, 8.

[10] 胡志昂, 範紅. 資訊系統等級保護安全建設技術方案設計實現與

應用 [M]．北京：電子工業出版社，2010．

[11] 互聯網數據中心．中國離岸軟件開發市場 2013-2017 年預測分析 [EB/OL]．http://www.idc.com.cn/graphics/detailgraph.jsp? id=Nzcz，2013-08-28．

[12] 黃鼎隆．資訊安全感知模型及其應用 [D]．北京：清華大學，2008，9．

[13] 黃偉波，曾華青．計算機網絡資訊安全技術的探討 [J]．安全技術，2001，23（9）：48-51．

[14] 季紹波，閔慶飛，韓維賀．中國資訊系統（IS）研究現狀和國際比較 [J]．管理科學學報，2006，9（2）：76-85．

[15] 姜彥福，雷家驌，曹寧．關於基於經濟安全的資訊安全問題 [J]．清華大學學報（哲學社會科學版），2000，15（1）：36-42．

[16] 蔣蘋，胡華平，王奕．計算機資訊系統安全體系設計 [J]．計算機工程與科學，2003，25（1）：38-41．

[17] 解慧慧，廖貅武，陳剛．引入保險機制的 IT 外包合同設計及分析 [J]．系統工程學報，2012，27（3）：302-310．

[18] 李鶴田，劉雲，何德全．資訊系統安全工程可靠性的風險評估方法 [J]．北京交通大學學報，2005，29（2）：62-64．

[19] 李鶴田，劉雲，何德全．資訊系統安全風險評估研究綜述 [J]．中國安全科學學報，2006，16（1）：108-113．

[20] 李天目，仲偉俊，梅姝娥．網絡入侵檢測與即時回應的序貫博弈分析 [J]．系統工程，2007，25（06）：67-73．

[21] 劉東蘇，楊波．網絡資訊資源的安全威脅與對策 [J]．情報學報，2001，20（5）：545-549．

[22] 劉偉，張玉清，馮登國．資訊系統安全風險模型——Rc 模型 [J]．計算機工程與應用，2005，41（7）：122-124．

[23] 劉豔，曹鴻強．資訊安全經濟學初探 [J]．網絡安全技術與應用，2003，3：21-23．

[24] 馬民虎，賀曉娜．網絡資訊安全應急機制的理論基礎及法律保障

[J]．情報雜誌，2005，24（8）：77-80．

［25］南相浩．從資訊安全到網際安全［EB/OL］．http://www.topoint.com.cn/html/article/2007/10/199125.html，2007-10-26．

［26］彭俊．校園網的安全威脅及管理策略［J］．網絡安全技術與應用，2011，7：62-64．

［27］任慧．論大型企業中計算機網絡安全防護體系［J］．中國管理資訊化，2010，13（21）：44-45．

［28］沈昌祥．資訊安全導論［M］．北京：電子工業出版社，2009．

［29］孫薇，孔祥維，何德全，等．資訊安全投資的演化博弈分析［J］．系統工程，2008，26（6）：124-126．

［30］湯俊．資訊安全的經濟學研究模型［M］//第十九次全國計算機安全學術交流會論文集，合肥：中國科學技術大學出版社，2004：177-179．

［31］汪潔，楊柳．基於蜜罐的入侵檢測系統的設計與實現［J］．計算機應用研究，2012，29（2）：667-671．

［32］王斌君，吉增瑞．資訊安全技術體系研究［J］．計算機應用，2009，29（6）：59-62．

［33］王彩榮．資訊安全策略研究［J］．計算機安全，2006，10：22-24．

［34］王軍．資訊安全的經濟學分析及管理策略研究［D］．哈爾濱：哈爾濱工業大學，2007：27-28．

［35］王衛平，朱衛未．基於不完全資訊動態博弈的入侵檢測模型［J］．小型微型計算機系統，2006，27（02）：253-256．

［36］王霄，薛質，王軼駿．基於蜜罐的入侵檢測系統的博弈分析與設計［J］．資訊安全與通信保密，2007（12）：94-95．

［37］王昭順．網絡安全技術［M］．北京：北京科技大學出版社，2006．

［38］維基智庫．資訊安全技術［EB/OL］．http://wiki.mbalib.com/zh-tw/．2013-07-31．

［39］魏忠，鄧高峰，孫紹榮，等．資訊安全管理集成原理探究［J］．計算機工程與應用，2002，14：64-65．

[40] 文曹斌. IDS 與防火牆聯動就看 NAP [N]. 中國計算機報, 2003-05-26 (20).

[41] 夏春和, 李肖堅, 趙沁平. 基於入侵誘騙的網絡動態防禦研究 [J]. 計算機學報, 2004, 27 (12): 1585-1592.

[42] 夏陽, 陸餘良, 楊國正. 計算機網絡脆弱性評估技術研究 [J]. 計算機工程, 2007, 33 (19): 143-146.

[43] 夏陽, 陸餘良. 計算機主機及網絡脆弱性量化評估研究 [J]. 計算機科學, 2007, 34 (10): 74-79.

[44] 邢栩嘉, 林闖, 蔣屹新. 計算機系統脆弱性評估研究 [J]. 計算機學報, 2004, 27 (1): 1-11.

[45] 徐南榮, 仲偉俊. 科學決策理論與方法 [M]. 南京: 東南大學出版社, 1996.

[46] 許春根. 訪問控制技術的理論與方法的研究 [D]. 南京: 南京理工大學, 2003, 10.

[47] 姚春序, 範世濤. 資訊安全中的政治經濟學問題 [J]. 經濟導刊, 2002, 7: 43-45.

[48] 俞承杭. 資訊安全技術 [M]. 北京: 科學出版社, 2005.

[49] 張紅旗, 等. 資訊安全技術 [M]. 北京: 高等教育出版社, 2008: 339-358.

[50] 張維迎. 博弈論與資訊經濟學 [M]. 上海: 上海人民出版社, 2004.

[51] 中國資訊安全測評中心. 資訊系統安全風險評估業務簡介 [EB/OL]. http://www.itsec.gov.cn/cprz3/aqjcypg/17192.htm, 2012-05-09.

[52] 周偉平, 陸松年. RBAC 訪問控制研究 [J]. 計算機安全, 2007, 2: 11-13.

[53] Adjerid Idris, Acquisti Alessandro, Padman Rema, et al. Impact of health disclosure laws on health information exchanges [C]. Proceedings of AMIA Annual Symposium. NLM, 2011: 48-56.

[54] Akbas Deniz, Gumuskaya Haluk. Real and OPNET modeling and a-

nalysis of an enterprise network and its security structures [J]. Procedia Computer Science, 2011 (3): 1038-1042.

[55] Allen Julia, Christie Alan, Fithen William, et al. State of the practice of intrusion detection technologies [R]. PA, Pittsburgh: Carnegie Mellon Software Engineering Institute, 2000.

[56] Alpcan Tansun, Basar Tamer. A game theoretic analysis of intrusion detection in access control systems. 43rd IEEE Conference on Decision and Control, 2004, 2: 1568-1573.

[57] Alpcan Tansun, Basar Tamer. A game theoretic approach to decision and analysis in network intrusion detection [C]. 42nd IEEE Conference on Decision and Control 2003, 3: 2595-2600.

[58] Anderson Ross, Moore Tyler. The economics of information security [J]. Science, 2006, 314 (5799): 610-613.

[59] Anderson Ross. Unsettling Parallels Between Security and the Environment [EB/OL]. Workshop on Economics and Information Security 2002. http://www.sims.berkeley.edu/resources/affiliates/workshops/econsecurity/.

[60] Anderson Ross. Why cryptosystems fail [J]. Communications of the ACM, 1994, 37 (11): 32-40.

[61] Anderson Ross. Why information security is hard - an economic perspective [C]. Proceedings of the Seventeenth Computer Security Applications Conference. Orlando: IEEE Computer Society, 2001: 358-365.

[62] Artail Hassan, Safa Haidar, Sraj Malek et al. A hybrid honeypot framework for improving intrusion detection systems in protecting organizational networks [J]. Computers & Security, 2006, 25 (4): 274-288.

[63] Artail Hassan, Safa Haidar, Sraj Malek, et al. A hybrid honeypot framework for improving intrusion detection systems in protecting organizational networks [J]. Computers & Security, 2006, 25: 274-288.

[64] Asanka Nalin, Arachchilage Gamagedara, Love Steve. A game design framework for avoiding phishing attacks [J]. Computers in Human Behavior,

2013, 29: 706-714.

[65] August Terrence, Tunca Tunay. Who should be responsible for software security? A comparative analysis of liability policies in network environments [J]. Management Science, 2011, 57 (5): 934-959.

[66] August Terrence, Tunca Tunay I. Network software security and user incentives [J]. Management Science, 2006, 52 (11): 1703-1720.

[67] Bass T, Robichaux R. Defense-in-depth revisited: qualitative risk analysis methodology for complex network-centric operations [C]. Military Communications Conference. Communications for Network-Centric Operations: Creating the Information Force. MILCOM: 2001, 1: 64-70

[68] Bodin L, Gordon L, Loeb M. Evaluating information security investments using the analytic hierarchy proeess [J]. Communications of the ACM, 2005, 48 (2): 79-83.

[69] Bohme Rainer, Moore Tyler. The iterated weakest link: a model of adaptive security investment [J]. Security & Privacy, 2010, 8 (1): 53-55.

[70] Bolot Jean, Lelarge Marc. Economic incentives to increase security in the internet: the case for insurance [C]. IEEE Infocom 2009. Rio de Janeiro, 2009: 1494-1502.

[71] Boulaiche Ammar, Bouzayani Hatem, Adi Kamel. A quantitative approach for intrusions detection and prevention based on statistical n-gram models [J]. Procedia Computer Science, 2012 (10): 450-457.

[72] Cakanyildirim Metin, Yue Wei T, Young U Ryu. The management of intrusion detection: Configuration, inspection, and investment [J]. European Journal of Operational Research, 2009, 195: 186-204.

[73] Cavusoglu H, Raghunathan S, Yue W T. Decision-theoretic and game-theoretic approaches to IT security investment [J]. Journal of Management Information Systems, 2008, 25 (2): 281-304.

[74] Cavusoglu Hasan, Cavusoglu Huseyin, Zhang Jun. Security patch management: share the burden or share the damage [J]. Management Science,

2008, 54 (4): 657-670.

[75] Cavusoglu Huseyin, Mishra Birendra, Raghunathan Srinivasan. The value of intrusion detection systems in information technology security architecture [J]. Information Systems Research, 2005, 16 (1): 28-46.

[76] Cavusoglu Huseyin, Raghunathan Srinivasan, Cavusoglu Hasan. Configuration of and interaction between information security technologies: the case of firewalls and intrusion detection systems [J]. Information Systems Research, 2009, 20 (2): 198-217.

[77] Cavusoglu Huseyin, Raghunathan Srinivasan. Configuration of detection software: a comparison of decision and game theory approaches [J]. Decision Analysis, 2004, 1 (3): 131-148.

[78] CERT/CC. Vulnerability Analysis [EB/OL]. http://www.cert.org/vuls/, 2012-08-07.

[79] Cezar Asunur, Cavusoglu Huseyin, Raghunathan Srinivasan. Outsourcing information security: contracting issues and security implications [C]. Workshop on Economics and Internet Security. http://weis2010.econinfosec.org/papers/session1/weis2010_cezar.pdf.2010.

[80] Chai Sangmi, Kim Minkyun, Rao H Raghav. Firms' information security investment decisions: Stock market evidence of investors' behavior [J]. Decision Support Systems. 2011, 50 (4): 651-661

[81] Chen Lin, Leneutre Jean. A game theoretical framework on intrusion detection in heterogeneous networks [J]. IEEE Transactions on Information Forensics and Security, 2009, 4 (2): 165-178.

[82] Chen Min, Jacob Varghese S, Radhakrishnan Suresh, et al. The effect of fraud investigation cost on pay-per-click advertising [C]. Workshop on Economics and Internet Security. http://weis2012.econinfosec.org/papers/Chen_WEIS2012.pdf.2012.

[83] Chou DC, Yen DC, Chou AY. Adopting virtual private network for electronic commerce: an economic analysis [J]. Industrial Management and Data

Systems, 2005, 105 (2): 223-236.

[84] CNCERT/CC. 蜜網系統簡介 [EB/OL]. http://www.cert.org.cn/publish/main/25/2012/20120330183547487438204/20120330183547487438204_.html, 2006-11-14.

[85] Danezis George, Anderson Ross. The Economics of Censorship Resistance [J]. IEEE Security & Privacy, 2005, 3 (1): 45-50.

[86] Davies Rhodri M. Firewalls, intrusion detection systems and vulnerability assessment: a superior conjunction? Network Security, 2002, 9 (1): 8-11.

[87] Dohertya Neil Francis, Anastasakisa Leonidas, Fulford Heather. The information security policy unpacked: A critical study of the content of university policies [J]. International Journal of Information Management, 2009, 29 (6): 449-457.

[88] Doreen L K, John L. Observations on the effects of defense in depth on adversary behavior in cyber warfare [C]. Workshop on Information Assurance and Security, 2001: 187-194

[89] Farn Kwo-Jean, Lin Shu-Kuo, Fung Andrew Ren-Wei. A study on information security management system evaluation—assets, threat and vulnerability [J]. Computer Standards & Interfaces, 2004, 26 (6): 501-513.

[90] Fisk Mike. Causes and remedies for social acceptance of network insecurity [C]. Workshop on Economics and Internet Security. https://woozle.org/~mfisk/papers/sececon.pdf.2002.

[91] Foss J A, Barbosa S. Assessing computer security vulnerability [J]. Operating System Review, 1995, 29 (3): 3-13.

[92] Franklin J, Paxson V, Perring A, et al. An inquiry into the nature and causes of the wealth of Internet miscreants [C]. Proceedings of ACM Computer and Communication Security Conference (ACM CCS). Alexandria, Virginia: Networking, 2007: 375-388.

[93] Fua Sha, Xiao Yezhi. An effective process of information security risk

assessment [J]. Energy Procedia, 2011, 11: 1050-1057.

[94] Fung Andrew Ren-Wei, Farn Kwo-Jean, Lin Abe C. A study on the certification of the information security management systems [J]. Computer standards & Interfaces, 2003, 25: 447-461.

[95] Gal-Or Esther, Ghose Anindya. The economic incentives for sharing security information [J]. Information Systems Research, 2005, 16 (2): 186-208.

[96] Gartner Member. Hype cycle for information security [R]. Connecticut, Stanford: Gartner Research Group, 2003.

[97] Gerace Thomas, Cavusoglu Huseyin. The critical elements of the patch management process [J]. Communications of the ACM, 2009, 52 (8): 117-121.

[98] Ghose A, Rajan U. The economic impact of regulatory information disclosure on information security investments, competition, and social welfare [C]. Proceedings of the Workshop on Economics and Information Security, Cambridge University, 2006.

[99] Gordon L, Loeb M. Budgeting process for information security expenditures [J]. Communications of the ACM, 2006, 49 (1): 121-125.

[100] Gordon Lawrence A, Loeb Martin P. The economics of information security investment [J]. ACM Transactions on Information and System Security, 2002 (5) 4: 438-457.

[101] Gordon Lawrence A, Loeb Martin P. Sharing information on computer systems security: An economic analysis [J]. Journal of Accounting and Public Policy. 2003, 22 (6) : 461-485.

[102] Gouda M G, Liu X Y A. Firewall design: consistency, completeness, and compactness [C]. Proceedings of 24th International Conference on Distributed Computing Systems. Japan: Tokyo, 2004: 320-327.

[103] Gouda M G, X-Y A Liu. Firewall design: consistency, Completeness, and compactness [C]. 24th Internat. Conf. Distributed Comput. Systems,

Tokyo, 2004：320-327.

［104］侯登. 防火牆與網絡安全——入侵檢測和 VPNs［M］. 王斌, 孔璐, 譯. 北京：清華大學出版社, 2004.

［105］Grossklags J, Christin N, Chuang J. Secure or insure? a game-theoretic analysis of information security games［C］. Proceedings of the 17th International World Wide Web Conference, China, 2008：209-218.

［106］Harea Forrest, Goldstein Jonathan. The interdependent security problem in the defense industrial base：An agent-based model on a social network［J］. International Journal of Critical Infrastructure Protection, 2009, 3（4）：128-139.

［107］Haris B, Hunt R. TCP/IP security threats and attack methods［J］. Computer Journal of Communications Review. 1999, 22（10）：885-897.

［108］Harrison J V. Enhancing network security by preventing user-initiated malware execution［J］. Information Technology：Coding and Computing. ITCC 2005, 2：597-602.

［109］Hausken K. Income, interdependence, and substitution effects affecting incentives for security investment［J］. Journal of Accounting and Public Policy, 2006, 25：629-665.

［110］Herath Tejaswini, Rao H R. Encouraging information security behaviors in organizations：Role of penalties, pressures and perceived effectiveness［J］. Decision Support Systems, 2009, 47（2）：154-165.

［111］Hoffman L J, Hung B T. A Pictorial Representation and Validation of the Emerging Computer System Security Risk Management Framework［C］. Computer Security Risk Management Model Builders Workshop, Ottawa, Canada, 1989：6.

［112］Holden G. Guide to firewalls and network security［M］. Boston：Course Technology, 2004.

［113］Hua Qing, Hart Paul, Cooke Donna. The role of external and internal influences on information systems security—a neo-institutional perspective

[J]. Journal of Strategic Information Systems, 2007, 16 (2): 153-172.

[114] Huang C D, Hu Q, Behara S R. Economics of Information Security Investment in the Case of Simultaneous Attacks. The Fifth Workshop on the Economics of Information Security, 2006.

[115] Huang C Derrick, Hu Qing, Behara Ravi S. An economic analysis of the optimal information security investment in the case of a risk-averse firm [J]. Int. J. Production Economics, 2008, 114: 793-804.

[116] Huang Pei-Sheng, Yang Chung-Huang, Ahn Tae-Nam. Design and implementation of a distributed early warning system combined with intrusion detection system and honeypot [C]. International Conference on Convergence and Hybrid Information Technology, Daejeon: Korea, 2009: 232-238.

[117] Härtig Hermann, Hamann Claude-Joachim, Roitzsch Michael. The mathematics of obscurity: on the trustworthiness of open source [C]. WEIS. http://weis2010.econinfosec.org/papers/session6/weis2010_haertig.pdf.2010.

[118] Iheagwara Charles, Blyth Andrew, Singhal Mukesh. Cost effective management frameworks for intrusion detection systems [J]. Journal of Computer Security, 2004, 12: 777-798.

[119] Innerhofer-Oberperfler Frank, Breu Ruth. Potential rating indicators for cyberinsurance: an exploratory qualitative study [J]. Economics of Information Security and Privacy, 2010, 13: 249-278.

[120] Ioanna Kantzavelou, Sokratis Katsikas. A game-based intrusion detection mechanism to confront internal attackers [J]. Computers & Security, 2010, 29: 859-874.

[121] Ioannidis C, Pym D, Williams J. Investments and trade-offs in the economics of information security [J]. Financial Cryptography and Data Security, 2009, 56 (28): 148-166.

[122] Jiang L, Anantharam V, Walrand J. Efficiency of selfish investment in network security [C]. Proceeding of the 3rd International Workshop on Economics of networked Systems, USA, 2008: 31-36.

[123] Joel Snyder. Juniper's chassis combines firewall, VPN and IPS [EB/OL]. www. networkworld. com, 2012-05-05.

[124] John Pescatore. Doing more with less: security and risk management in economically challenging times [EB/OL]. http://my.gartner.com/it/content/1101400/1101412/august_12_security_and_risk_mgmt_pescatore_final.pdf, August 12, 2009.

[125] Kankanhalli Atreyi, Teo Hock-Hai, Tan Bernard C Y, et al. An integrative study of information systems security effectiveness [J]. International Journal of Information Management, 2003, 23: 139-154.

[126] Ken-ichi, Makoto Goto. Optimal timing of information security investment: a real options approach [J]. Economics of Information Security and Privacy, 2010, 13: 211-228.

[127] Klempt Philipp, Schmidpeter Hannes, Sowa Sebastian, et al. Business oriented information security management - a layered approach [J]. Computer Science. 2007, 4804: 1835-1852.

[128] Kolfal Bora, Patterson Raymond, Yeo M. Lisa. Market impact on IT security spending [J]. Decision Sciences, 2013, 44 (3): 517-556.

[129] Kumar Ram L, Park Sungjune, Subramaniam Chandrasekar. Understanding the value of countermeasure portfolios in information systems security [J]. Journal of Management Information Systems, 2008, 25 (2): 241-279.

[130] Kunreuther Howard, Heal Geoffrey. Interdependent Security [J]. The Journal of Risk and Uncertainty, 2003, 26 (3): 231-249.

[131] Lee Wenke, Fan Wei, Miller Matthew, et al. Toward cost-sensitive modeling for intrusion detection and response [J]. Journal of Computer Security, 2002, 10: 5-22.

[132] Lelarge Marc. Economics of malware: epidemic risks model, network externalities and incentives [C]. Proceedings of Communication, Control, and Computing. Allerton, 2009: 1353-1360.

[133] Lesson Peter T, Coyne Christopher J. The economics of computer

hacking [J]. Journal of Law, Economics and Policy, 2005, 1 (2): 511-545.

[134] Levitin Gregory, Hausken Kjell. False targets efficiency in defense strategy [J]. European Journal of Operational Research, 2009, 194: 155-162.

[135] Li Zhen, Liao Qi, Striegel Aaron. Botnet economics: uncertainty matters [J]. Managing Information Risk and the Economics of Security, 2009: 245-267.

[136] Liang Xiannuan, Xiao Yang. Game theory for network security [J]. Communications Surveys & Tutorial, 2013, 15 (1): 472-486.

[137] Liu D, Ji Y, Mookerjee V. Knowledge sharing and investment decisions in information security [J]. Decision Support Systems, 2011, 52: 95-107.

[138] Liu Peng, Zang Wanyu, Yu Meng. Incentive-based modeling and inference of attacker intent, objectives, and strategies [J]. ACM Transactions on Information and System Security, 2005, 8 (1): 78-118.

[139] Longstaff Thomas A., Chittister Clyde, Pethia Rich, et al. Are we forgetting the risks of information technology [J]? Computer, 2000, 33 (12): 43-51.

[140] Magalhaes R. Network Security Recommendations that will Enhance Your Windows Network [EB/OL]. http://www.WindowsSecurity.com, 2004-04-15.

[141] Mairh Abhishek, Barik Debabrat, Verma Kanchan. Honeypot in network security: a survey [C] Proceedings of the 2011 International Conference on Communication, Computing & Secuirty, 2011: 600-605.

[142] Manshaei Mohammadhossein, Zhu Quanyan, Alpcan Tansu, et al. Game theory meets network Security and privacy [J]. ACM Computing Survey, 2012, 45 (3): 1-45.

[143] Mike K. Beyond trust: security policies and defense-in-depth [J]. Network Security, 2005 (8): 14-16.

[144] Mitnick Kevin D., Simon William L. The art of intrusion: the real

stories behind the exploits of hackers, intruders and deceivers [M]. New Jersey: John Wiley & Sons, 2005.

[145] Mookerjee V, Mookerjee R, BensoussanA, et al. When hackers talk: managing information security under variable attack rates and knowledge dissemination [J]. Information Systems Research, 2011, 22 (3): 606-623.

[146] Mukul Gupta, Jackie Rees, Alok Chaturvedi, et al. Matching information security vulnerabilities to organizational security profiles: a genetic algorithm approach [J]. Decision Support Systems, 2006 (41): 592-603.

[147] Nanda Kumar, Kannan Mohan, Richard Holowczak. Locking the door but leaving the computer vulnerable: Factors inhibiting home user's adoption of software firewalls [J]. Decision Support Systems, 2008 (46): 254-264.

[148] Narasimhan Harikrishna, Varadarajan Venkatanathan, Rangan C. Pandu. Towards a cooperative defense model against network security attacks [C]. Proceedings of the 9th Workshop on the Economics of Information Security. Boston: WEIS, 2010: 25-49.

[149] Neumann P, Porras P. Experience with emerald to date [M]. Proc. 1st USENIX Workshop Intrusion Detection Network Monitoring, Santa Clara, CA, 1999: 73-80.

[150] Noel Jajodia S, Berry S O. Topological analysis of network attack vulnerability [M]. Boston, Massachusetts: Kluwer Academic Publisher, 2003.

[151] Noel Jajodia S. Managing attack graph complexity through visual hierarchical aggregation [C]. Proceedings of ACM CCS Workshop on Visualization and Data Mining for Computer Security. Fairfax, Virginia, 2004: 109-118.

[152] Ogut Hulisi, Cavusoglu Huseyin, Raghunathan Srinivasan. Intrusion-detection policies for IT security breaches [J]. Informs Journal on Computing, 2008, 20 (1): 112-123.

[153] Ogut Hulisi. The configuration and detection strategies for information security systems [J]. Computers and Mathematics with Applications. 2013, 65 (9): 1234-1253.

[154] Otrok Hadi, Mehrandish Mona, Assi Chadi, et al. Game theoretic models for detecting network intrusions [J]. Computer Communications, 2008, 31: 1934-1944.

[155] O'Leary Daniel E. Intrusion detection systems [J]. Journal of Information Systems, 1992, 6 (1): 63-74.

[156] Patel Sandip C, Graham James H, Ralston Patricia A S. Quantitatively assessing the vulnerability of critical information systems: A new method for evaluating security enhancements [J]. International Journal of Information Management, 2008, 28 (6): 483-491.

[157] Paul R, Michael I, Steven H. Generating Policies for Defense in Depth [C]. Proceedings of the 21st Annual Computer Security Applications Conference table of contents, 2005: 505-514

[158] Phillips C, Swiler L P. Graph-based System for network-vulnerability analysis [C]. Proceedings of the 1998th Workshop on New Security Paradigms, New York, US: ACM, 1998: 71-79.

[159] Piessens F. A taxonomy of causes of software vulnerabilities in Internet software [C]. Proceedings of 13th International Symposium on Software Reliability Engineering. MD, Annapolis, 2002: 47-52.

[160] Qi Yaxuan, Yang Baohua, Xu Bo, et al. Towards system-level optimization for high performance unified threat management [C]. Proceedings of 3rd International Conference on Networking and Services (ICNS), Athens, 2007: 1-6.

[161] Raml Kumar, Sungjune Park, Chandrasekar Subramaniam. Understanding the Value of Countermeasure Portfolios in Information Systems Security [J]. Journal of Management Information Systems, 2008, 25 (2): 241-279.

[162] Ransbotham Sam, Mitra Sabyasachi. The impact of immediate disclosure on attack diffusion and volume [J]. Economics of Information Security and Privacy, 2013, 3: 1-12.

[163] Rhodri M Davies. Firewalls, Intrusion detection systems and vulnera-

bility assement: A superior conjunction [M]? Vistorm Ltd: Feature, 2002: 8-11.

[164] Roberds William, Schreft Stacey L. Data breaches and identity theft [J]. Journal of Monetary Economics, 2009, 56 (7): 918-929.

[165] Robert E Crossler, Allen C Johnston, et al. Future directions for behavioral information security research [J]. Computers & Security, 2013, 32: 90-101.

[166] Rok Bojanc, Borka Jerman-Blaz. An economic modeling approach to information security risk management [J]. International Journal of Information Management, 2008, 28 (5): 413-422.

[167] Romanosky Sasha, Hoffman David, Acquisti Alessandro. Empirical Analysis of Data Breach Litigation [J]. Journal of Empirical Legal Studies, 2014, 11 (1): 74-104.

[168] Romanosky Sasha, Sharp Richard, Acquisti Alessandro. Data Breaches and Identity Theft: When is Mandatory Disclosure Optimal [R]? PA, Pittsburgh: Carnegie Mellon Software Engineering Institute, at WEIS 2010.

[169] Ross Anderson, Rainer Böhme, Richard Clayton, et al. Security economics and European policy [M]. Managing Information Risk and the Economics of Security. Springer, 2009: 55-80.

[170] Roy Sankardas, Ellis Charles, Shiva Sajjan, et al. A survey of game theory as applied to network security [C]. Proceedings of the 43th Hawaii International Conference on System Sciences, Orlando: IEEE Computer Society, 2010: 1-10.

[171] Ryana Julie, Ryan Daniel J. Expected benefits of information security investments [J]. Computers & Security, 2006, 25 (8): 579-588.

[172] Ryu Young U, Rhee Hyeun-Suk. Improving intrusion prevention models: dual-threshold and dual-filter approaches [J]. INFORMS Journal on Computing, 2008, 20 (3): 356-367.

[173] Salmela Hannu. Analyzing business losses caused by information sys-

tems risk: a business process analysis approach [J]. Journal of Information Technology, 2008, 23: 185-202.

[174] Schechter S E, Smith M. D. How much security is enough to stop a thief [C]? In P. N. Wright (ed.), Proceedings of the Seventh International Financial Cryptography Conference. New York: Springer-Verlag, 2003: 122-137.

[175] Schwartz G, Shetty N, Walrand J. Cyber-insurance: missing market driven by user heterogeneity [C]. Workshop on the Economics of Information Security. http://www.eecs.berkeley.edu/~schwartz/missm2010.pdf. 2010.

[176] Segura Vicente, Lahuerta Javier. Modeling the economic incentives of DDoS attacks: femtocell case study [M]. US: Economics of Information Security and Privacy, 2010: 107-119.

[177] Sellke Sarah H. Analytical Characterization of Internet Security Attacks [D]. Indiana: Purdue University, 2010.

[178] Shafran P. Interdependent security experiments [J]. Economics Bulletin, 2010, 30 (3): 1950-1962.

[179] Shetty Nikhil, Schwartz Galina, Felegyhazi Mark, et al. Competitive cyber-insurance and internet security [J]. Economics of Information Security and Privacy, 2010, 13: 229-247.

[180] Shim W. Interdependent risk and cyber security: an analysis of security investment and cyber insurance [D]. Michigan State University. 2010.

[181] Sowa Sebastian, Tsinas Lampros, Gabriel Roland. BORIS -Business oriented management of information security [J]. Managing Information Risk and the Economics of Security, 2009: 81-97.

[182] Stamp M. Crypto basics information security: principles and practice [M]. San Francisco, CA: John Wiley & Sons, 2006: 11-31.

[183] Suarez G. Challenges affecting a defense-in-depth security architected network by allowing operations of wireless access points (WAPs) [C]. Proceedings of 2003 Symposium on Applications and the Internet Workshops. Orlando: IEEE Computer Society, 2003: 363-367.

［184］Sushil K Sharma, Joshua Sefchek. Teaching information systems security courses: A hands-on approach [J]. Computers & Security, 2007, 26 (4): 290-299.

［185］Tanaka Hideyuki, Matsuura Kanta, Sudoh Osamu. Vulnerability and information security investment: An empirical analysis of e-local government in Japan [J]. Journal of Accounting and Public Policy, 2005, 24 (1): 37-59.

［186］Trcek Denis, Trobec Roman, Pavesic Nikola, et al. Information systems security and human behavior [J]. Behavior & Information Technology, 2007, 26 (2): 113-118.

［187］Tsiakis Theodosios, Stephanides George. The economic approach of information security [J]. Computers & Security, 2005, 24 (2): 105-108.

［188］Tucker Catherine. Social networks, personalized advertising, and perceptions of privacy control [J]. NET Institute Working Paper, 2011, 10-07.

［189］Tyler Moore. The economics of cybersecurity: Principles and policy options [J]. International Journal of Critical Infrastructure Protection, 2010, 3 (4): 103-107.

［190］Ulvila Jacob W, Gaffney John E. A decision analysis method for evaluating computer intrusion detection systems [J]. Decision Analysis, 2004, 1 (1):35-50.

［191］Varian Hal R. Managing online security risks [M]. New York: New York Times, 2000: 2-3.

［192］Varian Hal. System reliability and free riding [C]. N. Sadeh ed. Fifth International Conference on Electronic Commerce. ACM Press, 2003: 355-366.

［193］Villarroel Rodolfo, Fernández-Medina Eduardo, Piattini Mario. Secure information systems development — a survey and comparison [J]. Computers & Security, 2005, 24 (4): 308-321.

［194］Von Drehle David, Calabresin Massimo. The surveillance society [J]. Time, 2013, 182 (7): 32.

[195] Whitman M E, Mattford H J. Principles of information security: Thomson Learning [M]. US: Thomson Course Technology, 2005.

[196] Willemson J. Extending the Gordon and Loeb Model for Information Security Investment [C]. ARES'10 International Conference on Availability, Reliability, and Security. Krakow, 2010: 258-261.

[197] Willison Robert. Understanding the perpetration of employee computer crime in the organizational context [J]. Information and Organization, 2006, 16: 304-324.

[198] Wondracekl Gilbert, Holz Thorsten, Platzer Christian, et al. Is the Internet for Porn? An Insight Into the Online Adult Industry [C]. Proceedings of the 9th Workshop on the Economics of Information Security. Boston: WEIS, 2010: 1-24.

[199] Workman Michael, Bommer William H, Straub Detmar. Security lapses and the omission of information security measures: A threat control model and empirical test [J]. Computers in Human Behavior, 2008, 24 (6): 2799-2816.

[200] World Economic Forum. Global Risk Report 2017 [EB/OL]. http://reports.weforum.org/global-risks-2017/.htm.

[201] Xia Jianghong, Vangala Sarma, Wu Jiang, et al. Effective worm detection for various scan techniques [J]. Journal of Computer Security, 2006 (14): 359-387.

[202] Xia Zheng You, Zhang Shiyong. A kind of network security behavior model based on game theory [C]. Parallel and Distributed Computing, Applications and Technologies, Proceedings of the Fourth International Conference PDCAT'2003, 2003: 950-954.

[203] Yin Ying, Xia Zi-Chao. An evolutionary game analysis of the interaction with firewall and intrusion detection system [C]. Proceedings of the Eighth International Conference on Machine Learning and Cybernetics, July 2009: 2787-2791.

[204] Yue Wei T, Cakanyildirim Metin. Intrusion prevention in information systems: reactive and proactive responses [J]. Journal of Management Information Systems, 2007, 24 (1): 329-353.

[205] Yue Wei T., Çakanyildirim Metin. A cost-based analysis of intrusion detection system configuration under active or passive response [J]. Decision Support Systems, 2010, 50: 21-31.

[206] Zamboni D, Spafford E. New directions for the AAPHID architecture [M]. Workshop Recent Adv. Intrusion Detection, West Lafayette, IN, 1999.

[207] Zhang Feng, Zhou Shijie, Qin Zhiguang, et al. Honeypot: a supplemented active defense system for network security [C]. Parallel and Distributed Computing, Applications and Technologies. PDCAT'2003. Proceedings of the Fourth International Conference on Communication, Networking & Broadcasting; Computing & Processing (Hardware/Software), 2003, 20 (10): 231-235.

[208] Zhao X, Xue L, Whinston A B. Managing interdependent information security risks: a study of cyber insurance, managed security service and risk pooling [C]. Thirtieth International Conference on Information Systems. Arizona: Phoenix, 2009: 1-48.

[209] Zhao Xia, Fang Fang, Whinston Andrew B. An economic mechanism for better Internet security [J]. Decision Support Systems, 2008, 45 (4): 811-821.

[210] Zhao Xia, Johnson Eric. Managing information access in data-rich enterprises with escalation and incentives [J]. International Journal of Electronic Commerce, 2010, 15 (1): 79-111.

[211] Zhu Jianming, Srinivasan Raghunathan. Evaluation model of information security technologies based on game theoretic [J]. Chinese Journal of Computers, 2009, 32 (4): 828-834.

[212] Zhuge Jianwei, Holz Thorsten, Song Chengyu, et al. Studying malicious websites and the underground [M]. Springer-Verlag: Managing Information Risk and the Economics of Security, 2009: 225-244.

國家圖書館出版品預行編目（CIP）資料

資訊系統安全技術管理策略：資訊安全經濟學 / 趙柳榕 編著. -- 第一版. -- 臺北市：財經錢線文化, 2020.05
　　面；　公分
POD版

ISBN 978-957-680-438-0(平裝)

1.資訊安全

312.76　　　　　　　　　　　　　　　　　　109006944

書　　　名：資訊系統安全技術管理策略：資訊安全經濟學
作　　　者：趙柳榕 編著
發 行 人：黃振庭
出 版 者：財經錢線文化事業有限公司
發 行 者：財經錢線文化事業有限公司
E-mail：sonbookservice@gmail.com
粉 絲 頁：　　　　　　　網　址：
地　　　址：台北市中正區重慶南路一段六十一號八樓815室
8F.-815, No.61, Sec. 1, Chongqing S. Rd., Zhongzheng Dist., Taipei City 100, Taiwan (R.O.C.)
電　　　話：(02)2370-3310　傳　真：(02) 2388-1990
總 經 銷：紅螞蟻圖書有限公司
地　　　址：台北市內湖區舊宗路二段121巷19號
電　　　話：02-2795-3656 傳真:02-2795-4100　網址：
印　　　刷：京峯彩色印刷有限公司（京峰數位）

　本書版權為西南財經大學出版社所有授權崧博出版事業股份有限公司獨家發行電子書及繁體書繁體字版。若有其他相關權利及授權需求請與本公司聯繫。

定　　價：450元
發行日期：2020年05月第一版
◎ 本書以POD印製發行